计算机平面设计
（Photoshop+Illustrator）

邬 燕 主 编

高恬宇 戴 多 陈洁菡 副主编

清华大学出版社

北京

内 容 简 介

本书以工作过程导向为目标，以项目驱动、实用性为原则，从平面设计相关岗位及岗位群的职业需求角度出发进行设计。本书覆盖了平面设计基础知识和拓展知识，技能操作部分包括 Photoshop 和 Illustrator 两个软件，并按照典型工作任务模式，在 Photoshop 软件应用部分介绍手机海报、工作证、明信片、计算机壁纸、效果图、广告创意、GIF 动图七个项目的设计与制作；在 Illustrator 软件应用部分介绍名片、插画、LOGO、H5 页面、POP 广告、网页 Banner、包装盒七个项目的设计与制作。

为了方便教师教学和学生自主学习，本书配备了全书案例的素材和效果文件、教学课件、项目介绍和技能点微课、拓展知识动画、案例操作视频等丰富的教学资源，并同步数字教材，在线上开设免费 MOOC 教学。

本书可作为高职院校计算机应用、数字媒体技术、软件技术、动漫设计、平面设计、产品设计等相应专业的教材，也可作为设计公司工作人员的工作参考手册。

本书封面贴有清华大学出版社防伪标签，无标签者不得销售。
版权所有，侵权必究。举报：010-62782989，beiqinquan@tup.tsinghua.edu.cn。

图书在版编目（CIP）数据

计算机平面设计：Photoshop+Illustrator / 邬燕主编 . — 北京：清华大学出版社，2024.2（2025.1 重印）
ISBN 978-7-302-65362-2

Ⅰ.①计… Ⅱ.①邬… Ⅲ.①平面设计－图像处理软件－教材 Ⅳ.① TP391.413

中国国家版本馆 CIP 数据核字（2024）第 036423 号

责任编辑：	张 弛
封面设计：	刘 键
责任校对：	李 梅
责任印制：	杨 艳

出版发行：清华大学出版社
网 址：https://www.tup.com.cn，https://www.wqxuetang.com
地 址：北京清华大学学研大厦 A 座　　邮 编：100084
社 总 机：010-83470000　　邮 购：010-62786544
投稿与读者服务：010-62776969，c-service@tup.tsinghua.edu.cn
质量反馈：010-62772015，zhiliang@tup.tsinghua.edu.cn
课件下载：https://www.tup.com.cn，010-83470410
印 装 者：三河市龙大印装有限公司
经　　销：全国新华书店
开　　本：185mm×260mm　　印　张：18.75　　字　数：476 千字
版　　次：2024 年 3 月第 1 版　　印　次：2025 年 1 月第 2 次印刷
定　　价：69.00 元

产品编号：101730-01

前　　言

本书是以工作过程导向为目标，以项目驱动、实用性为原则，从平面设计相关岗位及岗位群的职业角度出发的专业性教材。本书覆盖了平面设计基础知识和拓展知识，技能操作包括 Photoshop 和 Illustrator 两个软件，并按照典型工作任务和技能点，把教材内容分成若干学习单元。

本书模块一讲授 Photoshop 软件的应用，包括手机海报设计、工作证设计、明信片设计、计算机壁纸设计、效果图制作、广告创意设计、GIF 动图设计七个项目；模块二讲授 Illustrator 软件的应用，包括名片设计、插画设计、LOGO 设计、H5 页面设计、POP 广告设计、网页 Banner 设计、包装盒设计七个项目，并在十四个项目中穿插讲授与平面设计工作相关的概念、常用的作品尺寸，以及在平面设计工作中经常出现的专用名词和单位等相关专业知识。

本书突出实践性，注重提高学生的专业实践能力、知识和技巧，围绕有关平面设计业务的目标、程序、方法等展开，力求通过"项目介绍 + 工作任务分解 + 技能点详解 + 应用实践"的编写思路，帮助学生快速掌握软件操作技能和艺术设计思路，帮助学生熟悉职业工作岗位的行为规范和内容，帮助学生提高分析问题和解决问题的能力，并积累工作经验，实现"零距离"人才培养目标。同时，本书力求通过"美育 + 德育 + 智育"的教学内容，帮助学生了解中国传统之美和时尚之潮，培养学生的工匠精神、职业素养和文化艺术修养，并引导学生树立文化自信和正确的价值观。

为了方便教师教学和学生自主学习，本书配备了全书案例的素材和效果文件、教学课件、项目介绍和技能点微课、拓展知识动画、案例操作视频等丰富的教学资源，并同步数字教材在线上开设免费 MOOC 教学。

本书在编写过程中得到了多方的支持，特别要感谢杭州电子科技大学数字媒体与艺术设计学院、杭州西湖国际博览有限公司、杭州科普乐创广告设计有限公司。最后，欢迎广大专家、学者以及各位老师和同学们提出宝贵的意见和建议，以促进本书的完善与提高。

编　者

2023 年 11 月

PS 部分教学课件

PS 部分案例和素材包

AI 部分教学课件

AI 部分案例和素材包

项目和技能点微课学习导图

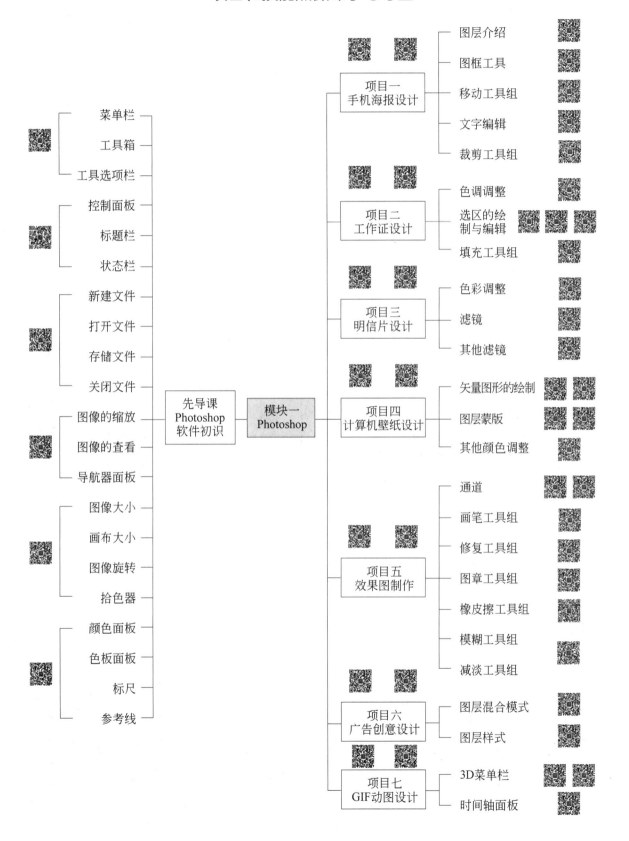

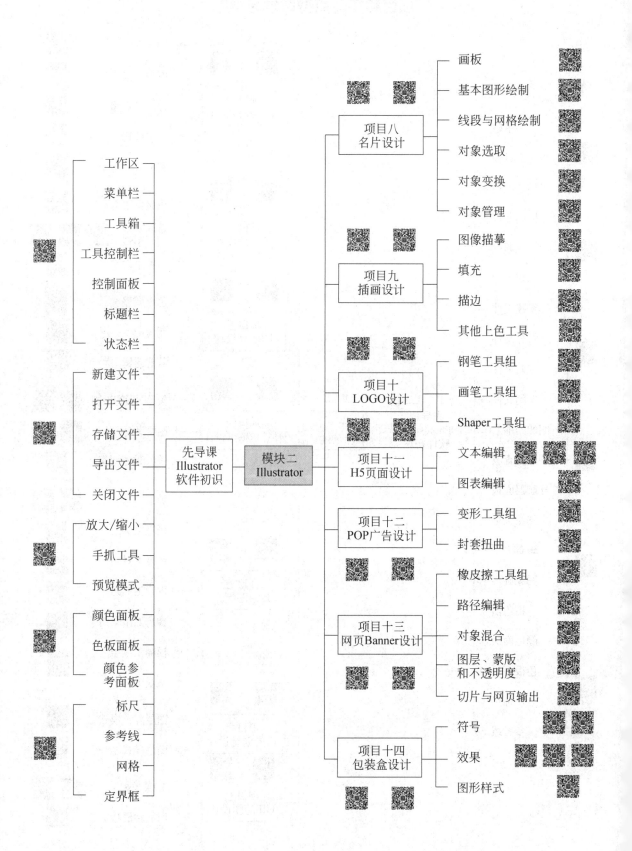

目 录

模 块 一

先导课　Photoshop 软件初识 2
　（一）软件介绍 2
　（二）工作界面介绍 3
　　　1. 菜单栏 3
　　　2. 工具箱 3
　　　3. 工具选项栏 4
　　　4. 控制面板 4
　　　5. 标题栏 5
　　　6. 状态栏 5
　（三）文件基本操作 6
　　　1. 新建文件 6
　　　2. 打开文件 10
　　　3. 存储文件 10
　　　4. 关闭文件 10
　（四）图像的显示控制 11
　　　1. 图像的缩放 11
　　　2. 图像的查看 11
　　　3. 导航器面板 12
　（五）图像的控制 12
　　　1. 图像大小 13
　　　2. 画布大小 13
　　　3. 图像旋转 14
　（六）颜色设置 15
　　　1. 拾色器 15
　　　2. 颜色面板 15
　　　3. 色板面板 16
　（七）标尺与参考线 16
　　　1. 标尺 16
　　　2. 参考线 16
【应用案例】名片设计及展示
　　效果图制作 17
【课后实训任务】熟悉软件界面和
　　各项命令 17

项目一　手机海报设计 18
　（一）项目概况 18
　　　1. 基本介绍 18
　　　2. 设计要点 19
　　　3. 制作规范 19
　　　4. 工作思路 21
　（二）工作任务分解 21
　　　1. 创建文件 21
　　　2. 显示标尺和设置参考线 ... 21
　　　3. 绘制图框 22
　　　4. 图文排版 22
　　　5. 存储与导出 23
　（三）技能点详解 23
　　　1. 图层介绍 23
　　　2. 图框工具 27
　　　3. 移动工具组 28
　　　4. 文字编辑 29
　　　5. 裁剪工具组 31
【应用案例】简约标志制作 34
【课后实训任务】设计光盘行动的
　　公益喷绘海报 34

项目二　工作证设计 35
　（一）项目概况 35
　　　1. 基本介绍 35
　　　2. 设计要点 36
　　　3. 制作规范 36
　　　4. 工作思路 36
　（二）工作任务分解 36
　　　1. 调整证件照尺寸及色调 ... 36
　　　2. 创建页面 37
　　　3. 设置参考线 38
　　　4. 绘制图形并置入素材 38
　　　5. 输入文字 39

6. 存储文件 39
（三）技能点详解 40
　　1. 色调调整 40
　　2. 选区的绘制与编辑 43
　　3. 填充工具组 52
【应用案例】雪花水晶球制作 57
【课后实训任务】设计一张活动
　　邀请函 58

项目三　明信片设计 59

（一）项目概况 59
　　1. 基本介绍 59
　　2. 设计要点 60
　　3. 制作规范 60
　　4. 工作思路 60
（二）工作任务分解 60
　　1. 创建文件并置入图片 61
　　2. 制作正面图片效果 61
　　3. 正面图文排版 64
　　4. 新建画板 2 并置入图片 64
　　5. 制作背面图片效果 64
　　6. 背面图文排版 65
　　7. 存储与导出 66
（三）技能点详解 66
　　1. 色彩调整 66
　　2. 滤镜 71
　　3. 其他滤镜 74
【应用案例】光盘封面制作 80
【课后实训任务】设计制作校园
　　明信片及展示效果图 80

项目四　计算机壁纸设计 81

（一）项目概况 81
　　1. 基本介绍 81
　　2. 设计要点 81
　　3. 制作规范 82
　　4. 工作思路 82
（二）工作任务分解 82
　　1. 创建文件 82
　　2. 背景上色 83
　　3. 置入素材并进行调整 83
　　4. 绘制矩形矢量图形 84

　　5. 绘制装饰矢量图案 85
　　6. 文字编排 85
　　7. 存储文件 85
（三）技能点详解 86
　　1. 矢量图形的绘制 86
　　2. 钢笔工具组 86
　　3. 路径选择工具组 87
　　4. 形状工具组 87
　　5. 工具选项栏 88
　　6. 蒙版 89
　　7. 其他颜色调整 96
【应用案例】水墨画效果制作 99
【课后实训任务】设计制作一套
　　桌面壁纸 99

项目五　效果图制作 100

（一）项目概况 100
　　1. 基本介绍 100
　　2. 设计要点 101
　　3. 制作规范 101
　　4. 工作思路 101
（二）工作任务分解 101
　　1. 调整原图色彩 101
　　2. 处理原图瑕疵 102
　　3. 准备景观素材 103
　　4. 制作植物效果 104
　　5. 制作人物效果 105
　　6. 制作天空效果 105
　　7. 后期调整效果 106
　　8. 保存文件 107
（三）技能点详解 107
　　1. 通道 107
　　2. 画笔工具组 110
　　3. 修复工具组 114
　　4. 图章工具组 116
　　5. 橡皮擦工具组 117
　　6. 模糊工具组 119
　　7. 减淡工具组 120
【应用案例】水彩人像特效制作 ... 122
【课后实训任务】设计制作乡村场景
　　效果图 122

项目六　广告创意设计 123
　（一）项目概况 123
　　　1. 基本介绍 123
　　　2. 设计要点 124
　　　3. 制作规范 124
　　　4. 工作思路 124
　（二）工作任务分解 124
　　　1. 新建文档 124
　　　2. 制作瓶中世界效果 124
　　　3. 制作月球效果 126
　　　4. 制作海星效果 127
　　　5. 制作瓶子倒影和阴影 127
　　　6. 制作文字效果 129
　　　7. 图文排版和最终效果调整 ... 130
　　　8. 保存文件 130
　（三）技能点详解 130
　　　1. 图层混合模式 130
　　　2. 图层样式 133
　【应用案例】婚礼海报设计 137
　【课后实训任务】设计制作平面图 ... 137

项目七　GIF 动图设计 138
　（一）项目概况 138
　　　1. 基本介绍 138
　　　2. 设计要点 139
　　　3. 制作规范 139
　　　4. 工作思路 139
　（二）工作任务分解 139
　　　1. 创建文件并置入素材 139
　　　2. 制作 3D 月球 140
　　　3. 置入素材并进行调整 140
　　　4. 制作"宇航员"动画效果 ... 141
　　　5. 制作"月球"动画效果 143
　　　6. 存储文件并导出 GIF 动图 ... 143
　（三）技能点详解 145
　　　1. 3D 菜单栏 145
　　　2. 时间轴面板 149
　【课后实训任务】设计一套
　　　GIF 表情包 152

模块二

先导课　Illustrator软件初识 154
　（一）软件介绍 154
　（二）工作界面介绍 158
　　　1. 工作区 158
　　　2. 菜单栏 159
　　　3. 工具箱 160
　　　4. 工具控制栏 161
　　　5. 控制面板 161
　　　6. 标题栏 161
　　　7. 状态栏 162
　（三）文件基本操作 162
　　　1. 新建文件 162
　　　2. 打开文件 162
　　　3. 存储文件 163
　　　4. 导出文件 163
　　　5. 关闭文件 166
　（四）图稿视图查看 166
　　　1. 放大 / 缩小 166
　　　2. 抓手工具 167
　　　3. 预览模式 167
　（五）颜色设置 168
　　　1. 颜色面板 168
　　　2. 色板面板 168
　　　3. 颜色参考面板 169
　（六）辅助工具 169
　　　1. 标尺 169
　　　2. 参考线 170
　　　3. 网格 170
　　　4. 定界框 171
　【应用案例】名片设计 172
　【课后实训任务】熟悉软件界面和
　　　各项命令 172

项目八 名片设计 ……………… 173

（一）项目概况 ……………… 173
1. 基本介绍 ……………… 173
2. 设计要点 ……………… 174
3. 制作规范 ……………… 174
4. 工作思路 ……………… 174

（二）工作任务分解 ……………… 175
1. 创建文件 ……………… 175
2. 显示标尺和设置参考线 ……………… 175
3. 绘制几何装饰图形 ……………… 176
4. 置入素材 ……………… 177
5. 文字排版 ……………… 177
6. 存储与导出 ……………… 178

（三）技能点详解 ……………… 178
1. 画板 ……………… 178
2. 基本图形绘制 ……………… 180
3. 线段与网格绘制 ……………… 182
4. 对象选取 ……………… 184
5. 对象变换 ……………… 186
6. 对象管理 ……………… 189

【课后实训任务】设计制作工作牌 … 192

项目九 插画设计 ……………… 193

（一）项目概况 ……………… 193
1. 基本介绍 ……………… 193
2. 设计要点 ……………… 194
3. 制作规范 ……………… 194
4. 工作思路 ……………… 194

（二）工作任务分解 ……………… 195
1. 创建文件 ……………… 195
2. 新建色板 ……………… 195
3. 绘制背景框图 ……………… 196
4. 绘制月亮 ……………… 197
5. 绘制月兔 ……………… 198
6. 绘制桂花枝 ……………… 198
7. 制作文字 ……………… 198
8. 存储与导出 ……………… 198

（三）技能点详解 ……………… 199
1. 图像描摹 ……………… 199
2. 填充 ……………… 200
3. 描边 ……………… 203
4. 其他上色工具 ……………… 207

【课后实训任务】设计一张樱花季门票 ……………… 209

项目十 LOGO设计 ……………… 210

（一）项目概况 ……………… 210
1. 基本介绍 ……………… 210
2. 设计要点 ……………… 211
3. 制作规范 ……………… 211
4. 工作思路 ……………… 211

（二）工作任务分解 ……………… 212
1. 创建文件 ……………… 212
2. 设置参考线并置入底图 ……………… 212
3. 绘制图案 ……………… 213
4. 输入文字并删除底图 ……………… 214
5. 存储与导出 ……………… 214

（三）技能点详解 ……………… 215
1. 钢笔工具组 ……………… 215
2. 画笔工具组 ……………… 216
3. Shaper 工具组 ……………… 219

【课后实训任务】设计一个非遗元素的吉祥物 ……………… 221

项目十一 H5页面设计 ……………… 222

（一）项目概况 ……………… 222
1. 基本介绍 ……………… 222
2. 设计要点 ……………… 223
3. 制作规范 ……………… 223
4. 工作思路 ……………… 223

（二）工作任务分解 ……………… 223
1. 创建文件、设置参考线 ……………… 224
2. 绘制底色 ……………… 224
3. 绘制装饰图形 ……………… 225
4. 编辑文字信息 ……………… 226
5. 编辑图表 ……………… 228
6. 存储与导出 ……………… 228

（三）技能点详解 ……………… 229
1. 文本编辑 ……………… 229
2. 图表编辑 ……………… 236

【课后实训任务】设计制作一本企业画册 ……………… 238

项目十二　POP广告设计 ……………… 239
（一）项目概况 …………………… 239
1. 基本介绍 ………………………… 239
2. 设计要点 ………………………… 240
3. 制作规范 ………………………… 240
4. 工作思路 ………………………… 240
（二）工作任务分解 ……………… 241
1. 创建文件 ………………………… 241
2. 绘制背景 ………………………… 241
3. 设计 POP 标题文字 …………… 241
4. 输入其他文字 …………………… 242
5. 绘制树叶装饰物 ………………… 242
6. 绘制其他装饰物 ………………… 243
7. 装饰其他字体 …………………… 244
8. 最终效果调整 …………………… 245
9. 存储与导出 ……………………… 246
（三）技能点详解 ………………… 246
1. 变形工具组 ……………………… 246
2. 封套扭曲 ………………………… 248
【课后实训任务】设计一款传统色搭配的书签 …………………………… 251

项目十三　网页Banner设计 ………… 252
（一）项目概况 …………………… 252
1. 基本介绍 ………………………… 252
2. 设计要点 ………………………… 253
3. 制作规范 ………………………… 253
4. 工作思路 ………………………… 253
（二）工作任务分解 ……………… 254
1. 打开页面 ………………………… 254
2. 编辑图层 ………………………… 254
3. 添加色板并绘制底色 …………… 254
4. 装饰图形绘制 …………………… 255
5. 输入文字 ………………………… 256
6. 绘制文字混合 …………………… 256
7. 创建切片 ………………………… 257
8. Web 图形输出 …………………… 257
（三）技能点详解 ………………… 257
1. 橡皮擦工具组 …………………… 257
2. 路径编辑 ………………………… 258
3. 对象混合 ………………………… 261
4. 图层、蒙版和不透明度 ………… 263
5. 切片与网页输出 ………………… 265
【课后实训任务】设计制作手机App静态Banner图 ………………………… 267

项目十四　包装盒设计 ……………… 268
（一）项目概况 …………………… 268
1. 基本介绍 ………………………… 268
2. 设计要点 ………………………… 269
3. 制作规范 ………………………… 270
4. 工作思路 ………………………… 270
（二）工作任务分解 ……………… 270
1. 创建文件 ………………………… 270
2. 设置参考线和图层 ……………… 271
3. 绘制背面和正面 ………………… 271
4. 绘制侧面 ………………………… 274
5. 绘制顶盖和底面 ………………… 274
6. 绘制包装盒立体展示效果 ……… 274
7. 存储与导出 ……………………… 276
（三）技能点详解 ………………… 276
1. 符号 ……………………………… 276
2. 效果 ……………………………… 280
3. 图形样式 ………………………… 286
【课后实训任务】设计制作一款手提袋及效果图 …………………………… 287

参考文献 ……………………………… 288

模 块 一

先导课

 Photoshop 软件初识

知识目标

- 了解 Photoshop 软件的发展历史和特点；
- 掌握 Photoshop 软件基本操作，包括文件基本操作、图像的显示控制、图像的控制、颜色设置、标尺与参考线等；
- 了解相关的美学、艺术、设计、文化、科学等知识。

能力目标

- 具备追踪和应用行业最新设计技术、技巧和方法的能力；
- 具备创新创业、个性发展、自我管理的能力；
- 培养自主收集、处理和运用知识的能力，并能举一反三。

素质目标

- 遵守设计行业道德准则和行为规范；
- 具有规范操作的安全意识、项目制作的质量意识、知识产权的法律意识；
- 具有良好的文化艺术修养和职业素养，培养文化自信和国际视野。

（一）软件介绍

Adobe Photoshop 简称 PS，是由 Adobe 公司开发和发行的图像处理软件，主要处理由像素组成的数字图像，是目前市场上应用最广泛的图像处理、视觉创意平面设计软件。随着信息社会的到来，计算机技术的广泛普及，人们对视觉的要求和品位日益增强，Photoshop 的应用更是不断拓展，涉及网页、用户界面、出版印刷、影视、动画、影像创意、广告摄影、建筑装潢、服装设计等方面，很多新兴和热门专业领域都离不开 Photoshop 平面设计。

1990 年，Photoshop 版本 1.0.7 正式发行；2003 年，Adobe Photoshop 8 被更名为 Adobe Photoshop CS（Creative Suite 创意套件）；2013年，Photoshop CS6 被更名为 Photoshop CC（Creative Cloud 创意云），至此 Photoshop 进入云时代。从这个版本之后，软件名后开始加入发布年份。Photoshop CC 2023 版本的启动页面如图 0-1 所示。

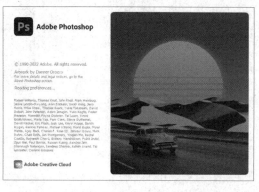

图 0-1　Adobe Photoshop 2023 版本的启动页面

先导课　**Photoshop 软件初识**

（二）工作界面介绍

安装并启动 Photoshop 后，就可以进入 Photoshop 的工作界面，工作界面由菜单栏、工具箱、图像窗口、控制面板等组成，如图 0-2 所示，下面将分别对其进行详细介绍。

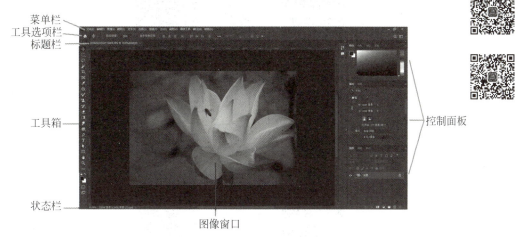

图 0-2　Photoshop 的工作界面

1. 菜单栏

Photoshop 将所有的功能命令分类后，分别放在 12 个菜单栏中，菜单栏中提供了文件、编辑、图像、图层、文字、选择、滤镜、3D、视图、增效工具、窗口、帮助菜单命令，这些菜单命令是按主题进行组织的。

> **注意：**
>
> （1）单击菜单栏中的菜单命令。当菜单命令为灰色显示时，表示该命令在当前状态下不可执行。
> （2）菜单后面标有黑色三角形图标，表示该命令还有下一级子菜单。
> （3）菜单命令后标有省略号，表示单击该命令将会弹出一个对话框。
> （4）使用快捷键执行菜单命令。大部分菜单命令都有快捷键，使用快捷键执行菜单命令是最快速的一种方法。例如，按【Ctrl+J】组合键执行【复制图层】命令。

2. 工具箱

第一次启动 Photoshop 时，工具箱位于屏幕左侧。拖动工具箱的标题栏，可以将其停放在工作窗口中的任意位置。执行菜单栏中的【窗口】→【工具】命令，可以显示或隐藏工具箱。

Photoshop 的工具箱中共有 21 组工具，从工具的形态和名称基本可以了解该工具的功能，将鼠标放置在某个图标上，即可显示该工具的名称，若右击图标，则会显示该工具组中其他隐藏工具，如图 0-3 所示。

> **注意：**
>
> 工具箱中有些工具按钮在右下角带有一个黑色的三角形图标，表示该工具组含有隐藏工具。

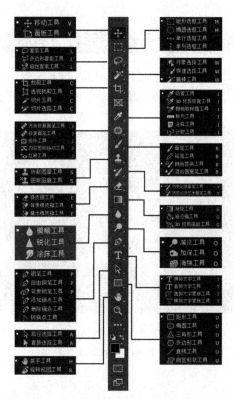

图 0-3　工具箱

3. 工具选项栏

工具选项栏又称属性栏、控制栏，当用户选中工具栏中的某项工具时，属性栏会改变成相应工具的属性设置选项，用户可以在其中设定工具的各种属性。魔棒工具选项栏如图 0-4 所示。

图 0-4　魔棒工具选项栏

4. 控制面板

控制面板又称调板，面板汇集了 Photoshop 操作中常用的选项和功能，在【窗口】菜单下提供了 20 多种面板命令，选择相应的命令就可以在工作界面中打开相应的面板。利用工具箱中的工具或菜单栏中的命令编辑图像后，使用面板可进一步细致地调整各选项，将面板功能应用于图像上。

默认情况下，控制面板是成组出现的，并且以标签来区分。在处理图像的过程中，控制面板可以自由地移动、展开、折叠，也可以显示或隐藏。

1）显示或隐藏

单击【窗口】菜单中相应的命令，可以显示或隐藏控制面板。

编辑图像时，暂时不用的控制面板可以将其隐藏，需要时再调出来。单击 Photoshop 右方的折叠图标按钮，可以折叠面板；再次单击折叠图标按钮可恢复控制面板。

> **注意：**
>
> 重复按【Tab】键，可以显示或隐藏控制面板组、工具箱及工具选项栏。重复按【Shift+Tab】组合键，可显示或隐藏控制面板组。

2）调整大小

可以将光标移至控制面板四周，当鼠标指针变为双向箭头时拖动鼠标，调整面板大小。

3）拆分与组合

控制面板组可以自由拆分或组合。将光标指向面板的标签，按住鼠标左键拖动可以将该面板移动到面板组外，即拆分面板组；将面板拖动到另一个面板组中，即可重新组合面板组。

4）面板菜单

每个面板组的右上角都有一个四横线按钮 ，单击它可以打开相应的面板菜单，该面板的所有操作命令都包含在面板菜单中，如图 0-5 所示。

5）面板窗口

Photoshop 所有的控制面板都可以单击其面板右端的按钮 将其折叠为图标，或单击按钮 选择【关闭选项卡组】将其关闭。

如果控制面板不合理，想恢复到默认状态，可以执行菜单栏中的【窗口】→【工作区】→【复位基本功能】命令。

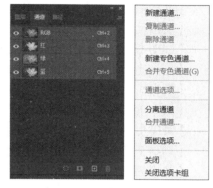

图 0-5　面板菜单

5. 标题栏

打开一个文件以后，Photoshop 会自动创建一个标题栏。在标题栏中会显示这个文件的名称、格式、窗口缩放比例以及颜色模式等信息。

6. 状态栏

状态栏在窗口的最底部，用于显示图像处理的各种信息。当新建或打开图像文件以后，有关图像文件的大小及其他信息将显示在状态栏上。状态栏分为三部分，依次为显示比例、文件信息、提示信息。其中，显示比例用于显示当前图像缩放的百分比；文件信息部分用于显示当前图像的有关信息；提示信息部分显示了所选工具的操作信息，如图 0-6 所示。

左侧的 "18.78%"：【缩放比例】文本框，在文本框中输入缩放比例，按【Enter】键确认，可按输入的比例缩放文档中的图像。

如果用鼠标左键按住状态栏的中间部分，将显示当前图像的宽度、高度、通道和分辨率等相关信息，如图 0-7 所示。

图 0-6　状态栏

图 0-7　图像的相关信息

在状态栏中单击灰色的箭头图标，可以出现一个选项菜单，各菜单的意义如下。

【文档大小】：显示有关图像数据量的信息。图 0-7 所示左边的数字表示图像的打印大小，它近乎以 PSD 格式拼合后并存储的文件大小；右边的数字表示文件的近似大小，包括图层和通道。

> **注意：**
> 这里显示的文档大小与实际存盘的文件大小将有一些出入，这仅是一个参考数值，因为在存盘的过程中还要进行压缩或附加信息的处理。

【文档配置文件】：显示图像使用的颜色配置文件的名称。
【文档尺寸】：显示图像的尺寸大小。
【GPU 模式】：显示图像处理器的功能。
【测量比例】：显示图像测量的比例大小及测量单位。
【暂存盘大小】：显示用于处理图像的内存和暂存盘的有关数量信息。
【效率】：以百分数的形式来表示图像的可用内存大小。
【计时】：显示上一次操作所使用的时间。
【当前工具】：显示当前正在使用的工具。
【32 位曝光】：用于调整预览图像，以便在计算机显示器上查看 32 位 / 通道高动态范围（HDR）图像的选项。只有当文档窗口显示 HDR 图像时，该滑块才能用。
【存储进度】：保存文件时，显示存储进度。
【智能对象】：智能对象可保留图像的原始内容以及原始特性，防止用户对图层执行破坏性编辑。选择此项可显示丢失 / 已更改的对象。
【图层计数】：显示当前的图层数量。

（三）文件基本操作

1. 新建文件

新建图像文件是指新建一个空白图像文件，基本操作步骤如下。

步骤一：打开 Photoshop，启动界面如图 0-8 所示，单击【新建】命令或按快捷键【Ctrl+N】，弹出【新建文档】对话框，如图 0-9 所示。

图 0-8　Photoshop 启动界面

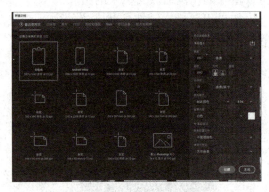

图 0-9　【新建文档】对话框

步骤二：在【新建文档】窗口的【预设详细信息】中，可以设置【名称】【宽度】【高度】【方向】等信息，如图 0-10 所示。

在【分辨率】选项中确定图像的分辨率。通常情况下，如果制作图像仅用于计算机屏幕显示，图像分辨率只需要 72ppi 或 96ppi 即可；如果制作的图像需要打印输出，最好用最高分辨率 300ppi。

先导课　Photoshop 软件初识

> **基础知识：像素与分辨率**
>
> Photoshop 的图像是基于位图格式的，而位图的基本单位是像素，因此，在创建位图图像时需要指定分辨率的大小。图像的像素与分辨率能体现图像的清晰度，决定图像质量。
>
> **• 像素**
>
> 中文全称为图像元素。像素是指由图像的小方块组成的，这些小方块都有一个明确的位置和被分配的色彩数值，并决定该图像所呈现的样子。可以将像素视为整个图像中不可分割的单位或元素，不可分割即不能再切割成更小单位或元素，它是以一个单一颜色的小格存在。每一个点阵图像包含了一定量的像素，这些像素决定图像在屏幕上所呈现的大小。越高位的像素，其拥有的色板越丰富，越能表达颜色的真实感。像素仅指分辨率的尺寸单位，而不是画质。
>
> 当图片尺寸以像素为单位时，我们需要指定其固定的分辨率，才能将图片尺寸与现实中的实际尺寸相互转换。例如，大多数网页制作常用图片分辨率为 72ppi，即每英寸像素为 72；又如 15cm×15cm 的图片，等于 420×420 像素大小的图片。
>
> **• 分辨率**
>
> 分辨率又称解析度、解像度，可以细分为显示分辨率（lpi 代表线每英寸）、图像分辨率（ppi 代表像素每英寸）、输出分辨率（dpi 代表点每英寸）等。只有 lpi 是描述光学分辨率的尺度。虽然 ppi 和 dpi 也属于分辨率范畴内的单位，但是它们的含义与 lpi 不同，而且 lpi 与 dpi 无法换算，只能凭经验估算。
>
> 另外，ppi 和 dpi 经常会出现混用现象。从技术角度说，"像素"只存在于计算机显示领域，而"点"只出现于打印或印刷领域。分辨率决定了位图图像细节的精细程度，通常情况下，图像的分辨率越高，图像越清晰，显示或印刷的质量越好。同时，它也会增加文件占用的存储空间。

在【颜色模式】下拉列表中选择图像的色彩模式，如图 0-11 所示。一般设计图像时使用 RGB 模式，因为很多操作只有在 RGB 模式下才可以，最后再根据需求转换为 CMYK 模式或 LAB 模式等进行输出。

图 0-10　【预设详细信息】

图 0-11　【颜色模式】下拉列表

📖 基础知识：色彩模式

色彩模式是数字世界中表示颜色的一种算法。在数字世界中，为了表示各种颜色，人们通常将颜色划分为若干分量。由于成色原理的不同，决定了显示器、投影仪、扫描仪这类靠色光直接合成颜色的颜色设备和打印机、印刷机这类靠使用颜料的印刷设备在生成颜色方式上有非常大的区别。常见的色彩模式有 RGB 模式、CMYK 模式、Lab 模式、灰度模式等。

• RGB 模式

RGB 色彩模式是一种加色模式，又称三基色，属于自然色彩模式。它通过对红（Red）、绿（Green）、蓝（Blue）三个基本颜色通道的变化，以及它们相互之间的叠加来得到各式各样的颜色，如图 0-12。这个色彩标准几乎包括了人类视力所能感知的所有颜色，是目前运用最广的颜色系统之一。

RGB 色彩模式使用 RGB 模型为图像中每一个像素的 RGB 分量分配一个 0~255 范围内的强度值。例如纯红色 R 值为 255，G 值为 0，B 值为 0；灰色的 R、G、B 三个值相等（除了 0 和 255）；白色的 R、G、B 都为 255；黑色的 R、G、B 都为 0。RGB 图像只使用三种颜色就可以使它们按照不同的比例混合，在屏幕上呈现 1680（256×256×256）万种颜色。

所有扫描仪、显示器、投影设备、电视、电影屏幕等都依赖于这种加色模式。但是，这种模式的色彩范围超出了打印和印刷的范围，因此输出后颜色往往会偏暗一点。在很多设计项目中，色彩模式一般先设定为 RGB 模式，在最后定稿输出时再换为 CMYK 模式。

• CMYK 模式

CMYK 色彩模式是一种减色模式，又称印刷四分色，代表印刷上用的四种颜色，C 品蓝（Cyan）、M 品红（Magenta）、Y 品黄（Yellow）、K 黑色（Black），如图 0-13，也属于自然色彩模式。

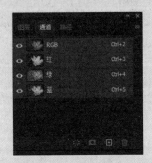

图 0-12 RGB 色彩模式

图 0-13 CMYK 色彩模式

CMYK 色彩模式表现的是当阳光照射到一个物体上，这个物体将吸收一部分光线，并将剩下的光线进行反射，反射的光线就是我们所看见的物体颜色。例如，当白光照射到品红色的印刷品上时，我们之所以能看到它是品红色的，是因为它吸收了其他颜色而反射品红色的缘故。

在实际应用中，品蓝、品红和品黄很难叠加形成真正的黑色，最多不过是褐色而已。因此才引入了 K 黑色。黑色的作用是强化暗调，加深暗部色彩。CMYK 色彩模式被广泛应用于印刷、制版行业，各参数数值范围为 0~100%。

• Lab 模式

Lab 色彩模式由三个通道组成，一个通道是明度，即 L（0~100），另外两个是色彩通道，用 A（-128~127）和 B（-128~127）表示，如图 0-14。A 通道包括的颜色是从深绿色（低亮度值）到灰色（中亮度值）再到亮粉红色（高亮度值）；B 通道则是从亮蓝色（低亮度值）到灰色（中亮度值）再到黄色（高亮度值）。

RGB 模式是一种发光屏幕的加色模式，CMYK 模式是一种颜色反光的印刷减色模式。而 Lab 色彩模式既不依赖光线，也不依赖于颜料，它是 1931 年国际照明委员会（CIE）确定的一个理论上包括了人眼可以看见的所有色彩的色彩模式，不依赖于任何设备。

Lab 色彩模式弥补了 RGB 和 CMYK 两种色彩模式的不足，也是 Photoshop 在不同色彩模式之间转换时使用的内部色彩模式，因为它的色域包括了 RGB 和 CMYK 的色域，所以是目前所有模式中色彩范围（也称为色域）最广的颜色模式，它能毫无偏差地在不同系统和平台之间进行转换。

- 灰度模式

灰度模式是指用单一灰色调表现图像，如图 0-15。一个像素的颜色用八位元来表示，一共可表现 256 阶（色阶）的灰色调（含黑和白），也就是 256 种明度的灰色，是从黑→灰→白的过渡，如同黑白照片。灰度值可以用黑色油墨覆盖的百分比来表示，而颜色调色板中的 K 值用于衡量黑色油墨的量。将彩色图像转换为灰度模式时，所有的颜色信息都将被删除。虽然 Photoshop 允许将灰度模式的图像再转换为彩色模式，但是原来已经丢失的颜色信息不能再返回。

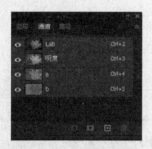 

图 0-14　Lab 色彩模式　　　　　　　图 0-15　灰度色彩模式

- HSB 模式

HSB 模式表示色相、饱和度、亮度，这是一种从视觉的角度定义的颜色模式。Photoshop 可以使用 HSB 模式从颜色面板拾取颜色，但没有提供用于创建和编辑图像的 HSB 模式。在通常的使用中，色相 H 是由颜色名称标识，比如红、绿或橙色。饱和度 S 指颜色的强度或纯度。亮度 B 指颜色的相对明暗程度。

- 索引模式

索引颜色模式是网上和动画中常用的图像模式，当彩色图像转换为索引颜色的图像后，包含近 256 种颜色。索引颜色图像包含一个颜色表。如果原图像中颜色不能用 256 色表现，则 Photoshop 会从可使用的颜色中选出最相近颜色来模拟这些颜色，这样可以减小图像文件的尺寸。

- 多通道模式

在多通道模式中，每个通道都含用 256 灰度级存放着图像中颜色元素的信息。该模式多用于特定的打印或输出。通过将 CMYK 图像转换为多通道模式，可以创建青色、洋红、黄色和黑色专色通道；通过将 RGB 图像转换为多通道模式，可以创建青色、洋红和黄色专色通道。如果图像中只使用了一两种或两三种颜色时，使用多通道颜色模式可以减少印刷成本。

- 位图模式

Photoshop 使用的位图模式只使用黑、白两种颜色中的一种表示图像中的像素。位图模式的图像也称黑白图像，它包含的信息最少，因而图像也最小。当一幅彩色图像要转换成黑白模式时，不能直接转换，必须先将图像转换成灰度模式，再转换为位图模式。

在【背景内容】选项中确定图像中的背景图层颜色，如图 0-16 所示，可设置为白色、黑色、背景色、透明或自定义，也可以通过单击右边方块进行颜色拾取。

步骤三：单击【创建】按钮，即可建立一个新的图像文件。

2. 打开文件

如果要编辑一个已经存在的图像文件，则需要打开文件。打开图像文件的基本操作步骤如下。

步骤一：打开 Photoshop，单击【打开】命令或按【Ctrl+O】组合键，弹出【打开】对话框，如图 0-17 所示。单击文件，则打开所选的图像文件。

图 0-16 【背景内容】下拉列表

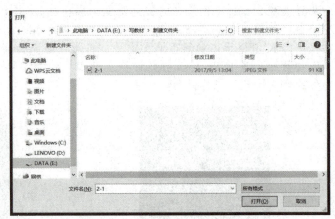

图 0-17 【打开】对话框

步骤二：打开 Photoshop，启动界面上会显示【最近打开文件】文档的缩略图，单击缩略图即可打开相应的文件。该命令的菜单中记录了最近打开过的图像文件名称，默认情况下可以记录 20 个最近打开的文件。

> 注意：
> 如果已经打开文件，则无启动界面，可以通过菜单中的【文件】→【打开】命令来实现。

3. 存储文件

在处理图像的过程中，一定要养成及时保存文件的好习惯，否则很容易前功尽弃。在 Photoshop 中，可以通过以下三种方法保存图像文件。

（1）执行【文件】→【存储】命令，或按【Ctrl+S】组合键，可以保存图像文件。如果是第一次执行该命令，将弹出【存储为】对话框用于保存文件，如图 0-18 所示。

（2）执行【文件】→【存储为】命令，或按组合键【Shift+Ctrl+S】，可以将当前编辑的文件按指定的格式存盘，当前文件名将自动变更为新文件名，原来的文件仍然存在，不会被覆盖。

（3）执行【文件】→【导出】→【存储为 Web 所用格式】命令，或按组合键【Alt+Shift+Ctrl+S】，可以将图像文件保存为网络图像格式，并且可以对图像进行优化，如图 0-19 所示。

4. 关闭文件

关闭文件有两种方法。

（1）执行【文件】→【关闭】命令或【关闭全部】命令。

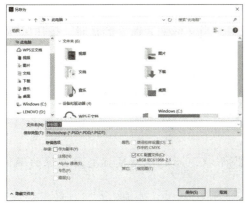

图 0-18 【存储为】对话框

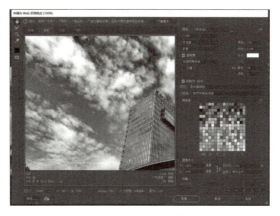

图 0-19 【存储为 Web 所用格式】对话框

（2）单击图像窗口标题栏右侧的关闭按钮。如果图像尚未存盘，将弹出一个对话框提示是否存盘，如图 0-20 所示。

单击【是】按钮，如果从未保存过该文件，将会弹出【存储为】对话框，要求输入文件名进行存储；如果是已经保存过的文件，将直接存储并关闭窗口。

单击【否】按钮，将直接关闭文件，但不进行存储。

单击【取消】按钮，将取消关闭操作，并返回 Photoshop 工作环境。

图 0-20 关闭未保存的文件时弹出的对话框

（四）图像的显示控制

图像的显示与控制操作是图像处理过程中使用比较频繁的一种操作，主要包括图像的缩放、查看图像的不同位置、窗口布局等操作。

1. 图像的缩放

在图像标记过程中，经常需要将图片的某一部分进行放大或缩小，以便于操作。放大或缩小图像时，窗口的标题栏和底部的状态栏将显示缩放百分比。

在 Photoshop 中，图像的缩放方式有以下几种。

（1）选择【缩放工具】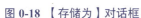，将光标移动到图像上，当光标变为时，每单击一次鼠标，图像将放大一级，并以单击的位置为中心显示。当图像放大到最大级别时将不能再放大。按住【Alt】键，则光标变为，每单击一次鼠标，图像将缩小一级。当图像缩小到最大缩小级别（在水平和垂直方向只能看到一个像素）时将不能再缩小。

（2）选择【缩放工具】，在要缩放的图像上按住鼠标左键来回拖动，图像将迅速放大缩小。

> **注意：**
> 任何情况下按住【Ctrl+ 空格键】，光标都将变为形状。在任何情况下，按住【Alt】键并向上滚动鼠标轮，图像将放大；按住【Alt】键并向下滚动鼠标轮，图像将缩小。

2. 图像的查看

图像被放大后，图像窗口不能将全部图像内容显示出来。如果要查看图像的某一部分时，就需要进行相应的操作。

查看图像有如下几种方法。

（1）选择【抓手工具】，将鼠标移动到图像上，当光标变为抓手形状时，按住鼠标左键拖动，可以查看图像的不同部分。

（2）拖动图像窗口上的水平、垂直滚动条可以查看图像的不同部分。

（3）按【PageUp】或【PageDown】键，可以上下滚动图像窗口查看图像。

（4）可以滚动鼠标的中间滑轮查看图像的上下不同部分。

> **注意：**
> 任何情况下按住【空格键】，光标都将变为 形状，此时拖动鼠标查看图像的不同部分。

3. 导航器面板

使用【导航器】面板可以方便地缩放与查看图像，这是 Photoshop 中唯一用于控制图像显示与缩放的控制面板。执行菜单栏中的【窗口】→【导航器】命令，可以打开【导航器】面板，如图 0-21 所示。

（1）单击面板底部的放大按钮或缩小按钮，可以放大或缩小图像。

（2）拖动放大按钮与缩小按钮之间的三角形滑块，可以放大或缩小图像。

（3）在左下角的文本框中输入一个比例数值，然后按【Enter】键，可以按指定的比例放大或缩小图像。

（4）按住【Ctrl】键的同时在面板中的缩略图上按住鼠标左键拖动框选，可以自由指定要放大的图像区域，如图 0-22 所示。

图 0-21 【导航器】面板

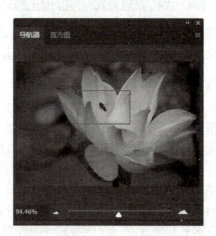

图 0-22 指定要放大的图像区域

（5）在面板中的缩略图上拖动红框，可以查看图像不同位置（注：红框代表图像窗口的显示区域）。

（五）图像的控制

图像下拉菜单如图 0-23 所示，本章主要将对【图像大小】【画布大小】【图像旋转】等进行详细介绍。

1. 图像大小

想要调整图像的尺寸，可以使用【图像大小】命令来完成。执行【图像】→【图像大小】命令，打开【图像大小】对话框，如图 0-24 所示。

【尺寸】：显示当前文档的尺寸。单击下拉三角按钮，在弹出的下拉菜单中可以选择尺寸单位。

【调整为】：在该下拉列表框中可以选择多种常用的预设图像大小。例如，A4 纸张大小。

【宽度/高度】：文本框中输入数值，即可设置图像的宽度或者高度。输入数值前，需要先在右侧的单位下拉列表中选择合适的单位。

【约束长宽比】：启用该按钮，对图像大小进行调整后，图像还会保持原有的长宽比，若未开启，可以分别调整宽度和高度的数值。

【分辨率】：用于设置分辨率大小，调整前需要选择合适的单位。需要注意的是，增大分辨率的数值不会使模糊的图片变清晰。

【重新采样】：该下拉列表框中可以选择重新取样的方式。

图 0-23　图像下拉菜单

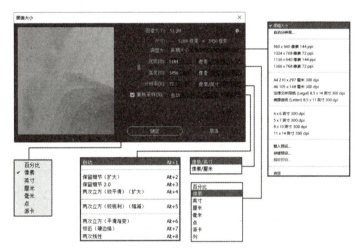

图 0-24　【图像大小】对话框

【缩放样式】：单击窗口右上角的 按钮，在弹出的菜单中选择【缩放样式】命令，此后，对图像大小进行调整时，其原有样式会按照比例进行缩放。

2. 画布大小

画布是指绘制和编辑图像的工作区域，也就是图像显示的区域。调整画布大小可以在图像四边增加空白区域，或者裁剪掉不需要的图像边缘。步骤如下。

步骤一：打开素材，选择【图像】→【画布大小】命令，如图 0-25 对话框。

> **注意：**
> 在【画布大小】对话框中，可将扩展的画布颜色设置为当前前景色或背景色，也可将其设置为白色，或者单击颜色图标，打开【拾色器】对话框，自定义画布颜色。

步骤二：设置【定位】选项的基准点，调整图像在新画布上的位置和大小，如图 0-26 所示。

> **注意：**
> 勾选【相对】选项时，画布大小数值填写是在原画布大小上增加的；不勾选【相对】选项时，画布大小数值是按原画布大小进行调整的。

步骤三：设置完毕后单击【确定】按钮，若新设置的画布比原来的画布小，将弹出如图 0-27 所示对话框，单击【继续】按钮即可。

图 0-25 【画布大小】对话框

图 0-26 调整画布位置和大小

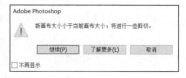

图 0-27 剪切对话框

3. 图像旋转

执行【图像】→【图像旋转】的子菜单中相应命令来解决图像角度问题，如图 0-28 所示。

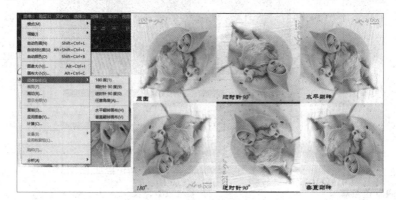

图 0-28 图像旋转

执行【图像】→【图像旋转】→【任意角度】命令，在弹出的【旋转画布】对话框中输入特定的旋转角度，并设置旋转方向为【度顺时针】或【度逆时针】，如图 0-29 所示。旋转后的画面中多余的部分将被填充为当前背景色。

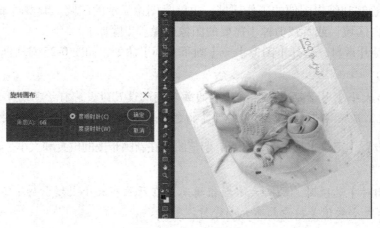

图 0-29 【任意角度】

先导课　Photoshop 软件初识

（六）颜 色 设 置

一般情况下，绘制图形、填充颜色或编辑图像时需要先选颜色。Photoshop 为用户选取颜色提供了多种解决方案，在处理图像作品时要灵活运用。

1. 拾色器

在 Photoshop 工具箱的下方提供了一组专门用于设置前景色、背景色的色块，如图 0-30 所示。

图 0-30　颜色设置工具

【默认颜色按钮】：可以将颜色设置为默认色，既前景色为黑色，背景色为白色，快捷键为【D】键。

【前景色、背景色转换按钮】：可以转换前景、背景的颜色，快捷键为【X】键。

【前景色/背景色按钮】：单击【前景色】或【背景色】色块，则弹出如图 0-31 所示的【拾色器】对话框。在该对话框中，设置任何一种色彩模式的参数值都可以选取相应的颜色，也可以在窗口左侧的色域中单击鼠标左键选取相应颜色。

注意：

在【拾色器】窗口中，用户可以设置出 1680 多万种颜色。如果所选颜色旁边出现 ⚠ 标识，表示该颜色超出了 CMYK 颜色，印刷输出时 标识下方的颜色将代替所选颜色。

在工具箱中设置前景色或背景色的基本操作步骤如下。

步骤一：单击前景色或背景色色块，打开【拾色器】对话框。

步骤二：在对话框中选择所需要的颜色。

步骤三：单击【确定】按钮，即可将所选颜色设置为前景色或背景色。

2. 颜色面板

使用【颜色】面板可以方便地选择所需的颜色。执行菜单栏中的【窗口】→【颜色】命令，或者按【F6】键（有些计算机为【Fn+F6】键），可以打开【颜色】面板，如图 0-32 所示。

在【颜色】面板中可以进行以下操作。

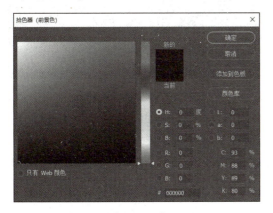

图 0-31　【拾色器】对话框

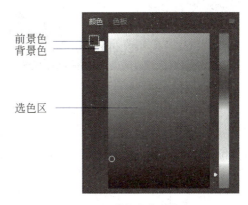

图 0-32　【颜色】面板

（1）单击前景色或背景色色块，直接在色彩区域里选取颜色。
（2）双击前景色或背景色色块，进入【拾色器】对话框。

3. 色板面板

利用【色板】面板选取颜色是最快捷的一种选色方式，利用它可以非常方便地设置前景色或背景色，并且可以任意添加或删除色板。

执行菜单栏中的【窗口】→【色板】命令，打开【色板】面板，如图0-33所示。将光标移动到【色板】面板，当光标变为 时单击所需色板，可以设置前景色；按住【Alt】键的同时单击所需色板，可以设置背景色。

图0-33 【色板】面板

（七）标尺与参考线

标尺、参考线可以帮助用户在图像的长度和宽度方向进行精确定位，这些工具统称为辅助工具。熟练使用这些辅助工具，可以使用户快速、精确地完成设计。对于专业设计人员来说，使用辅助工具进行精细化作业是必不可少的基本技能。

1. 标尺

在Photoshop中，标尺位于图像工作区域的左侧和顶端位置，是衡量画布大小最直观的工具。当移动光标时，标尺内的标记将显示光标的位置；标尺和参考线结合使用可以准确、精密地标示出操作的范围。

（1）执行【视图】→【标尺】命令，或按【Ctrl+R】组合键，可显示或关闭标尺，如图0-34所示。

（2）标尺具有多种单位以适应不同大小的图像的操作需求，默认标尺单位为厘米，在标尺上右击，在弹出的快捷菜单中可以更改标尺单位，如图0-35所示。

图0-34 标尺的显示图

图0-35 标尺的单位图

（3）指定标尺的原点。显示标尺后，可以看到标尺的坐标原点位于图像窗口的左上角。如果需要改变标尺原点，可以将光标至原点处，单击鼠标出现十字标志，按住鼠标拖动，在适当位置释放鼠标，则交叉点变为新的标尺原点，如图0-36所示。标尺原点改变后，双击窗口左上角原点处，则原点变为默认方式。

2. 参考线

在Photoshop中编辑图像时，使用参考线同样可以实现精确定位。参考线的操作如下。

（1）执行【视图】→【显示】→【参考线】命令，可以显示或隐藏窗口中的参考线。

（2）如果图像窗口中已显示标尺，将光标指向水平或垂直标尺向下或向右拖动鼠标，可以创建水平或垂直参考线。按住【Alt】键的同时，从水平标尺向下拖动鼠标可以创建垂直参考线，从垂直标尺向右拖动鼠标可以创建水平参考线。

（3）执行【视图】→【参考线】→【新建参考线】命令，弹出【新参考线】对话框，如图0-37所示。在对话框中可以选择新建参考线的取向及与相应标尺的距离。

图0-36　设置标尺原点

图0-37　新建参考线

（4）选择【移动工具】，将光标指向参考线的位置，如果将其拖动至窗口外，可以删除该参考线，或者鼠标单击需要删除的参考线，参考线转变颜色后，按【Backspace】或【Delete】键也可删除该参考线。还可以执行菜单栏中的【视图】→【参考线】→【清除参考线】命令，删除图像窗口中所有的参考线。

（5）执行【视图】→【参考线】→【锁定参考线】命令，可以锁定图像窗口中所有的参考线，不能发生移动。

（6）执行【视图】→【对齐到】→【参考线】命令，当移动图像或创建选择区域时，可以使图像或选择区域自动捕捉参考线，自动实现对齐操作。

【应用案例】名片设计及展示效果图制作

作为一名设计师，为自己设计制作一张名片，并完成效果展示图，如图0-38所示。

技术点睛：
- 新建文档、保存文档、打开文件、置入文件。
- 使用标尺和参考线辅助功能定位。
- 使用【移动工具】移动图层。
- 使用【文字工具】编辑字体。
- 使用【渐变工具】【图层蒙版】对名片进行效果处理。

图0-38　名片效果展示图

【课后实训任务】熟悉软件界面和各项命令

安装软件，并熟悉软件工作界面，尝试使用工具箱、工具选项栏、菜单栏、控制面板等各项操作命令。

项目一 手机海报设计

知识目标

- 掌握 Photoshop 设计软件的基础操作，包括图层、图框工具、移动工具、文字编辑、裁剪工具组等；
- 掌握海报设计工作的相关专业知识和典型工作任务；
- 了解相关的美学、艺术、设计、文化、科学等知识。

能力目标

- 培养色彩和图文搭配、创意思路沟通的能力；
- 培养自主收集、处理和运用知识的能力，并能举一反三；
- 培养创新和实践的能力，并具备运用所学知识独立完成同类型项目的工作能力。

素质目标

- 树立正确的人生观、价值观、世界观，培养中华民族自豪感；
- 具有社会责任感和使命感、职业认同感和自豪感、工作获得感和荣誉感；
- 具有良好的设计鉴赏和文化艺术修养，培养文化自信和国际视野。

（一）项目概况

1. 基本介绍

"海报"一词最早起源于上海。旧时，海报是用于戏剧、电影等演出或活动的招贴。上海通常把职业性的戏剧演出称为"海"，把从事职业性戏剧的表演称为"下海"。作为具有宣传性的、招徕顾客性的剧目演出信息张贴物，人们便把它叫作"海报"。

据考古发现，我国最早出现的一张印刷海报比国外早 400 年左右。这张中国海报是 11 世纪（我国宋朝）山东济南刘家功夫针铺的一张印刷广告。目前，这一广告物的印刷用铜版陈列在中国历史博物馆内，如图 1-1 所示。

海报最早以商业用途为主，我国 20 世纪 30 年代的月份牌、60 年代的宣传画，无疑也是特定时期中国海报的一种特殊形式。现在，海报设计是视觉传达的主要表现形式之一，具有向群众介绍某一物体、事件特性的作用，是常见的一种招贴形式。

海报中通常要写清楚活动的性质，活动的主办单位、时间、地点等内容。海报的语言要求简明扼要，形式要做到新颖美观。通过版面的构成，在第一时间内吸引人们的目光并获得瞬间的刺激，这要求设计者要将图

图 1-1 济南刘家功夫针铺宣传设计

片、文字、色彩、空间等要素进行完美的结合,以恰当的形式向人们展示宣传信息。

海报按其应用不同,大致可以分为商业海报、文化海报、电影海报、游戏海报、创意海报和社会海报等。

商业海报:商业海报是指宣传商品或商业服务的商业广告性海报。商业海报的设计,要恰当地配合产品的格调和受众对象,如图1-2所示。

文化海报:文化海报是指各种社会文娱活动及各类展览的宣传海报。展览的种类很多,不同的展览都有其各自的特点,设计师需要了解展览和活动的内容才能运用恰当的方法表现其内容和风格。商业海报案例如图1-3所示。

电影海报:电影海报是海报的分支,主要起到吸引观众注意、刺激电影票房收入的作用,与戏剧海报、文化海报等较为类似。电影海报案例如图1-4所示。

社会海报:社会海报是带有一定思想性的。这类海报具有特定的对公众的教育意义,其海报主题包括各种社会公益、道德的宣传,或政治思想的宣传,弘扬爱心奉献、共同进步的精神等。社会海报案例如图1-5所示。

图1-2 商业海报案例　　图1-3 文化海报案例　　图1-4 电影海报案例　　图1-5 社会海报案例

2. 设计要点

造型的构成:包括装饰性图案、标志、商标文字、饰框、底纹等。

文字的构成:包括主题、正文(活动的目的和意义,主要项目、单位、时间、地点)、落款等。

其他相关:包括色彩(色相、明度、彩度的搭配)、编排(文字、图案的整体排列)等。

3. 制作规范

根据实际使用情况,常见的海报尺寸有:普通海报42cm×57cm、57cm×84cm;宣传海报50cm×70cm、57cm×84cm;电影海报50cm×70cm、57cm×84cm、78cm×100cm;招聘海报90cm×120cm。常见的海报形式有展板、X展架、易拉宝等,以上都是以纸质为介质的打印或喷绘类海报的成品尺寸(制作尺寸需要加2~10mm的出血线),色彩模式为CMYK,分辨率为300dpi。

随着数字化时代的到来,以手机、平板计算机、计算机等为介质的数字海报常见尺寸有:电商海报1920像素×600像素;手机海报1080像素×1920像素;微信朋友圈海报940像素×788像素;微博配图海报尺寸:735像素×1102像素等,色彩模式为RGB,分辨率为72dpi。

> **注意:**
> (1)根据客户的实际需求,确定"成品尺寸";若需打印成品,在设计制作的时候,上、下、左、右各增加3~10mm的出血。例如,成品尺寸为130mm×180mm,设计制作尺寸应

为 136mm×186mm。

（2）主题图片、文案和 LOGO 的编排放版心位置，以免裁切时被切掉。

（3）不要将文字设定为套印填色。

（4）底纹或底图颜色的设定不要低于 5%，以免印刷成品时无法呈现；屏幕显示色和实际印刷色不同。

（5）电子类的颜色设置为 RGB，分辨率一般为 72dpi；打印类的颜色设置为 CMYK，分辨率一般为 300dpi。

📖 **基础知识：出血线**

出血线是印刷业的一种专业术语。纸质印刷品所谓的出血是指超出版心部分的印刷，如图 1-6 所示。版心是在排版过程中统一确定的图文所在的区域，上、下、左、右都会留白（如 Word 的四方页边距就是留白），但是在纸质印刷品中，有时为了取得较好的视觉效果，会把文字或图片（大部分是图片）设置为超出版心范围，覆盖到页面边缘，这样的画面称为出血图。印刷中的出血是指加大产品外尺寸的图案，在裁切位加一些图案的延伸，专门给各生产工序在其工艺公差范围内使用，以避免裁切后的成品露白边或裁到内容。

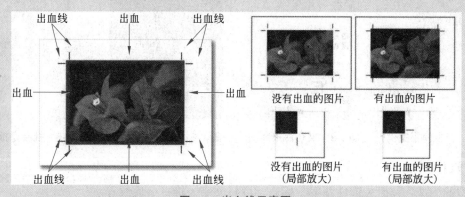

图 1-6　出血线示意图

在印刷行业中由于裁切印刷品使用的工具为机械工具，所以裁切位置并不十分准确。不可能每一张纸图案位置都印得分毫不差。如果不留出血线，几百张叠在一起的纸一起裁切时，机器只能对准最上面纸张图案的边缘裁下去，那么下面其他纸上的图案边就有可能没有裁到，而留下白边。所以，通常会以图案边缘为基准，多往里面裁一些，这样才能保证下面纸上的图都不留白边。为了解决因裁切不精准而带来印刷品边缘出现的非预想颜色的问题，设计师会在图片裁切位的四周加上 2~10mm 预留位置，用出血来确保成品效果的一致。

因此，在制作时分为设计尺寸和成品尺寸，设计尺寸总是比成品尺寸大，大出来的边要在印刷后裁掉，这个印出来并裁掉的部分称为出血。出血并不都是 3mm，一般成品尺寸比较大，出血也会设置得大一些。

例如，要制作 16K 尺寸的作品（210mm×285mm），那么就要做得比 16K 大一圈，这样把外面一圈裁掉里面就正好是 16K 了。一般四周都会留出 3mm 的位置，也就是说制作尺寸是（210+3+3）×（285+3+3）mm，即 216mm×291mm。需要注意的是，周围多留出的位置要被裁掉，所以画面上需要显示的文字或图案不能做到这个区域里。外围区域只能是画面背景的延伸，裁掉之后不会影响画面。另外，如果到快印店印制，是不用做出血的，因为一两张不需要机器裁切，手工用刀对准边缘就可以裁掉，只有大批量印刷才需要出血。

项目一 手机海报设计

4. 工作思路

海报设计项目是平面设计工作中相对简单的任务,首先我们要掌握这项工作的概况、设计要素、制作规范及要求等,然后开始以下工作。

(1)明确客户的具体要求:比如海报类型、用途、主题、载体,以及要放哪些文案和图案,对设计风格的偏好等。

(2)进行创作:初学者可能把握不好创意,建议可以参考网络或书上优秀的设计作品,结合实际情况完成设计与排版方案,并使用计算机设计软件制作正稿。

(3)最后修正:正稿确定后,如果后期需要印刷的,还需完成印前修正才能交付印刷。

(二)工作任务分解

作为一名设计师,为"美丽中国摄影展"设计一份手机海报,以图1-7所示方案为例,具体操作步骤如下。

1. 创建文件

(1)启动 Adobe Photoshop 软件。

(2)单击【新建】按钮,弹出【新建文档】对话框,在【预设详细信息】栏中输入"美丽中国摄影展手机海报",【宽度】为 1080 像素,【高度】为 1920 像素,【颜色模式】为 RGB 颜色,【分辨率】为 72 像素/英寸,如图 1-8 所示。

图 1-7 手机海报效果图

图 1-8 新建页面

2. 显示标尺和设置参考线

(1)执行【视图】→【标尺】命令,显示标尺,如图 1-9 所示。

（2）从上方和左侧标尺处拉出参考线，或执行【视图】→【参考线】→【新建参考线】命令，分别在【垂直】位置设置"50"像素"400"像素"410"像素"670"像素"680"像素"1030"像素，【水平】位置设置"100"像素"550"像素"580"像素"1030"像素，新建参考线，如图1-10所示。

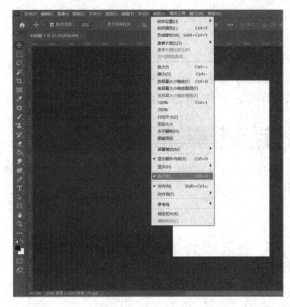

图1-9　显示标尺　　　　　　　　　　图1-10　新建参考线

（3）执行【视图】→【参考线】→【锁定参考线】命令，锁定窗口中所有的参考线。

3. 绘制图框

选择【图框工具】，并利用参考线，绘制矩形图框，如图1-11所示。

4. 图文排版

（1）将图片"素材1""素材2""素材3""素材4"分别置入矩形图框，如图1-12所示。（素材来源：新华社）

（2）置入主题"素材5""素材6""素材7"如图1-13所示。在图层窗口中，将【图层7】拖动到【图层5】的下面，避免遮挡其他有效信息，如图1-14所示。

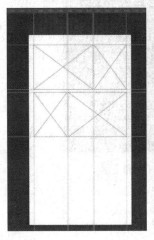

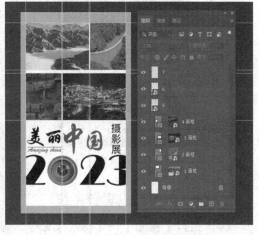

图1-11　绘制图框　　　图1-12　置入图片素材　　　图1-13　置入主题及文字图片

（3）单击工具箱中的【横排文字工具】，在文字属性栏选择"方正姚体"，大小为"60 点"，颜色为"黑色"。在工作界面单击并输入文字，改变文字大小为"36 点"，输入具体时间，再将文字大小变为"72 点"，输入地址，如图 1-15 所示。

（4）输入主办方及其他相关信息文字，并调整文字位置和大小。

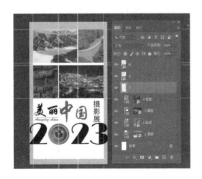

图 1-14　更改图层位置

图 1-15　文字输入

5. 存储与导出

（1）选择菜单栏中【文件】→【存储为】，将文件保存至相应位置，默认【保存类型】为 *.PSD。

（2）选择菜单栏中【文件】→【导出】→【导出为】，选择【格式】为"JPG"，单击【导出】按钮，如图 1-16 所示。

图 1-16　导出为 JPG 格式

（三）技能点详解

1. 图层介绍

Photoshop 软件包含多种图层类型，每个图层都可以有自己的内容，都可以单独进行选择和编辑，而不会影响其他图层的内容，用户可以自由叠加这些图层达到想要的画面效果，如图 1-17 所示。

1）图层的种类

（1）普通图层：用户在图像处理中，最常用的是普通图层。这个图层就是在【图层】控制面板上用一般的方法所建立的，它是透明无色的，用户可以在上面直接编辑和添加图像，然后使用【图层】面板或图层菜单对其进行控制。

（2）调整图层：调整图层是一个无图像的图层，它显示的是对图像色彩、色调以及亮度、对比度等的调节。它可以对图像进行调整而不会改变原始图像。单击想要调整的原始图像图层，再在【图层】控制面板的下方找到 ，就可以建立调整图层。

（3）智能对象图层：智能对象图层是一种特殊的图层，是在 Photoshop 文档中嵌入了另一个文档。当双击这个智能对象图层后，即可以打开此文档。这个图层可以进行移动、旋转、缩放等功能，它的变换不会影响原始数据。但想要编辑它的色彩或是明暗调整的时候，则需将智能对象图层转换成普通图层。

（4）背景图层：无论什么时候新建一个文件或是打开一个图像，Photoshop 中都会自动创建一个名为"背景"的图层，该图层位于最底层。这个背景图层是一个不透明的图层，它的底色是以背景色的颜色来显示的。

注意：

　　背景图层一开始是锁定的，一些图层调整功能无法在上面进行操作，因此，想要对它进行操作则需双击背景图层，在弹出的对话框中单击【确定】按钮，把背景图层转换为普通图层，也可以专门复制一个背景图层，这样就可以应用效果功能。

（5）矢量形状图层：当用户在工具栏中选择【形状工具】后，在文档窗口中新建图形时，【图层】控制面板中会新建形状图层，此时新建立的图形可以任意放大或缩小而不影响其清晰程度。当在形状图层上右击，选择栅格化图层后，会转换成普通图层。另外，使用【钢笔工具】也可以绘制图形，【钢笔工具】所绘制的图形也可以任意放大或缩小而不影响清晰度。

（6）文字图层：当用户在工具栏中选择【文字工具】后，单击文档窗口时，系统会自动新建一个图层，这个图层就是文字图层。文字图层比较特殊，它不需要转换成普通图层就可以使用普通图层的所有功能。

2）图层控制面板

在【图层】控制面板中可以实现很多功能，如对图层的基本控制、图层的可视性操作、添加图层组、新建图层、添加图层样式、添加图层蒙版以及对应用模式和不透明度的控制等。

（1）新建图层：在 Photoshop 中有很多方法可以新建图层，除直接创建图层外，在进行一些其他操作时也会自动生成图层。例如，在文档窗口使用【文字工具】时，Photoshop 会自动创建文字图层。新建出来的图层是没有内容的，背景是透明的。下面列举一些新建图层的方法。

方法一：在菜单栏中找到【图层】，执行【图层】→【新建】→【图层】命令，打开【新建图层】对话框，如图 1-18 所示。

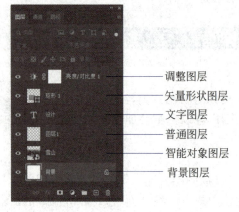

图 1-17 【图层】控制面板上的各种图层

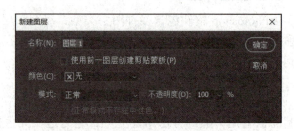

图 1-18 【新建图层】对话框

方法二：在【图层】控制面板右上方找到菜单按钮，再单击【新建图层】。
方法三：在【图层】控制面板最下方直接单击创建新图层图标。

（2）复制图层：在使用图层时，我们经常需要复制一个完整的图层，这个时候就需要用到复制图层命令。下面列举一些复制图层的方法：

方法一：选中要进行复制的图层，然后在菜单栏中找到【图层】，执行【图层】→【复制图层】命令，打开【复制图层】对话框，如图 1-19 所示。

方法二：选中要进行复制的图层，然后找到【图层】控制面板中菜单按钮，单击【复制图层】按钮，此时也会出现【复制图层】对话框。

方法三：选择需要复制的图层长按鼠标左键，拖曳至创建新图层图标处，松开后得到新复制的图层，如图 1-20 所示。

图 1-19 【复制图层】对话框

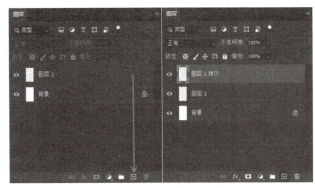

图 1-20 复制图层

（3）合并图层：合并图层操作主要有两种方法。

方法一：选择菜单栏中【图层】→【合并图层】/【合并可见图层】/【拼合图像】命令。

方法二：在【图层】控制面板中，选择菜单按钮，执行【合并图层】/【合并可见图层】/【拼合图像】命令。

> **注意：**
> 每个图层左侧都有一个【可视性】图标，当这个图标开启时，图层为可见图层，这时执行【合并可见图层】命令，所有可见图层会被合并为一个图层。如果不想合并图层，只需关闭不想参与合并的图层的可视性图标即可。

（4）调整图层叠放次序：为了便于后期修改，PS 可以实现一个图层放一个元素，多个图层的元素叠加在一起就是一个完整的图像。图层的叠放次序不同，决定了哪些内容会被遮住，哪些内容是完全可见的。要调整图层的叠放次序，只需在【图层】控制面板中，按住鼠标左键将需要调整顺序的图层拖曳至想要的位置即可，如图 1-21 所示。

另外，也可以直接执行菜单栏【图层】→【排列】子菜单下的命令来调整图层次序。

（5）调整图层的不透明度：若是想要形成在画面中透过一个图像看到另一个图像的效果，可以通过调整位于上一层图层的不透明度来使下一层图层的对象能被看到。在【图层】控制面板中，选择想要改变不透明度的图层，然后单击【不透明度】右侧下三角按钮，在弹出的滑块中进行前后移动，移动到所需百分比，如图 1-22 所示。也可以直接输入不透明度的百分比数值进行调整。

图 1-21　调整图层的叠放次序

图 1-22　调整图层的不透明度

（6）图层组：图层组有以下几个特点：一是当几个图层在一个图层组中时，可以通过图层组来同时控制这几个图层的可视性，或者删除图层组，从而一次性删除位于组中的所有图层；二是对图层组的操作与对图层的操作差不多，可以使用相同的方法对图层组进行复制、移动、查看等操作。

图层组相关操作如下。

（1）新建图层组。有以下三种方法。

方法一：执行菜单栏【图层】→【新建】→【组】命令，如图1-23所示。

方法二：单击【图层】控制面板中的【创建新组】按钮。

方法三：单击【图层】控制面板中的菜单按钮，执行【新建组】命令。

图 1-23　新建图层组

（2）为图层组添加图层。有以下三种方法。

方法一：建立图层组以后，选择所需图层，按住鼠标左键将图层拖曳至文件夹式按钮上松开即可。

方法二：建立图层组后，选择所需图层，按住鼠标左键将图层拖曳至图层组即可。

方法三：选择想要建组的图层，然后单击【图层】控制面板中菜单按钮来执行【从图层新建组】命令，此时，新建的图层组里直接包含了所选图层。

另外，单击图层组栏左侧三角按钮，即可显示或隐藏【图层组】中所有图层，如图1-24所示。

（3）控制图层组。图层组左侧【可视性】按钮可以控制图层组的可见性。若调整了图层组的叠放顺序，则组中所有图层都会随着组的位置发生变化，但组中图层顺序不会改变。

（4）删除图层。有以下三种方法。

方法一：选中想要删除的图层，右击，选择【删除图层】命令。

方法二：选中想要删除的图层，按【Delete】键，这是最快速的方法。

方法三：选中想要删除的图层，单击【图层】面板下方图标，在弹出的删除对话框中选择【是】进行删除，如图 1-25 所示。

图 1-24　【图层组】内图层　　　　　　　　　图 1-25　删除图层对话框

2. 图框工具

在 Photoshop 软件中，图框工具可以帮助图片排版，即为图像创建占位符图框。利用【图框工具】可以把图片镶嵌到绘制好的图框中，具体操作步骤如下。

（1）选择工具箱中的【图框工具】或使用快捷键【K】，然后在工具属性栏中，可选择【矩形图框】或【椭圆形图框】。

（2）在画布中拖动鼠标进行绘制，得到占位符图框。若需要正方形或正圆形，可按住【Shift】键绘制。绘制后，会产生相应的图框图层，如图 1-26 所示。

（3）将相应的素材拖曳到图框位置，即可完成图片的嵌入，如图 1-27 所示。

（4）若需调整嵌入图片的展示部位，选择【移动工具】，双击图片，按【Ctrl+T】组合键对图片进行调整，如图 1-28 所示。

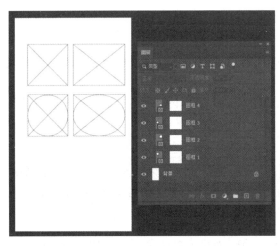
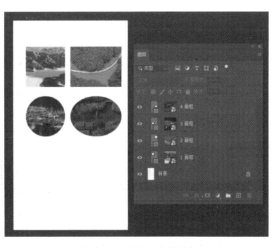

图 1-26　绘制图框　　　　　　　　　　　图 1-27　置入素材图片

3. 移动工具组

【移动工具组】分为【移动工具】和【画板工具】，如图1-29所示。

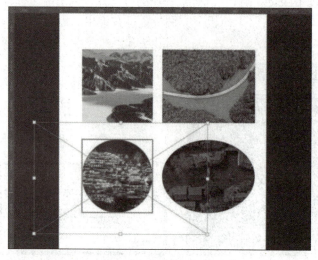

图1-28 调整嵌入图片

图1-29 【移动工具组】

1）移动工具

【移动工具】主要是针对当前【选区】或当前【图层】的内容来操作的，用来移动所选图像的位置，它不限制图像的区域，可以在不同图层或不同图片中使用，【移动工具】的快捷键为【V】键。

按住【Alt】键，配合【移动工具】，可以实现在当前图层中复制图像的目的。单击工具箱中的【移动工具】，将弹出其选项栏，如图1-30所示。

图1-30 【移动工具】选项栏

【自动选择：图层】：选择此选项，在具有多个图层的图像上单击，系统将自动选中单击位置所在的图层。

【自动选择：组】：选择此选项，在具有多个组的图像上单击，系统将自动选中单击位置所在的组。

【显示变换控件】：选择此选项，选定范围四周将出现控制点，用户可以方便地调整选定范围中的图像尺寸。

【对齐图层】：当同时选择了两个或两个以上的图层时，单击相应的按钮可以将所选图层按一定规则进行排列。

> **注意：**
> 选择【移动工具】后，按【←】【→】【↑】【↓】方向键，可以按1像素为单位，将图像按照指定的方向移动；按住【Shift】键的同时按住这些方向键，可以按10像素为单位移动图像。

2）画板工具

在Photoshop中，通过画板工具可以在一个文档中创建出多个画板，方便多页面的同步操作，也能很好地观察整体效果。

项目一 手机海报设计

（1）使用【画板工具】新建画板：选择工具箱中的【画板工具】，可以选择固定的大小，如 iPhone、iPad 等，也可以自定义【宽度】与【高度】，接着单击【添加新画板】按钮，然后在空白区域单击，即可新建画板，如图 1-31 所示。

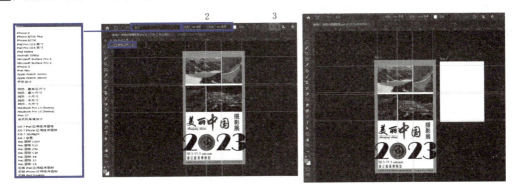

图 1-31　新建【画板】

（2）使用【画板工具】移动画板：选择工具箱中的【画板工具】，然后将光标移动至画板定界框上，按住鼠标左键拖曳，即可移动画板。

（3）使用【画板工具】编辑画板：按住鼠标左键，拖拉画板界框上的控制点，可以调整画板的大小，如图 1-32 所示。

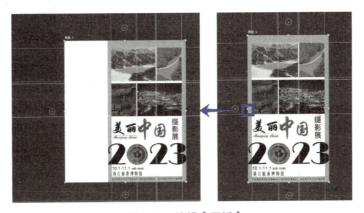

图 1-32　编辑【画板】

4. 文字编辑

使用【文字工具】可以在 Photoshop 软件中输入文字或者编辑文字。输入的文字包括文本和段落两种。可以利用【路径工具】【艺术字体】等方式制作文字，然后运用到杂志、海报的设计。另外，选择【文字工具】后，在输入文字内容前，可以在选项栏中提前设置好字体、字号及颜色等文字属性，也可以先输入文字后再调整文字属性，如图 1-33 所示。

图 1-33　调整文字工具属性栏

1）文字工具组

在工具箱中，找到【横排文字工具】，也就是我们常说的【文字工具】。【文字工具组】

包含【横排文字工具】【直排文字工具】【直排文字蒙版工具】【横排文字蒙版工具】四种，如图 1-34 所示。

图 1-34　文字工具组

（1）输入点文本：选择【横排文字工具】后，在画面中单击，即可创建【点本文】，输入想要的文字内容即可。

注意：

选择【文字工具】输入文字后，会自动生成文字图层 。

（2）输入段落文字：单击【横排文字工具】后，在画面中长按鼠标左键并拖动鼠标，可以创建一个矩形的段落文本框，在里面可以输入文字或者粘贴复制好的文字，如图 1-35 所示。

段落文本框具有自动换行的功能，觉得一行的字数太少时，可以将文本框向外拉伸，文字会自动换行与调整，还可以对文本框进行旋转等操作，如图 1-36 所示。

在【属性】面板中可以对段落进行调整，如图 1-37 所示。

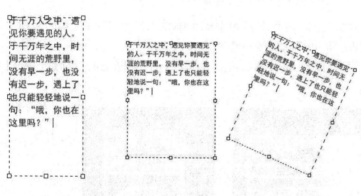

图 1-35　创建段落文本框　　　图 1-36　调整文本框及旋转文本框　　　图 1-37　段落文本属性面板

2）编辑文字

（1）栅格化文字：【文字工具组】产生的文字是一种矢量图形，优点是不会因为放大而出现马赛克的现象，缺点是不能使用软件中的滤镜等功能。因此，需要选中文字图层，然后右击，选择【栅格化文字】，栅格化后的文字图层可以使用滤镜及其他变换效果。

（2）载入文字选区：选中文字图层后，按住【Ctrl】键的同时，单击该图层的缩略图，即可将文字载入选区，如图 1-38 所示。取消选区可按【Ctrl+D】组合键。

（3）变形文字：输入文字后在属性栏中单击【创建文字变形】 ，会弹出【变形文字】面板，在【样式】下有许多不同文字变形效果，如【鱼形】文字变形效果，如图 1-39 所示。

（4）路径文字：路径文字是指创建在路径对象上的文字，文字会沿着路径排列，改变路径形状时，文字的排列也会随之改变。在 Photoshop 中，可以用钢笔工具或形状工具绘制路径。

步骤一：选择【形状工具】中的【自定形状工具】，绘制自己需要的形状，绘图类型为【路径】，在画面中画出该形状，如图 1-40 所示。

步骤二：选择【文字工具】，将鼠标移动到路径上时，会产生鼠标光标加一个带着点的波浪线的效果。这时单击鼠标左键，从光标处以起始点的位置展开路径文字，如图 1-41 所示。双击选中文字内容后，执行菜单栏中【窗口】→【字符】命令，会弹出【字符设置】面板，可以调整字距数值等，使文字排列更均匀一些，然后回到移动工具上，得到如图 1-42 所示的文字效果。

项目一　手机海报设计

图 1-38　载入文字选区　　　　图 1-39　【鱼形】文字变形效果

图 1-40　使用【自定形状工具】　图 1-41　文字随着路径　　图 1-42　路径文字效果
　　　　　绘制路径图形　　　　　　　　　排列

5. 裁剪工具组

裁剪工具组主要包含【裁剪工具】【透视裁剪工具】【切片工具】【切片选择工具】，如图 1-43 所示。

图 1-43　裁剪工具组

1）裁剪工具

【裁剪工具】就如用的裁纸刀，可以对图像进行裁切，使图像文件的尺寸发生变化。裁剪的目的是移去部分图像以形成突出或加强构图的效果。

选择【裁剪工具】后，工具选项栏如图 1-44 所示。

图 1-44　【裁剪工具】选项栏

【比例】：该按钮可以显示常用裁剪比例或新建裁剪比例，其下拉选项如图 1-45 所示。如果图像中有选区，则按钮显示为【选区】。

【宽度】【高度】：可输入固定的数值，直接完成图像的裁切。

【拉直】：可以矫正倾斜的照片。

【视图】：可以设置裁剪框的视图形式，如黄金比例和金色螺线等，如图 1-46 所示，可以参考视图辅助线裁剪出完美的构图。

【设置其他裁剪选项】：可以设置裁剪的显示区域，以及裁剪屏蔽的颜色、不透明度等，其下拉列表如图 1-47 所示。

【删除裁剪的像素】：勾选该选项后，裁剪完毕后的图像将不可更改；不勾选该选项，裁剪完毕后选择【裁剪工具】，单击图像区域仍可显示裁切前的状态，并且可以重新调整裁剪框。

 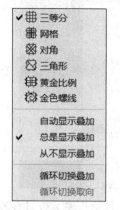 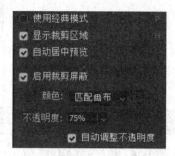

图 1-45 【比例】下拉列表　　图 1-46 【视图】下拉列表　　图 1-47 【设置其他裁剪选项】下拉列表

具体操作如下：在画面中，按住鼠标左键拖动，绘制一个需要保留的区域，如图 1-48（a）所示。将鼠标光标移动到裁剪框的边缘或者四角处，按住鼠标左键拖动，即可调整裁剪框的大小，如图 1-48（b）所示。若要旋转裁剪框，可将光标放置在裁剪框外侧，当光标变成双箭头弧形时，按住鼠标左键拖动即可，如图 1-48（c）所示。调整完成后按【Enter】键或双击鼠标左键确认。

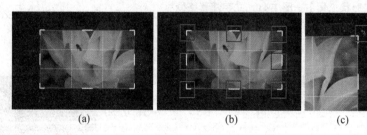

(a)　　　　　　　　　(b)　　　　　　　　　(c)

图 1-48 【裁剪工具】使用示意图

2）透视裁剪工具

【透视裁剪工具】可以把具有透视的影像进行裁剪，把画面拉直并纠正成正确的视角。常用于去除图像中的透视感，或者在有透视感的图像中提取局部，也可以为图像提供透视感。

具体操作如下：打开图像，选择【透视裁剪工具】。然后，在建筑物的一角处单击，并依次沿着透视感的建筑物绘出四个点，按【Enter】键，可得到如图 1-49 所示的去除透视感图像。若按当前图像透视感反向绘制裁剪框，则能强化原有透视感，如图 1-50 所示。

图 1-49 【透视裁剪工具】去除图像透视感　　　　图 1-50 【透视裁剪工具】增加图像透视感

3）切片工具

【切片工具】主要用来制作网页。切片可以输出为 HTML 文件，一个切片在网页里就是一个表格，切片里的图像是此表格的填充图片，用这种办法可以制作以图片为主的复杂网页页面。即利用【切片工具】将较大的图片切成一个个小块后上传到网页。

具体操作如下：打开图像，选择【切片工具】。在想切片的地方单击，往左拉或往下拖动，就会出现一个四方形的区域块，这就是要切的范围，直到拉到合适位置为止，每一个片块代表一个区域，其上会有蓝色数字标识，如图1-51所示。

保存时，单击【文件】→【导出】→【存储为WEB所用格式】，如图1-52所示。这是一种专门为网页制作设置的格式。格式类型可根据需求来选择，如果选择HTML类型就会有一个自动生成的网页模式。

图1-51 【切片工具】的使用

图1-52 切片图像的存储

根据之前保存的路径，找到该文件夹，打开就能看到一张张图片，都是根据用户刚才切片的规格分开存放的，如图1-53所示。

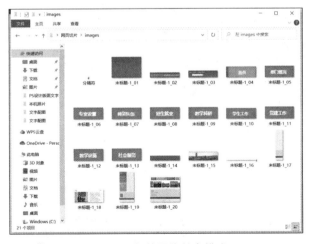

图1-53 切片图像储存模式

4）切片选择工具

【切片选择工具】能够在将图片进行切片处理后，准确地选出被分割的小块内容。直接单击其中某一小块的区域，则会显示被选中的状态，即边缘变成褐色，选中后可以更方便地进行编辑操作，如将光标放在被选中对象的边缘则会出现可以拉动的锚点，此时可以通过锚点改变该区域的大小。

【应用案例】简约标志制作

作为一名设计师，为某公司制作一个简约的文字图标，如图 1-54 所示。

- 技术点睛：
  - ➢ 使用【椭圆工具】绘制图形。
  - ➢ 使用【横排文字工具】创建文字。
  - ➢ 使用【创建文字变形】命令，选择"样式"为"旗帜"。
  - ➢ 给文字图层添加【图层样式】。

图 1-54　简约标志效果图

【课后实训任务】设计光盘行动的公益喷绘海报

作为一名设计师，请使用已经学过的技能，设计一张"光盘行动"的公益喷绘海报。效果可参考图 1-55 所示。

尺寸为 906mm×606mm（已含出血 3mm），分辨率为 300ppi，颜色为 CMYK。

图 1-55　作品示例图
（图片来源：人民日报微博）

> **注意：**
> 一般的展板都是将彩色喷绘画面覆在 KT 板上制作，成品 KT 板出厂标准尺寸为 90cm×240cm 或 120cm×240cm，如果把 KT 板平分为两块，则成为 90cm×120cm 或 120cm×120cm，这就是"标准板"。另外，按照对半分开的"标准板"形成的尺寸（如 90cm×60cm 或 120cm×60cm）都是"标准大小"。在制作展板时，尺寸最好能与"标准大小"一致，可以最充分地利用成品标准板，而不会浪费材料，从而降低展板的制作成本。

项目二 工作证设计

知识目标

- 掌握 Photoshop 设计软件的基础操作，包括色调调整、选区的绘制与编辑、填充工作组等；
- 掌握工作证设计工作的相关知识和典型工作任务；
- 了解相关的美学、艺术、设计、文化、科学等知识。

能力目标

- 培养色彩和图文搭配、创意思路沟通的能力；
- 培养自主收集、处理和运用知识的能力，并能举一反三；
- 培养创新和实践的能力，并具备运用所学知识独立完成同类型项目的工作能力。

素质目标

- 具有社会责任感和使命感、职业认同感和自豪感、工作获得感和荣誉感；
- 具有热爱劳动的劳动精神、工匠精神和爱岗敬业的职业素养；
- 具有良好的设计鉴赏和文化艺术修养，培养文化自信和国际视野。

（一）项目概况

1. 基本介绍

最早的工作证出现在唐代，是唐太宗李世民在贞观年间发给官员们的"鱼符"。它由木头或金属精制而成，形状像鱼，分左右两片，上凿小孔，以便系佩。鱼符里面刻有官员的姓名、任职衙门、官居级别、俸禄几许以及出行享受何种待遇等。《新唐书·车服志》记载："附身鱼符者，以名贵贱，应召命。"鱼符的制作材料与官员的官衔大小有直接联系。当时，凡亲王和三品以上官员所用的鱼符，均用黄金铸制；五品以上官员的鱼符为银质；六品以下官员的鱼符则为铜质。五品以上官员还备有存放鱼符的专用袋子，称为"鱼袋"。

到武则天时，鱼符一度改为形状像龟的"龟符"，用途与鱼符相同。宋代时，鱼符被废除，但官员们仍佩戴鱼袋，它与唐时的鱼符相比更简约，而且便捷了许多。

到了明代，朝廷取消了唐、宋时期所使用的鱼符和鱼袋，官员的身份证改用"牙牌"。其用材和制作又有了根本性的改变，是用象牙、兽骨、木材、金属等制成的，上面刻有持牌者的姓名、籍贯、入仕身份、官阶、年俸以及所属衙门的名称等，它与现代意义上的塑料卡片式工作证已经非常接近了。据明代陆容《菽园杂记》载："牙牌不但官员们悬之，凡在内府出入者，无论贵贱皆悬牌，以避嫌疑。"由此可知，明代工作证的用途已不局限于官员，开始向中下阶层发展，如图 2-1 所示。

图 2-1　古代工作证

到了 20 世纪五十至七十年代，各行各业、各个单位都有为职工发放"工作证"的惯例。

现今社会，工作证表示一个人在某单位工作的证件，包括省、市、县等机关单位和企事业单位等，主要表明某人在某单位工作的凭证，是公司形象和认证的一种标志。有了工作证就代表正式成为某个公司或单位组织的成员，通常具备"方便、简单、快捷"的特点。

随着信息化的普及，现代版的工作证不仅明确标示了持证人姓名、岗位、职务、电话、照片等信息，更创新性地融入了信息化功能，集成了扫码认证、电子证照、门禁服务、消费系统等一系列信息化新成果。

2. 设计要点

造型的构成：包括装饰性图案、标志、商标文字、饰框、底纹等。

文字的构成：包括公司名（中、英文全名）、持证人姓名、岗位、职务等信息。

其他相关：包括色彩（色相、明度、彩度的搭配）、编排（文字、图案的整体排列）等。

3. 制作规范

工作证的标准尺寸为 85.5mm×54mm，最大为 70mm×100mm（如果是非标准，可以根据工作证卡套的外观尺寸来设定）。分辨率为 300ppi，颜色模式为 CMYK。

4. 工作思路

工作证设计项目是平面设计工作中相对简单的任务，首先我们要掌握这项工作的概况、设计要素、制作规范及要求等，然后开始以下工作。

（1）明确客户的具体要求：如对颜色的需求（一般可以用公司的标准色），对尺寸的要求，要放哪些文案和图案，对设计风格的偏好等。

（2）进行创作：初学者可能把握不好创意，建议可以参考网络或书上优秀的设计作品，结合实际情况完成设计与排版方案，并使用计算机设计软件制作正稿。

（3）最后修正：正稿确定后，如果后期需要印刷的，还需完成印前修正才能交付印刷。

（二）工作任务分解

作为一名设计师，为某公司员工或自己设计一张工作证，以图 2-2 所示方案为例，具体操作步骤如下。

1. 调整证件照尺寸及色调

（1）启动 Photoshop 软件。

（2）用 Photoshop 软件打开素材"工作照"，并按【Ctrl+J】组合键复制，得到【背景拷贝】图层，如图 2-3 所示。

图 2-2　工作证效果图

图 2-3　复制图层

（3）单击菜单栏【图像】→【调整】→【曲线】，弹出【曲线】对话框，对曲线进行调整，使图片人物面部变亮，如图 2-4 所示。

（4）单击菜单栏【图像】→【调整】→【自然饱和度】，弹出【自然饱和度】对话框，对相应数值进行调整，使人物颜色更自然，如图 2-5 所示。

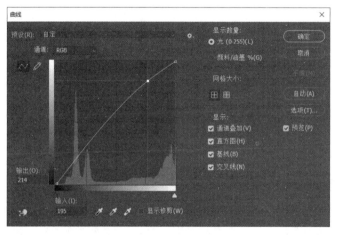

图 2-4　调节【曲线】

图 2-5　调节【自然饱和度】

（5）选择【矩形选框工具】，在【工具选项栏】中将【样式】改为【固定比例】，并输入【宽度】为 413 像素，【高度】为 626 像素，回到工作区按住鼠标左键拖动，选取合适位置的图片，如图 2-6 所示。按【Ctrl+J】组合键复制，得到【图层 1】。

2. 创建页面

使用【Ctrl+N】组合键新建文档，弹出【新建文档】对话框，在【预设详细信息】栏中输入"工作证设计"，【宽度】为 76 毫米（左、右各出血 3mm），【高度】为 106 毫米（上、下各出血 3mm），【颜色模式】为 CMYK 颜色，【分辨率】为 300 像素/英寸，如图 2-7 所示。

图 2-6 选取照片

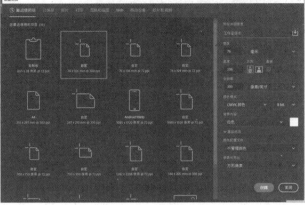

图 2-7 新建页面

3. 设置参考线

选择菜单栏【视图】→【参考线】→【新建参考线】,并分别在【垂直】位置设置"36 像素""863 像素",【水平】位置设置"36 像素""1217 像素",新建参考线,如图 2-8 所示。

4. 绘制图形并置入素材

(1)新建图层,命名为【底图上】。选择【选框工具】在该图层绘制矩形,并将前景色设置为红色【CMYK 自由设定】,按【Alt+Delete】组合键在选区上色,如图 2-9 所示。

(2)新建图层,命名为【底图下】。选择【选框工具】在该图层绘制矩形,并将前景色设置为墨绿色【CMYK 自由设定】,按【Alt+Delete】组合键在选区上色,如图 2-10 所示。

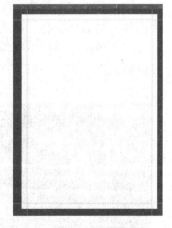

图 2-8 设置参考线

图 2-9 图层选区上色 1

图 2-10 图层选区上色 2

（3）选择【移动工具】，选中"工作照"文件的【图层1】，按住鼠标拖动照片移动到"工作证设计"工作界面，然后调整照片到合适大小，并拖动到合适位置，如图2-11所示。

（4）将"LOGO"素材移入图中，调整至合适的位置和大小，并将图层【不透明度】调整为【9%】，如图2-12所示。

5. 输入文字

（1）选择【文字工具】，将字体设置为"华文行楷"，大小"16"点，文字颜色设置为黑色"C：0，M：0，Y：0，K：100"；在顶部输入公司名字，换行，将字体设置为"Bell MT"，大小"10点"，输入公司英文名称，如图2-13所示。

图2-11 复制图层

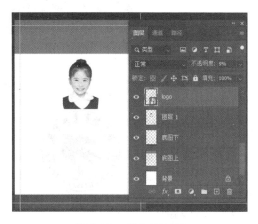

图2-12 置入LOGO

（2）在照片下方，使用字体"华文楷体"、大小"12"点输入工号；将字体大小改为"16"点，输入姓名、部门、职务等信息；将字体大小改为"9"点，输入相应的英文。将字体颜色改为"白色"，大小为"16点"，在图下方输入相关信息，如图2-14所示。

图2-13 输入公司名称

图2-14 输入相关信息

6. 存储文件

（1）选择菜单栏中的【文件】→【存储为】命令，将文件保存至相应位置，默认【保存类型】*.PSD。

（2）选择菜单栏中的【文件】→【导出】→【导出为】命令，选择【格式】为"JPG"，单击【导出】按钮，如图2-15所示。

图 2-15　存储为 JPG 格式

（三）技能点详解

1. 色调调整

色调调整是图像修饰和设计的一项十分重要的内容。Photoshop 中提供了强大的图像色彩调整功能。执行【图像】→【调整】命令，在弹出的子菜单中可以看到许多色调和色彩调整命令，如图 2-16 所示。

1）亮度/对比度

【亮度/对比度】命令操作比较直观，可以对图像的亮度和对比度进行直接的调整。执行命令时，弹出【亮度/对比度】对话框，如图 2-17 所示。

图 2-16　【图像/调整】命令下拉菜单

图 2-17　【亮度/对比度】对话框

拖动【亮度】【对比度】下方的滑块（或直接输入数值），如图 2-18 所示，可调整图像的亮度和对比度，效果如图 2-19 所示。

2）色阶

使用【色阶】命令可以通过调整图像的暗调、中间调和高光的亮度级别来校正图像的色调。执行【色阶】命令时，弹出如图 2-20 所示对话框。各选项作用如下。

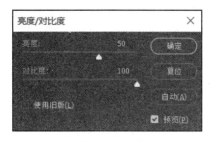  

图 2-18　设置选项　　　　　　　　　图 2-19　调整前后对比图

【预设】：用来选择常用色阶调整效果。

【通道】：一般选择【RGB】选项，表示对整幅图像进行调整。

【输入色阶】：可直接输入数值或拖曳滑块调整图像的色调范围，三个滑块 分别代表暗部色调、中间色调、亮部色调。

【输出色阶】：用来提高图像的暗部色调和降低图像的亮度。

【自动】：自动矫正图片。

【选项】：可以打开【自动颜色校正选项】对话框，如图 2-21 所示。

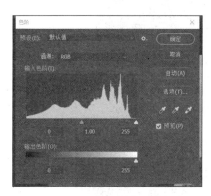 

图 2-20　【色阶】设置　　　　　　　图 2-21　【自动颜色校正选项】对话框

【吸管工具】：用于在原图窗口中单击选择颜色，设置黑场 、灰场 、白场 。

在【色阶】对话框中设置各选项，如图 2-22 所示，调整前后的图像效果，如图 2-23 所示。

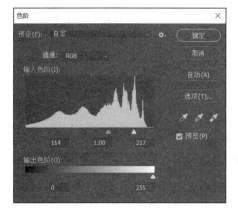  

图 2-22　设置选项　　　　　　　　　图 2-23　调整前后对比图

3）曲线

【曲线】命令与【色阶】命令很类似，可以调节图像的整个色调的范围，应用比较广泛。它可以通过调节曲线来精确地调节 0~255 色阶范围内的任意色调，因此，使用此命令调节图像更加细致、精确。

打开【曲线】对话框，如图 2-24 所示。

在【曲线】对话框中，X 轴方向代表图像的输入色阶，从左到右分别为图像的最暗区和最亮区。Y 轴方向代表图像的输出色阶，从上到下分别为图像的最亮区和最暗区。设置曲线形状时，将曲线向上或向下移动可以使图像变亮或变暗。当曲线向左上角弯曲时，图像变亮；当曲线向右下角弯曲时，图像变暗。如图 2-25 所示，通过调节曲线和控制点可精确调整图像。

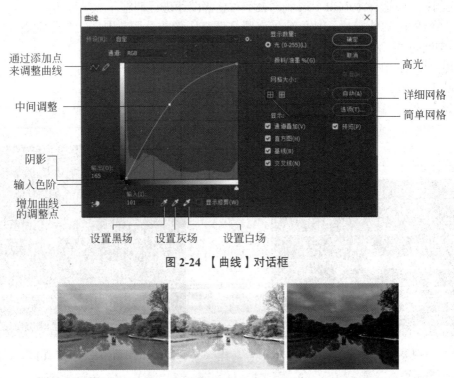

图 2-24 【曲线】对话框

图 2-25 调整前后对比图

4）曝光度

在用相机拍照时，会经常提到曝光度这个词，曝光度越大，照片高光的部分就越显得明亮，曝光度越小，照片越显得暗淡一些。我们可以利用 Photoshop 软件的【曝光度】功能对图片进行后期调整。执行【曝光度】命令，打开【曝光度】对话框，如图 2-26 所示。各选项作用如下。

【曝光度】：可直接增加或降低曝光度。

【位移】：用来调节中间调的明暗。

【灰度系数校正】：灰度系数越大，黑色和白色的差别越小，对比度越小，则照片呈现一片灰色；灰度系数越小，黑色和白色的差别越大，对比度越大，则照片亮部和暗部呈现强烈对比。

【滴管】：分别代表阴影、中间调、高光。

在【曝光度】对话框中设置各选项，如图 2-27 所示，调整前后的图像对比效果如图 2-28 所示。

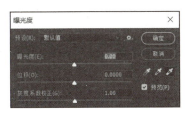
图 2-26 【曝光度】对话框

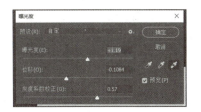
图 2-27 设置选项

图 2-28 调整前后对比图

> **注意：**
> 色调的调整命令并没有固定的数值，需要根据图片所需的目标效果进行设置。

2. 选区的绘制与编辑

选区在 Photoshop 中有着非常重要的作用，特定区域的选择和编辑是一项基础性的工作，很多操作都是基于选区进行的。因此，选区的创建效果将直接影响到图像处理的品质。如图 2-29 所示，被虚线包围的闭合区域为选区，此闭合虚线通常称为"蚂蚁线"。

在 Photoshop 中创建选区的方法有很多种，可以通过【工具箱】中的【选区工具组】创建，或利用【选择】菜单中的【颜色范围】命令创建，或使用【路径工具】，或使用【滤镜】菜单中的【抽取】命令等来创建，还可以使用快速蒙版创建选区。

1）选框工具组

【选框工具组】包含【矩形选框工具】【椭圆选框工具】【单行选框工具】和【单列选框工具】四种，平时只有被选择的工具为显示状态，其他为隐藏状态，可以通过单击工具按钮右下角的三角来显示所有的工具，如图 2-30 所示。

（1）矩形选框工具：使用【矩形选框工具】可以创建矩形选区。选择【工具箱】中的【矩形选框工具】，在画面中按住鼠标左键并拖动鼠标，即可创建一个矩形选区。若要创建正方形选区，按住【Shift】键并拖动鼠标即可，如图 2-31 所示。

图 2-29 选区

图 2-30 选框工具

图 2-31 创建正方形选区

如果要得到精确的矩形选区或控制创建选区的操作，只需在【矩形选框工具】的属性栏中进行相应的设置，如图 2-32 所示。各选项作用如下。

图 2-32 【矩形选框工具】属性栏

【新选区】：可以创建新选区，在图像中单击或按快捷键【Ctrl+D】可以取消选区。

【添加到选区】：在已有选区的前提下，单击该按钮，继续在图像中绘制选区，如图 2-33 所示。也可以在绘制好一个选区后，按住【Shift】键，当鼠标指针的右下方出现了【+】号时再绘制其他需要增加的选区。

图 2-33 增加选区

【从选区减去】：在已有选区的前提下单击该按钮，继续在图像中绘制选区，可以使新绘制的选区减去已有的选区，如图 2-34 所示。也可以在绘制好一个选区后，按住【Alt】组合键，当鼠标指针的右下方出现了【-】号时再绘制用来修剪的选区。

【与选区交叉】：在已有选区的前提下单击该按钮，继续在图像中绘制选区，可以将新绘制的选区与已有的选区相交，选区结果为相交的部分，如图 2-35 所示；也可以在绘制好一个选区后，按住【Shift+Alt】组合键，当鼠标指针右下方出现了【×】号时再绘制另一个选区。如果新绘制的选区与已有选区无相交，则图像中无选区。

图 2-34 选区相减　　　　　　　　图 2-35 选区相交

【羽化】：羽化选区可以模糊选区边缘的像素，产生过渡效果。羽化值越大，选区的边缘越模糊，选区的直角部分越圆滑，这种模糊会使选定范围边缘上的一些细节丢失。

【消除锯齿】：勾选此选框后，选区边缘的锯齿将消除。

> 注意：
> 此选项只有在【椭圆选框工具】中才能使用。

【样式】：可以创建不同大小和形状的选区。【固定比例】可以设置选区宽度和高度之间的比例，并可在其右侧的【宽度】和【高度】文本框中输入具体的数值。【固定大小】将锁定选区的长宽比例及选区大小，并可在右侧的文本框中输入一个数值。

> 注意：
> 样式下拉列表框仅当选择【矩形选框工具】和【椭圆选框工具】后才可以使用。

【选择并遮住】：或使用【Alt+Ctrl+R】组合键，经常用于对一些毛发质感的图片进行选择创建或调整，单击【选择并遮住】按钮后，界面如图 2-36 所示。

（2）椭圆选框工具：使用【椭圆选框工具】可以创建椭圆形选区。设置选区的方法步骤与使用【矩形选框工具】相似，如图 2-37 所示。

图 2-36 【选择并遮住】界面

图 2-37 创建椭圆形选区

（3）单行/单列选框工具：使用【单行选框工具】■和【单列选框工具】■方法类似，主要是用来设置高度或宽度为 1 像素的选区，如图 2-38 所示。

2）套索工具组

【套索工具组】可以自由地手工绘制选区范围，在图像中创建任意形状的选区。【套索工具组】包括【套索工具】【多边形套索工具】和【磁性套索工具】三种。

（1）套索工具：选取【套索工具】■，按住鼠标左键不放并拖动鼠标，结束时回到起始点松开鼠标左键，即可完成选区制作，如图 2-39 所示。

> **注意：**
> 选区必须是一个封闭的图形，起点和终点重合。

（2）多边形套索工具：使用【多边形套索工具】■可以绘制由直线连接形成的不规则的多边形选区。此工具和【套索工具】的不同是可以通过确定连续的点来选取选区，如图 2-40 所示。

图 2-38 创建单行选区

图 2-39 套索工具创建选区

图 2-40 多边形套索工具创建选区

（3）磁性套索工具：使用【磁性套索工具】■可以自动捕捉图像中对比度比较大的两部分的边界，可以准确、快速地选择复杂图像的区域，多用于人物等边界复杂图像的抠图。该工具选项栏，如图 2-41 所示，前面的选项和【选框工具】一样，后面的各选项作用如下。

图 2-41 【磁性套索工具】选项栏

【宽度】：系统能够检测的边缘宽度。其值为1~40，值越小，检测的范围越小。

【对比度】：其值为1%~100%，值越大，对比度越大，边界定位越准。

【频率】：设置定义边界时的锚点数，这些锚点起到了定位选择的作用。其值为0~100，值越大，产生的锚点越多。

【压力】：此按钮用于使用绘图板压力以更改钢笔宽度。

选择【磁性套索工具】后，单击鼠标选择选区的起点，然后沿着待选图像区域边缘移动鼠标，最后回到起点，单击鼠标或者按回车键即可形成封闭区域，如图2-42所示。

3）快速选择工具组

之前介绍的【选框工具组】【套索工具组】都需要通过手动来绘制选区，但是在Photoshop中还有智能化的选区工具，操作方法极为方便。

（1）对象选择工具：【对象选择工具】可用于自动选择图像中的对象或区域，如人物、汽车、宠物、天空、水、建筑物、植物和山脉。

使用【对象选择工具】或使用快捷键【W】，在工具选项栏中，需确保勾选，然后将鼠标指针悬停在图像中要选择的对象上，这时可选对象将以叠加颜色显示，如图2-43所示，单击即可自动选择对象。

图2-42 磁性套索工具创建选区　　　　图2-43 拟定选区

> **注意：**
> 自定义悬停叠加，请选择工具选项栏中的齿轮图标，然后修改所需的设置，如图2-44所示。按【Ctrl】键将其他对象或区域添加到选区，按【Alt】键从选区中去除对象或区域。

（2）快速选择工具：【快速选择工具】可以利用可调整的圆形画笔笔尖，快速在图像中对需要选区的部分建立选区。只要选中该工具后，用鼠

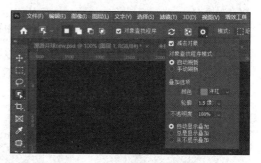

图2-44 自定义悬停叠加

标在图像中拖动或单击鼠标左键，就可将鼠标经过的地方创建为选区。选择【快速选择工具】后，【工具选项栏】中会显示该工具的一些选项设置，如图2-45所示。各选项的意义如下。

图2-45 快速选择工具选项栏

【选区模式】：包括【新选区】【添加到选区】【从选区中减去】。

【画笔】：初选较大区域时，画笔尺寸可以大些，以提高效率；但对于小块选区或修正边缘时则要换成小尺寸的画笔。总的来说，大画笔选择快，但选择粗糙，容易多选；小画笔一次只能选择一小块区域，选择慢，但得到的边缘精度高。

【对所有图层取样】：当图像中含有多个图层时，选中该复选框，将对所有可见图层的图

像起作用；没有选中时，【快速选择工具】只对当前图层起作用。

【增强边缘】选中该复选框，可以强化边缘效果。

（3）魔棒工具：【魔棒工具】可以选择图像中颜色相同或颜色相近的不规则区域。单击工具箱中的【魔棒工具】，用鼠标单击所需选取图像中的任意一点，图像中与该点颜色相同或相似的颜色区域将会自动被选取，如图 2-46 所示。

单击【魔棒工具】按钮，工具选项栏中会显示该工具的一些选项设置，如图 2-47 所示。其选项作用如下。

图 2-46 魔棒工具创建选区

图 2-47 【魔棒工具】选项栏

【容差】：用来控制在识别各像素值差异时的容差范围。数值越大，容差的范围越大；数值越小，容差的范围越小。

【消除锯齿】：用于消除不规则轮廓边缘的锯齿，使边缘变得平滑。

【连续】：如果勾选该复选框，则只选取相邻图像区域；如果不勾选该复选框，则可将不相邻的区域也添加入选区。

【对所有图层取样】：如果勾选该复选框，则选区的识别范围将跨越所有可见的图层；如果不勾选复选框，则只对当前图层起作用。

4）选择/编辑菜单栏

（1）【选择】菜单栏。选区创建后，还可以通过菜单栏中的【选择】命令对选区进行取消、修改、变换、存储选区等操作，如图 2-48 所示。

【色彩范围】：利用【色彩范围】命令可以通过在图像中指定颜色来定义选区，并可以通过指定其颜色来增加或减少选区。

执行【选择】→【色彩范围】命令，打开【色彩范围】对话框，将鼠标光标移至色彩范围对话框的缩略图上，鼠标指针变为吸管图标，单击，吸取该区域的颜色，如图 2-49 所示；设置【颜色容差】为"50"，单击【确定】按钮，即可创建如图 2-50 所示的选区效果。

图 2-48 【选择】菜单栏

图 2-49 【色彩范围】选取

【焦点区域】：能够自动识别画面中处于拍摄焦点范围内的图像，并制作该部分的选区。此命令是 Photoshop 中半自动的抠图工具。执行命令时，弹出的【焦点区域】对话框如图 2-51 所示。

图 2-50 【色彩范围】创建的选区

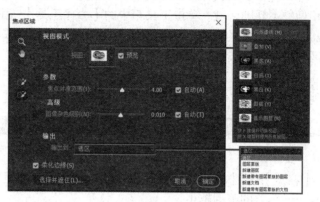

图 2-51 【焦点区域】对话框

选区调整满意后，进行输出。单击【输出到】按钮，在下拉菜单中可以选择一种选区保存方式，如图 2-52 所示。

【主体】：快速识别图片中主体，并达到一键抠图的效果。执行命令后，选区如图 2-53 所示。

【天空】：可以快速选择天空区域，如图 2-54 所示。

图 2-52 【焦点区域】选区

图 2-53 【主体】选区

图 2-54 【天空】选区

【选择并遮住】：既可以对已有选区进行进一步编辑，也可以重新创建选区。该命令可以用于对选区进行边缘检测，调整选区的平滑度、羽化、对比度以及边缘位置。该命令可以智能地细化选区，常用于长发、动物或细密的植物的抠图。

执行命令后，工作区如图 2-55 所示，左侧为用于调整选区以及视图的工具，左上方为所选工具的选项，右侧为选区编辑选项。

【修改】：在 Photoshop 中设置好选区后，还可以对其进行细致的修改，如【边界】【平滑】【扩展】【收缩】【羽化】选区。

图 2-55 【选择并遮住】

使用【边界】命令,如图 2-56 所示,绘制好一个椭圆形选区后,单击菜单栏中的【选择】→【修改】→【边界】命令,在弹出的【边界选区】对话框中设置【宽度】为 80 像素,得到右边图像的选区,此时选中的是两条边框线之间的边界像素。

图 2-56 选区边界示意图

使用【平滑】命令可以使选区的边缘更为平滑。如图 2-57 所示,将左边图像选区平滑半径设置为"200"像素后,得到右边图像的选区。

图 2-57 选区平滑示意图

使用【扩展】命令可以使原选取的边缘向外扩展,并平滑边缘。如图 2-58 所示,将左边图像的选区向外扩展"200"像素后,得到右边图像的选区。

图 2-58 选区扩展示意图

使用【收缩】命令:与【扩展】选区相反,使用收缩命令可以将选区向内收缩。

使用【羽化】命令可以对已经选定的选区边缘进行柔化处理。羽化的效果只有将选区内的图像复制并粘贴到其他的图像中才能看出明显的效果,如图 2-59 所示。

【变换选区】:在创建好选区以后,还可以对其进行缩放、旋转、扭曲、翻转等变形操作。

当执行【变换选区】命令时(前提是有一个选区),蚂蚁线变成有调节点的选框,在选框上右标,弹出如图 2-60 所示的菜单,在其中选择需要进行的变形命令即可。

【存储与载入选区】:选取选区的过程中,一些选区的形状并不规则,使用【存储选区】命令可以将这些选区保存,以避免复杂、重复的选取工作。执行【存储选区】命令,在弹出的对话框中为选区设置名称,单击【确定】按钮即可保存选区,如图 2-61 所示。

如果需要调用已经存储过的选区,则执行【载入选区】命令,弹出【载入选区】对话框,选择所需载入选区,然后单击【确定】按钮,如图 2-62 所示。

(2)【编辑】菜单栏。【编辑】菜单栏中的部分操作主要是针对选区内容的,与【选择】菜单栏中的操作只是针对选区(蚂蚁线)不同。

【拷贝】【剪切】与【粘贴】:在图像中创建选区后,常会根据应用的需求,将选区内的图像内容复制或移动到不同图层、甚至不同的文件中。

图 2-59 羽化并复制的选区前后效果对比

图 2-60 变换选区菜单

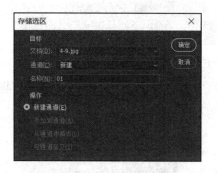

图 2-61 【存储选区】对话框

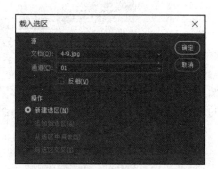

图 2-62 【载入选区】对话框

执行菜单栏中【编辑】→【拷贝】命令,将选区内的图像复制保留到剪贴板中,再单击【编辑】→【粘贴】命令,粘贴选区内的图像到目标位置,此时被操作的选区会自动取消,并生成新的图层,如图 2-63 所示。或使用【Ctrl+J】组合键,直接复制所选区域。

执行【编辑】→【剪切】命令,剪切后的区域内容将不会存在,选区内的图像被保留到剪贴板中。如果是在背景图层中操作,被剪切的区域将会使用背景颜色填充。

执行【编辑】→【粘贴】命令,粘贴选区内的图像到目标位置,并生成新的图层,如图 2-64

所示。也可以使用【Ctrl+X】组合键进行剪切,【Ctrl+V】组合键进行粘贴。

图 2-63 复制与粘贴后的效果

图 2-64 【剪切】与【粘贴】后的效果

【自由变换和变换】：变换选区内容是指改变创建的选区内图像形状的操作。【编辑】菜单栏中的变换操作主要包括【自由变换】和【变换】两种，操作略有不同，功能基本相似。

执行【编辑】→【自由变换】，或使用【Ctrl+T】组合键，出现编辑点，然后进行相关缩放或旋转操作；或者右击，出现如图 2-65 所示弹框，然后选择对应选项进行相关操作。

执行【编辑】→【变换】命令，出现如图 2-66 所示的列表，选择对应选项进行相关操作。例如，在图像上创建选区后，单击【编辑】→【变换】→【变形】命令，在工具选项栏中可选变形样式，如图 2-67（a）所示。图 2-67（b）所示的是【鱼眼】变换效果，图 2-67（c）所示的是【贝壳】变换效果。

图 2-65 【自由变换】

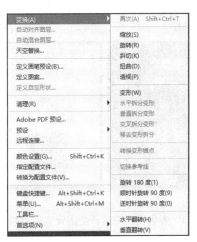

图 2-66 【变换】

(a) (b) (c)

图 2-67 选区变形示意图

【内容识别缩放】：可以在选区内建立保护区，在改变选区整体比例时保护区内的像素比例保持不变，区外的像素按比例变换。例如，要调整如图 2-68（a）所示的图像比例，但图像中的人物的比例保持不变，具体操作步骤如下。

步骤一：打开图像，用【快速选择工具】选择人物，如图 2-68（b）所示。

步骤二：执行【选择】→【存储选区】命令，建立名为【人】的选区，如图 2-69 所示。

步骤三：对整个图像创建矩形选区，如图 2-70（a）所示，然后执行【编辑】→【内容识别缩放】命令，在工具选项栏【保护】下拉列表中选择【人】选项，拖动矩形选区的控制点将图像变窄，此时处于保护区中"人"的图像比例始终不变，效果如图 2-70（b）所示。

3. 填充工具组

【填充工具组】主要由【渐变工具】【油漆桶工具】【3D 材质拖放工具】组成，如图 2-71 组成。

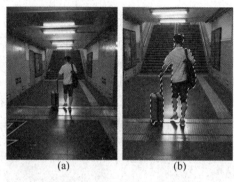

图 2-68　选区图像保护区域　　　　　　　图 2-69　存储选区

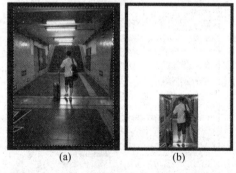

图 2-70　内容识别缩放调整图像比例示意图　　图 2-71　【填充工具组】

1）渐变工具

渐变是指由多种颜色过渡而产生的一种效果。执行工具箱中【渐变工具】，工具选项栏如图 2-72 所示。各选项的作用如下。

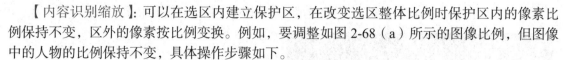

图 2-72　【渐变工具】选项栏

【渐变编辑器】：右侧下拉面板中有预设渐变颜色，单击选中即可。然后，在所要填充的区域，按住鼠标左键拖曳，松开鼠标完成填充操作，效果如图 2-73 所示。也可直接单击渐变色条，弹出【渐变编辑器】窗口，如图 2-74 所示。

图 2-73 渐变填充

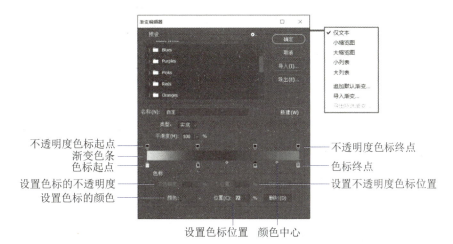

图 2-74 【渐变编辑器】窗口

若没有合适的渐变效果,可以在下方渐变色条中编辑合适的渐变效果。双击渐变色条底部的色标,在弹出的【拾色器】中设置颜色。如果色标不够,可以在渐变色条下方单击,添加更多的色标。若要删除色标,直接往下拖曳色标即可,如图 2-75 所示。按住色标并左右拖动,可以改变调色色标的位置,拖曳【颜色中心】滑块◆,可以调整两种颜色的过渡效果,如图 2-76 所示。单击渐变色条上方的色标,可以编辑颜色的不透明度,如图 2-77 所示。

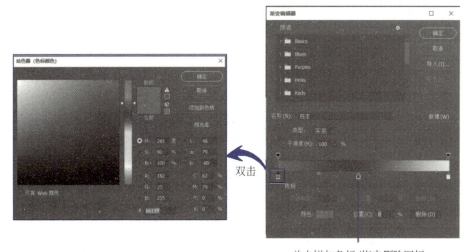

图 2-75 编辑色标

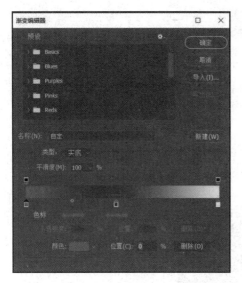
图 2-76 移动色标 / 滑块

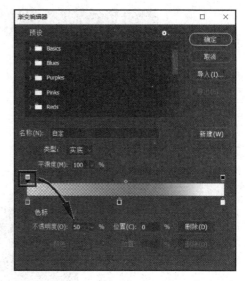
图 2-77 编辑不透明度

【渐变类型】：工具选项栏中有【线性渐变】■、【径向渐变】■、【角度渐变】■、【对称渐变】■和【菱形渐变】■五种选项，具体效果如图 2-78 所示。

图 2-78 渐变类型

【模式】：用来设置应用渐变时的混合模式。
【不透明度】：用来设置渐变色的不透明度。
【反相】：用于转换渐变中的颜色顺序，以得到反方向的渐变结果。
【仿色】：可以使渐变效果更平滑，主要用于防止打印时出现条带化现象，但在屏幕上看起来并不明显。

2）油漆桶工具

在使用【油漆桶工具】时，如果创建了选区，填充的区域为当前选区；如果没有创建选区，填充的区域就是与鼠标单击处颜色相近的区域。【油漆桶工具】工具选项栏如图 2-79 所示，各选项的作用如下。

图 2-79 【油漆桶】工具选项栏

【填充内容】：在填充内容的下拉列表中有【前景】和【图案】两种。如果填充【前景】可先设置前景色，然后在需要填充的区域位置单击即可填充颜色，如图 2-80 所示。如果要填充【图案】，可以在弹出的【图案】列表中选择类型，单击填充区域即可，如图 2-81 所示。
【模式】：用来设置填充内容的混合模式。
【不透明度】：用来设置填充内容的不透明度。

项目二 工作证设计

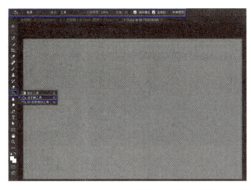

图 2-80 【油漆桶工具】填充前景色

【容差】：用来定义填充的像素颜色的相似程度与选区颜色的差值，数值较低的容差值会填充非常相似颜色的像素，范围较小；数值较高的容差值会填充更大范围的像素，如图 2-82 所示。

图 2-81 【油漆桶工具】填充图案

图 2-82 【容差】区别

【消除锯齿】：平滑填充选区的边缘。

【连续的】：勾选该选项后，只填充图像中处于连续范围内的区域；关闭该选项后，可以填充图像中所有的像素。

【所有图层】：勾选该选项后，可以对所有可见图层中的合并颜色数据填充像素；关闭该选项后，仅填充当前选择的图层。

注意：

填充效果也可通过执行菜单栏中【编辑】→【填充】进行操作。

执行【编辑】→【填充】命令，或按【Shift+F5】组合键，可打开【填充】对话框，如图 2-83 所示。【内容】用来设置填充的内容，包含前景色、背景色、颜色、内容识别、图案、历史记录、黑色、50% 灰色和白色几种选项。各选项的作用如下。

【颜色...】：选择【颜色】列表会弹出【拾色器（填充颜色）】对话框，设置合适的颜色，单击【确定】按钮，即可完成填充操作，如图 2-84 所示。

【内容识别】：是一个智能的填充方式，可以通过感知该选区周围的内容进行填充，一般可用于除去瑕疵。使用时，通常勾选【颜色适合】选项，填充效果如图 2-85 所示。

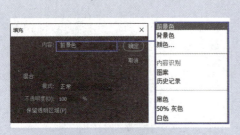

图 2-83　【填充】对话框　　　　　　　　图 2-84　填充颜色

图 2-85　填充内容识别

【图案】：在弹出面板中的【自定图案】的下拉菜单中，可选择自带图案，填充效果如图 2-86 所示。

图 2-86　填充图案

【历史记录】：可填充历史记录面板中所标记的状态。

【黑色/50% 灰色 / 白色】：填充效果如图 2-87 所示。

图 2-87　填充黑色 /50% 灰色 / 白色

需要注意的是，对文字图层、智能对象等特殊图层和被隐藏的图层不能使用【填充】命令。

3）3D 材质拖放工具

【3D 材质拖放工具】需要在 3D 模式下才能使用，具体操作步骤如下。

步骤一：新建一个文件，在文件中输入文字，例如 PS。

项目二　工作证设计

步骤二：单击【窗口】→【3D】,弹出【3D】对话框,选择【3D模型】,单击【创建】按钮,弹出确定对话框,单击【是】按钮,进入3D模式,如图2-88所示。

图 2-88　进入 3D 模式

步骤三：将字体旋转至合适的角度后,单击【3D材质拖放工具】,在选项栏【材质】下拉框中选择适合的颜色,然后单击字体的面来赋予材质,如图2-89所示。

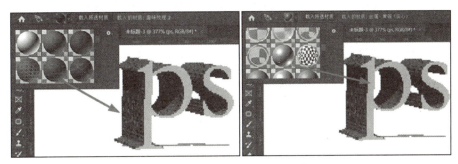

图 2-89　【3D 材质拖放工具】

【应用案例】雪花水晶球制作

作为一名设计师,为某电商制作一个雪花水晶球效果图,如图2-90所示。

技术点睛：
- 使用【调整】对图层进行颜色及明暗的调整。
- 通过对【画笔工具】的设置,得到雪花。

图 2-90　雪花水晶球

【课后实训任务】设计一张活动邀请函

作为一名设计师，请使用已经学过的技能，设计一张非遗节或同学会等活动邀请函，效果可参考图 2-91 所示。尺寸自定，分辨率 300ppi，颜色 CMYK。

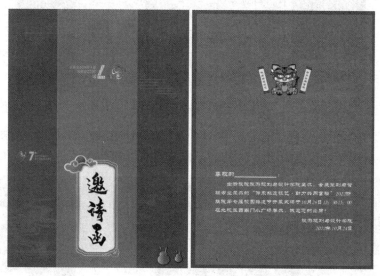

图 2-91　学生作品

项目三 明信片设计

知识目标

- 掌握 Photoshop 设计软件的基础操作,包括色彩调整、滤镜库、自适应广角、液化等;
- 掌握明信片设计工作的相关知识和典型工作任务;
- 了解相关的美学、艺术、设计、文化、科学等知识。

能力目标

- 培养色彩和图文搭配、创意思路沟通的能力;
- 培养自主收集、处理和运用知识的能力,并能举一反三;
- 培养创新实践的能力,并具备运用所学知识独立完成同类型项目的工作能力,及适应后续教育和转岗需求的能力。

素质目标

- 培养对中国传统文化的热爱和中华民族自豪感;
- 培养社会责任感和使命感、职业认同感和自豪感、工作获得感和荣誉感;
- 具有绿色环保的设计意识、规范操作的安全意识、项目制作的质量意识。

(一)项目概况

1. 基本介绍

明信片的问世,距今已有 130 多年的历史。1865 年,有位德国画家在硬卡纸上画了一幅极为精美的画,准备寄给他的朋友作为结婚纪念品,但是当他到邮局邮寄时,邮局出售的信封没有一个能将画片装下。画家正为难时,一位邮局职员建议画家将收件人地址、姓名等一起写在画片背面寄出,结果这幅没有信封的画片如同信函一样寄到了画家朋友手里。就这样,世界上第一张自制"明信片"悄然诞生了。

中国第一套明信片由清政府发行于 1896 年,为竖长方形,左上角印有"大清邮政"字样,蟠龙和万年青图案,已成为今天珍贵的文史资料。1949 年新中国成立后,发行了多种题材、富有中国民族特色的精美明信片。可以说,明信片是反映国家政治、经济、风土人情的艺术品,包括自然、社会、历史、文化、科学、技术、经济、政治、军事等多方面的丰富资料。

明信片是一种不用信封就可以直接投寄的、写有文字内容的、带有图像的卡片。图像可以是摄影、可以是绘画,也可以是创意设计,投寄时必须贴有足够面值的邮票。通常,明信片正面为图像,反面写收件人邮编、地址和姓名,其他区域可写下想对收件人说的话。所写的内容公开,可被他人看见,内容通常不涉及隐私权,故称为"明信"。依据中国邮政业务说明，一般民众可自行印制明信片，但不得标志"中国邮政"。因此，许多人会称邮局发行的明信片为"邮政明信片"（postal card，带邮资符），而其他印制者则泛称为"明信片"（postcard）。

明信片以社会大众广泛使用和接受的通信方式为载体，展示企业的形象、理念、品牌以及产品，或地方特色和人文情感等，是一种新型的广告媒体，具有通信、宣传、收藏、保值等功能。其优点是作为人们日常惯使用的一种通信方式，有着广泛的社会消费基础，形象亲切。邮资广告明信片广告传播范围广、可信度高、目标明确、接触频率高，是一种本小利大的广告新媒体。其缺点是篇幅小、无隐秘性、易损坏、易遗失。

互联网时代，各种聊天软件和邮件逐步取代了传统的信件，如果还能收到一封来自远方朋友的、上面写着祝福的明信片，绝对是一份意外的体验和惊喜。一张薄薄的明信片上承载着的是无限的祝福和牵挂。

2. 设计要点

图片构成——装饰性的图案、简短文字辅助说明、底纹等。

文字构成——邮编、地址以及信件内容撰写处。

其他相关——色彩（色相、明度、彩度的搭配）、编排（文字、图案的整体排列）。

3. 制作规范

明信片按设计形式分类，可分为美术明信片、本册式明信片、广告明信片等。非纸质邮资片包括：塑料压制的立体图明信片、木质明信片等。明信片还有横式、竖式之分，这是依各国（或地区）的文字书写形式而设计的。明信片多为单片形式，也有将一套片装订成册出售的。成册的明信片会沿其装订线打一行齿孔，便于分张撕下。

中国标准邮资明信片规格统一为148mm×100mm，制作时一般留2mm出血，即制作尺寸为152mm×104mm。为保证印刷质量，制作分辨率至少要为300dpi，采用CMYK颜色模式，黑色应选用C0，M0，Y0，K100（%）。当然，设计者不必拘泥于此，可以根据需要适当调整，没有硬性规定。

纸张最好选择250g以上的，这样的纸比较厚，邮寄过程中不易折坏。纸张的材质方面，铜版纸或哑粉纸皆可（铜版纸比较亮，哑粉纸比较暗）。

4. 工作思路

明信片设计项目是平面设计工作中相对简单的任务，首先我们要掌握这项工作的概况、设计要素、制作规范及要求等，然后开始以下工作。

（1）明确客户的具体要求：如主题、颜色等需求；要放哪些图片，对设计风格的偏好等。

（2）进行创作：初学者可能把握不好创意，建议可以参考网络或书上优秀的设计作品，结合实际情况完成设计与排版方案，并使用计算机设计软件制作正稿。

（3）最后修正：如果后期需要印刷，还需完成印前修正后才能交付印刷。

（二）工作任务分解

作为一名设计师，为一个旅游目的地（如古镇、景区等）设计一套明信片，以图3-1所示方案为例，具体操作步骤如下。

项目三 明信片设计

图 3-1 明信片展示效果图

1. 创建文件并置入图片

（1）启动 Photoshop 软件。

（2）执行【文件】→【新建】命令，弹出【新建文档】对话框；在【预设详细信息】栏中输入"明信片"，【宽度】为 152mm，【高度】为 104mm，（其中含出血 2mm，成品尺寸为 148×100mm），【方向】为横向，并勾选【画板】，【分辨率】调整为 300ppi，其他默认，单击【创建】按钮，如图 3-2 所示。

> **注意：**
> 新建文件时，如果勾选【画板】，【颜色模式】只有 RGB 颜色，如果是印刷类项目，最后完成设计后需要再转换为 CMYK 颜色保存或输出。

（3）执行【文件】→【打开】命令，打开"廊桥"素材图片；使用【移动工具】拖到"明信片"文件中，并使用【Ctrl+T】组合键调整图片大小和位置，如图 3-3 所示。

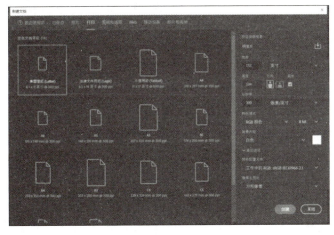

图 3-2 新建明信片文件

图 3-3 置入素材并调整图片大小和位置

2. 制作正面图片效果

（1）激活"廊桥"图层，单击【图层】面板下方的【创建新的填充或调整图层】按钮，在弹出的列表中选择【色相/饱和度】，如图 3-4（a）所示；对应【属性】面板中，选择【全图】下拉框的【黄色】，调整面板【色相】为 −15，【饱和度】为 +10，如图 3-4（b）所示。

（2）单击【图层】面板下方【创建新的填充或调整图层】按钮，在弹出的列表中选择【色彩平衡】，如图 3-4（c）所示，调整【青色－红色】滑块到 +17，如图 3-4（d）所示，完成深秋色效果调整。调整前后效果对比如图 3-5 所示。

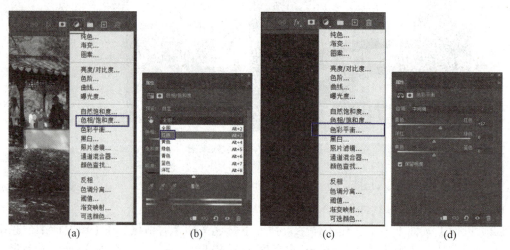

图 3-4　色相/饱和度和色彩平衡调整

> **注意：**
> 　　此方法适用于对图片整体调色，如果有需要保护的区域，则建议选择【通道混合器调色】更为合适。

（3）按住【Ctrl】键，依次选择"廊桥"图层和两个"调整"图层；右击选择【转换为智能对象】，如图 3-6 所示。

图 3-5　秋色效果调整前后对比　　　　　　　图 3-6　转化为智能对象

（4）执行菜单栏中【滤镜】→【滤镜库】命令，打开【滤镜库】对话框，如图 3-7 所示；选择【艺术效果】中的【干画笔】效果，将【画笔大小】设置为"2"，【画笔细节】设置为"8"，【纹理】设置为"2"，效果如图 3-8 所示。

（5）执行菜单栏中【滤镜】→【模糊】→【特殊模糊】命令，弹出【特殊模糊】面板，如图 3-9（a）所示，将【半径】设置为"10"，【阈值】设置为"100"，【品质】设置为"高"，如图 3-9（b）所示，单击【确定】按钮，局部效果如图 3-10 所示。

图 3-7 打开滤镜库

图 3-8 干画笔效果前后对比

(a) 特殊模糊命令   (b) 调整特殊模糊数值

图 3-9 特殊模糊调整

图 3-10 【特殊模糊】局部效果对比

> **注意：**
> 很多滤镜命令均为一键式操作，并可快速预览效果，同学们可以根据自己的需求进行更为自由地创意设计和效果搭配。

（6）单击【图层】面板下方的【创建新的调整图层】按钮，选择【曲线】命令；在弹出的【属性】面板中，调整曲线，调整画面效果，如图3-11所示。

3. 正面图文排版

（1）单击【图层】面板下方的 按钮，新建一个图层，重命名为"右侧"（确保图层在最上端），如图3-12所示。

图3-11　调整图片【曲线】效果　　　　　　图3-12　新建图层

（2）设置【前景色】为"橘黄色"，使用【矩形选框工具】在画面中选择一个矩形，使用【油漆桶工具】填充"前景色"，如图3-13所示。

（3）如果填充颜色和图片不搭配，可以执行菜单栏中【图像】→【调整】→【色相/饱和度】命令，调整到适合的颜色，如图3-14所示。

（4）分别输入文字"美"等，并进行图文排版，最终完成明信片正面设计，如图3-15所示。

图3-13　绘制矩形并填充颜色　　　图3-14　调整【色相/饱和度】　　　图3-15　明信片正面效果

4. 新建画板2并置入图片

（1）使用【移动工具】或【画板工具】激活【画板1】，单击出现的 图标，在文档中添加"画板2"，制作明信片背面如图3-16所示。

（2）执行【文件】→【打开】命令，打开"廊桥"素材图片；使用【移动工具】拖到"画板2"中，并使用【Ctrl+T】组合键调整图片大小和位置，如图3-17所示。

5. 制作背面图片效果

（1）执行菜单栏中的【滤镜】→【风格化】→【查找边缘】命令，效果如图3-18所示。

图 3-16　新建画板 2　　　　　图 3-17　置入素材并调整图片大小和位置

（2）执行菜单栏中的【图像】→【调整】→【黑白】命令，并设置各个参数值，如图 3-19 所示。

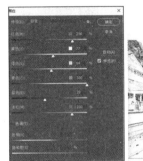

图 3-18　【查找边缘】效果　　　　　图 3-19　【黑白】色彩调整

6. 背面图文排版

（1）在【图层】面板的"画板 2"中新建一个图层，命名为"邮票"，在该图层上用【矩形选框工具】绘制一个矩形框，右击，在弹出的列表中选择【描边】命令，在弹出的对话框中设置【宽度】和【颜色】，单击【确定】按钮，如图 3-20 所示。

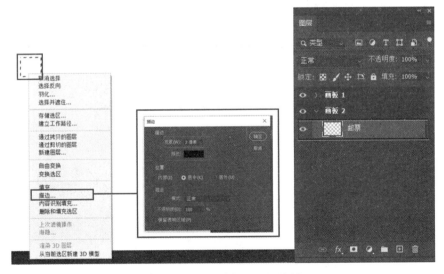

图 3-20　明信片邮编位置绘制

（2）新建图层"邮编"，用同样的方法绘制矩形，并复制"邮编"图层 5 次，移动其中一个图层到右边，如图 3-21 所示。

（3）按住【Ctrl】键同时选中 6 个"邮编"图层；选择【移动工具】，在【属性栏】中单击【水平分布】 按钮，水平分布 6 个邮编框，如图 3-22 所示。

> **注意：**
> 多个对象的排列可以借助标尺和辅助线工具，也可以在选中全部图层后，使用【移动工具】属性栏中的【对齐并分布】命令 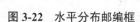。

（4）使用同样的方法绘制线条，输入"邮政编码"等文字，调整图文位置，完成明信片背面的排版设计，如图 3-23 所示。

图 3-21　绘制邮编框

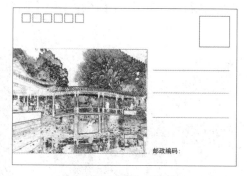

图 3-23　明信片背景效果

图 3-22　水平分布邮编框

7. 存储与导出

（1）选择菜单栏中【文件】→【存储】，将文件保存至相应位置，默认【保存类型】为 *.PSD。

（2）选择菜单栏中【文件】→【导出】→【导出为】，选择【格式】为【JPG】，单击【导出】按钮。

（三）技能点详解

1. 色彩调整

色彩调整是 Photoshop 非常重要的一个功能。项目二中已经介绍了色调调整部分，此外还有三个模块的调整功能，如图 3-24 所示。常用命令介绍如下。

图 3-24　【图像 / 调整】菜单

1）色相/饱和度

【色相/饱和度】常用于对图像进行颜色校正，既可以作用于整个图像，也可以作用于图像中的单一颜色通道。【色相/饱和度】对话框如图 3-25 所示，各选项的作用如下。

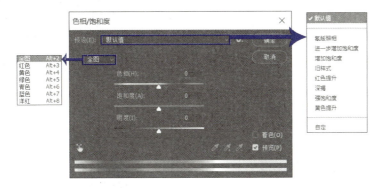

图 3-25 【色相/饱和度】对话框

（1）【预设】：下拉列表中提供了 8 种样式，效果如图 3-26 所示。

图 3-26 【色彩/饱和度】预设效果

（2）【颜色通道】：下拉列表中可以选择【全图】【红色】或【黄色】等七个通道进行调整。其中，【全图】表示对图像中的所有像素都起作用。选择其他颜色通道，则只对所选的颜色进行调节。

（3）【吸管】：选择【红色】等单色通道时，吸管处于可选状态。带【＋】号的吸管工具可以在图像中为已选取的色调增加调整范围，带【－】号的吸管工具可以在图像中为已选取的色调减少调整范围。

（4）【着色】：勾选此选项，可以为灰度图像或是单色图像重新上色，从而使图像产生单色调的效果。也可以对彩色的图像进行处理，所有的颜色会变成单一彩色调，如图 3-27 所示。

图 3-27 【色彩/饱和度】着色前后对比

2）色彩平衡

【色彩平衡】可根据颜色的补色原理，控制图像颜色的分布。根据颜色之间的互补关系，要减少某个颜色，就增加这种颜色的补色。【色彩平衡】对话框如图3-28所示，各选项的作用如下。

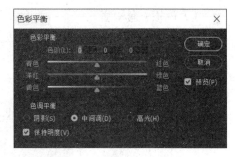

图3-28 【色彩平衡】对话框

（1）【色阶】：用于调整【青色－红色】【洋红－绿色】【黄色－蓝色】在图像中所占的比例，可以手动输入，也可以拖曳滑块进行调节。如图3-29所示，将红色、洋红、黄色进行补充，得到前后效果对比。

图3-29 【色阶】调节效果

（2）【色调平衡】：可以选择重点更改的色调范围。图3-30所示为分别选择【阴影】【中间调】和【高光】并添加蓝色【+100】后的效果。

阴影　　　　　　　　　　　中间调　　　　　　　　　　　高光

图3-30 【色彩平衡】调节效果

（3）【保持明度】：勾选该选项，可以保持图像的明度不变，以防止亮度值随着颜色的改变而改变，对比效果如图3-31所示。

不勾选【保持明度】　　　　　　　　勾选【保持明度】

图3-31 不勾选【保持明度】与勾选【保持明度】效果对比

3）黑白

使用【黑白】命令可以除去画面中的色彩，将图像变为黑白效果，同时保持对各颜色的控制。【黑白】对话框和效果如图 3-32 所示,对话框中各选项的作用如下。

图 3-32　【黑白】对话框和效果

（1）【预设】:列表中提供了多种预设黑白效果,可直接选择相应的预设来创建黑白图像。

（2）【颜色通道】:用来调整图像中特定颜色的灰色调。减少数值,会使对应区域变深;增加数值,会使对应区域变浅,如图 3-33 所示。

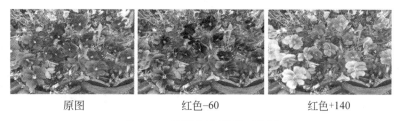

　　　原图　　　　　　　红色-60　　　　　　红色+140

图 3-33　调整红色数值对比图

（3）【色调】:若要创建单色图像,可以勾选此选项,如图 3-34 所示。

4）照片滤镜

使用【照片滤镜】命令可以模仿在相机镜头前面加彩色滤镜,通过调整镜头色彩平衡和色温来调整图片冷、暖色调,从而达到特殊效果。【照片滤镜】对话框如图 3-35 所示,各选项的作用如下。

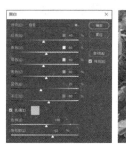  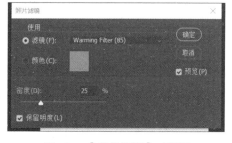

　图 3-34　勾选【色调】选项　　　　　图 3-35　【照片滤镜】对话框

（1）【滤镜】:可以在下拉列表中选择一种预设的效果,图 3-36 所示为选择【Cooling Filter（80）】的效果。

（2）【颜色】:选择该选项按钮后,可在【拾取器（照片滤镜颜色）】中指定滤色片的颜色,如图 3-37 所示。

（3）【浓度】:数值越大,色彩越接近饱和,如图 3-38 所示。

（4）【保留明度】:调节图像颜色的同时,保持图像的明度不变。

5）通道混合器

使用【通道混合器】命令可以将图片中的颜色通道互相混合,对目标颜色通道进行调整和修复,常用于偏色图片的校正。【通道混合器】对话框如图3-39所示。例如,设置输出通道为【绿】,增大绿色数值,画中绿色的成分增加,效果如图3-40所示。

图3-36 【滤镜】使用效果

图3-37 【颜色】使用效果

浓度1%

浓度70%

浓度100%

图3-38 【浓度】使用效果

图3-39 【通道混合器】对话框

6)颜色查找

【颜色查找】命令可以使画面颜色在不同的设备之间精确传递和再现。【颜色查找】对话框如图3-41所示。可以在弹出的对话框中选择用于颜色查找的方式:【3DLUT文件】【摘要】【设备链接】。

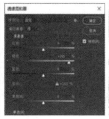

图 3-40 【通道混合器】源通道效果

图 3-41 【颜色查找】对话框

2. 滤镜

1）滤镜库

【滤镜库】中集合了大量的常用滤镜，位于菜单栏的【滤镜】下拉列表中，如图 3-42 所示。选择【滤镜库】后，弹出对话框中有常用滤镜的集合，但也并非滤镜效果的全部，如图 3-43 所示。

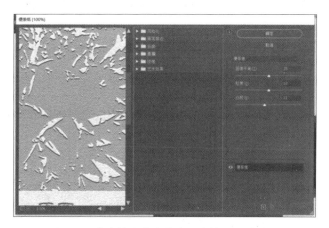

图 3-42 【滤镜库】　　　　图 3-43 【滤镜库】中的常用滤镜及预览效果

【风格化】命令中只有一种【照亮边缘】效果，如图 3-44 所示；【画笔描边】滤镜下包含 8 种滤镜效果，如图 3-45 所示；【扭曲】滤镜下包含 3 种滤镜效果，如图 3-46 所示；【素描】滤镜下包含 14 种滤镜效果，如图 3-47 所示；【纹理】滤镜下包含 6 种滤镜效果，如图 3-48 所示；【艺术效果】滤镜下包含 15 种滤镜效果，如图 3-49 所示。

2）自适应广角

使用【自适应广角】滤镜，可以校正由于使用广角镜头而造成的镜头扭曲。例如，建筑物在使用广角镜头拍摄时会看起来向内倾斜。在弹出【自适应广角】界面中，【矫正】一栏下有【鱼眼】【透视】【自动】【完整球面】四个选项，效果如下。

（1）【鱼眼】：校正由鱼眼镜头所引起的极度弯度，如图 3-50（a）所示。

图 3-44 【风格化】

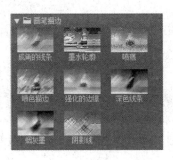

图 3-45 【画笔描边】

图 3-46 【扭曲】

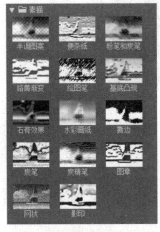

图 3-47 【素描】

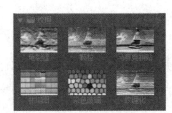

图 3-48 【纹理】

图 3-49 【艺术效果】

（2）【透视】：校正由视角和相机倾斜角所引起的会聚线，如图 3-50（b）所示。

（3）【自动】：自动地检测合适的校正，计算机只能识别部分文件的镜头配置文件，其他图片需要前往【镜头矫正】中载入。

（4）【完整球面】：校正 360 度全景图。全景图的长宽比必须为 2∶1，如图 3-50（c）所示。

(a) 鱼眼

(b) 透视

(c) 完整球面

图 3-50 【矫正】效果

定义约束以制定图片线条步骤如下。

使用工具【　】可将线条拖至倾斜线条位置拉直，如图所示 3-51（a）所示。

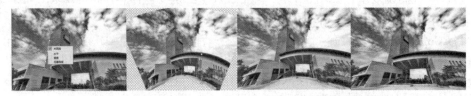

(a) 直线约束操作差异　　　　　　　　(b) 形状约束操作差异

图 3-51 【约束】效果

使用工具【▬】沿着对象绘制多边形拉直,如图 3-51(b)所示。

3）Camera Raw 滤镜

Camera Raw 滤镜不但提供了导入和处理相机原始数据文件的功能，还可以用来处理 JPEG 和 TIFF 文件。在这里可以对图像的白平衡、色调、饱和度等进行调整。

在【Camera Raw 滤镜】的弹出界面中，最右侧可选择【编辑】【修复】【蒙版】【红眼】【预设】等多种编辑效果，如图 3-52 所示。

图 3-52 【Camera Raw 滤镜】右侧选项

（1）【编辑】:【自动】自动调整照片明暗。【黑白】自动调整为黑白模式。面板上的功能可以直接拖动调整画面效果。

（2）【修复】：可进行【内容识别移动】【修复】和【仿制修复】，效果同【修复】【仿制图章】工具。

（3）【蒙版】：可以自动选取照片的【主体】【天空】【背景】及【人物】，创建蒙版，效果如图 3-53（a）所示。可以借助【物体】【画笔】【线性渐变】【径向渐变】【范围】完成特殊区域的蒙版创建，如图 3-53（b）所示。

(a) 自动选择

(b) 自主选择

图 3-53 Camera Raw 滤镜【蒙版】

（4）【红眼工具】：选取区域去除红眼。

（5）【预设】：选择预设效果，如图 3-54 所示。

图 3-54 Camera Raw 滤镜预设效果

4）镜头校正

使用数码相机拍照时，经常会出现各种失真情况。【镜头矫正】滤镜不仅可以快速修复常见的镜头瑕疵，还可以修复透视错误等问题。在弹出的【镜头矫正】界面中，设有【自动矫正】【自定】两种选择卡。

（1）【自动矫正】：需要计算机自动识别出照片的配置文件，如果无法识别，需要手动选择相机制造商等信息后才能自动矫正。

（2）【自定】：调整中可以通过设置【几何扭曲】【色差】【晕影】【变换】等完成效果制作，如图3-55所示。

5）液化

【液化】滤镜是一种修饰图像和创建艺术效果的变形工具，使用方法简单，但是功能强大。在弹出的【液化】界面中，【属性】中设有【画笔工具选项】【人脸识别液化】【载入网格选项】【蒙版选项】【视图选项】【画笔重建选项】等功能，如图3-56所示。

几何扭曲　　色差　　晕影　　变换

图3-55 【自定】矫正　　　　　　图3-56 【液化】滤镜选项

（1）【画笔工具选项】：可以调整画笔的作用效果。

（2）【人脸识别液化】：可以自动识别人脸部位，通过相关设置的调整更改面部效果。

（3）【载入网格选项】：可以外部载入网格用于图片的参照。

（4）【蒙版选项】：可以对不需要液化的区域进行保护，而替换选取、添加到选取、从选区中减去、与选区交叉、反向选区可以从蒙版中选择区域。

（5）【视图选项】：可以打开参考线、网格、蒙版、背景等视图内容。

（6）【画笔重建选项】：可以重建或恢复全部效果。

面板最左侧是【液化画笔工具组】，包括【向前变形工具】、【重建工具】、【平滑工具】、【顺时针旋转扭曲工具】、【褶皱工具】、【膨胀工具】、【左推工具】等，这些工具均为直接操作工具。【冻结蒙版】和【解冻蒙版】是一对互逆操作，可以冻结住区域不被液化操作干扰。【脸部工具】可以直接拖曳脸部完成效果制作，如图3-57所示。

6）消失点

【消失点】滤镜可以在包含透视平面的图像中进行透视校正操作，也可以完成图片在立体图形上的贴合。在弹出【消失点】界面中，可以先使用【　】工具完成平面创建，然后按【Ctrl+C】组合键将图片粘贴并拖入目标区域，完成贴图操作，操作效果如图3-58所示。

3. 其他滤镜

1）3D

【3D】滤镜组中包含两种滤镜效果，分别是【生成凹凸（高度）图】【生成法线图】，具

体效果如图 3-59 所示。

图 3-57 【液化】滤镜

图 3-58 消失点操作

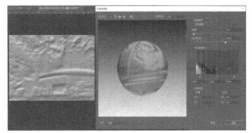

【生成凹凸（高度）图】　　　　　　　　　　【生成法线图】

图 3-59 【3D】效果对比图

2）风格化

【风格化】滤镜组主要作用于图像的像素，列表如图 3-60 所示，其中各选项作用如下。

（1）【查找边缘】：滤镜后可以让图像画面产生线条感，效果前后对比如图 3-61 所示。

（2）【等高线】：滤镜的效果和【查找边缘】滤镜效果类似，但它需要设置图像的【色阶数值】和【边缘类型】，效果如图 3-62 所示。

图 3-61 【查找边缘】滤镜效果对比图

图 3-60 【风格化】滤镜下的一些滤镜　　　　图 3-62 【等高线】滤镜效果对比图

（3）【风】：在图像中模拟风的效果，【风】对话框中的【方法】选项中有【风】【大风】【飓风】；【方向】选项中有【从右】【从左】，效果如图 3-63 所示。

（4）【浮雕效果】：使图像具有凸出和浮雕效果，对比度越大的图像浮雕效果越明显，对话框中【数量】值越大，浮雕效果越明显，效果如图 3-64 所示。

图 3-63 【风】滤镜效果对比图　　　　　　　图 3-64 【浮雕效果】对比图

（5）【扩散】：滤镜效果给人的感觉像是在图像上覆着一层磨砂玻璃，在颜色比较丰富的图像上效果比较明显，效果如图 3-65 所示。

（6）【拼贴】：滤镜效果可以使图像呈现出由若干方块拼凑而成的效果，对话框中【拼贴数】越大，方块越多；【最大位移】数值越大，偏移越明显。效果如图 3-66 所示。

图 3-65 【扩散】滤镜效果对比图

原图　　　　　　　【拼贴数】10,【最大位移】10　　　　　　【拼贴数】50,【最大位移】50

图 3-66 【拼贴】滤镜效果对比图

（7）【曝光过度】：该滤镜效果没有控制面板，不需要调整参数即可直接应用。滤镜效果如图 3-67 所示。

图 3-67 【曝光过度】滤镜效果对比图

（8）【凸出】：滤镜效果可以让图像产生以正方体块或金字塔（棱锥体）向外凸出的效果，并且还能调整其【大小】【深度】。效果如图3-68所示。

（9）【油画】：滤镜效果可以让图像产生油画效果，效果如图3-69所示。

图3-68 【凸出】滤镜效果对比图　　　　　　图3-69 【油画】滤镜效果对比图

3）【模糊】与【模糊画廊】

【模糊】包含11种效果，【模糊画廊】包括5种效果，但这两种滤镜都可以使图像产生模糊的效果。例如【方框模糊】是以方形产生模糊形状效果；【光圈模糊】使一个圈以外的图像产生模糊；【旋转模糊】使图像产生旋转扭曲模糊效果等，如图3-70所示。

原图　　　　　　　方框模糊　　　　　　　光圈模糊　　　　　　　旋转模糊

图3-70 【模糊】与【模糊画廊】滤镜效果

4）扭曲

【扭曲】包含【波浪】【波纹】等9种滤镜效果，其中【置换】效果需要将另一个PSD源文件置入当前图像中结合而成，其他个别效果如图3-71所示。

波浪　　　　　　　　　　　波纹　　　　　　　　　　　挤压

图3-71 【扭曲】下不同滤镜效果

5）锐化

【锐化】滤镜可以使有点模糊的图片像素变得细致、精确，效果与【锐化工具】相似，如图3-72所示。

6）视频

【视频】滤镜包括【NTSC颜色】【逐行】两种效果，可以处理以隔行扫描方式的设备中提取的图像，将普通图像转化为视频设备可以接受的图像，解决视频图像在交换时系统差异的问题。

图 3-72 【锐化】滤镜对比效果

【NTSC 颜色】：可以将色域限制在电视机重现可接受的范围内，防止过饱和颜色渗到电视扫描行中，使图像可以被电视接受。

【逐行】：移除视频图像中的奇数或偶数的隔行线，使在视频上捕捉的运用图像变得平滑。

7）像素化

【像素化】滤镜组下包含【彩色半调】【点状化】等 7 种滤镜效果，个别效果如图 3-73 所示。

彩色半调　　　　　　　　点状化　　　　　　　　马赛克

图 3-73 【像素化】下不同滤镜效果

8）渲染

【渲染】滤镜组下包含【火焰】【分层云彩】等 8 种滤镜效果，个别效果如图 3-74 所示。

  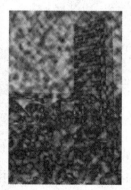

火焰　　　　　　　　图片框　　　　　　　　分层云彩

图 3-74 【渲染】下不同滤镜效果

9）杂色

【杂色】滤镜组下包含【减少杂色】【蒙尘与划痕】【去斑】【添加杂色】【中间值】5 种效果，个别效果如图 3-75 所示。

10）其他

【其他】滤镜组下包含【HSB/HSL】【高反差保留】【位移】【自定】【最大值】【最小值】6 种效果，效果如图 3-76 所示。

蒙尘与划痕

添加杂色

中间值

图 3-75 【杂色】下不同滤镜效果

HSB/HSL

高反差保留

位移

自定

最大值

最小值

图 3-76 【其他】下不同滤镜效果

【应用案例】光盘封面制作

作为一名设计师,为母校制作一张宣传光盘封面,完成的效果如图 3-77 所示。
技术点睛:
- 使用【滤镜库】下【素描】滤镜中【铬黄渐变】效果。
- 使用【创建剪贴蒙板】功能。
- 给图层添加【描边】图层样式。
- 使用【椭圆选框工具】建立选区。

图 3-77　光盘封面制作效果图

【课后实训任务】设计制作校园明信片及展示效果图

作为一名设计师,请使用已经学过的技能,制作系列化明信片,效果可参考图 3-78 所示。尺寸自定,分辨率为 300ppi,颜色为 CMYK。

图 3-78　学生作品

项目四

 计算机壁纸设计

知识目标

> 掌握 Photoshop 设计软件的基础操作,包括矢量图形的绘制、蒙版、其他颜色调整等知识;
> 掌握计算机壁纸设计的相关专业知识和典型工作任务;
> 了解相关的美学、艺术、设计、文化、科学等知识。

能力目标

> 培养色彩和图文搭配、创意思路沟通的能力;
> 培养计算机平面设计技术、技巧和方法的能力;
> 培养独立获取知识,并能运用所学知识举一反三完成同类型项目的工作能力。

素质目标

> 培养对中国传统文化的热爱和中华民族自豪感;
> 具有热爱劳动的劳动精神、工匠精神和爱岗敬业的职业素养;
> 具有职业认同感和自豪感、工作获得感和荣誉感。

(一)项目概况

1. 基本介绍

计算机壁纸又称计算机图片、待机图片、屏保图片,是计算机屏幕所使用的背景图片,是人和计算机对话的主要入口,也是人机交互的图形用户界面。计算机壁纸使我们的计算机看起来更好看、更有个性,增加计算机使用的乐趣。用户只需找到或自己设计制作喜欢的图片,并使图片的分辨率和计算机屏幕的分辨率相对应,就可以设置为计算机的桌面壁纸了。也可以设置动态更换壁纸,计算机会根据设定的时间自动变换壁纸,因此壁纸可以做系列化设计,例如节气壁纸。

另外,计算机壁纸通常采用较为柔和的色彩,不能使用太亮的色调,否则会导致视觉疲劳。图片设计也不宜过于花哨,否则桌面图标会看不清楚。

2. 设计要点

造型的构成:包括装饰性图案、饰框、背景底纹等。
文字的构成:包括主题、寄语等信息。
其他相关:包括色彩(色相、明度、彩度的搭配)、编排(文字、图案的整体排列)等。

3. 制作规范

计算机壁纸尺寸通常为 1024 像素 ×768 像素、1440 像素 ×900 像素、1366 像素 ×768 像素、1280 像素 ×800 像素、1280 像素 ×1024 像素、1280 像素 ×768 像素、1152 像素 ×864 像素、1920 像素 ×1080 像素、800 像素 ×600 像素、1680 像素 ×1050 像素。作为设计者需要提前了解客户计算机的屏幕尺寸，如 17 英寸计算机的壁纸尺寸应设置为 1024 像素 ×768 像素，19 寸计算机的壁纸尺寸应设置为 1440 像素 ×900 像素。

计算机壁纸制作分辨率为 72dpi，颜色模式为 RGB。

> **注意：**
> （1）先根据客户的实际计算机分辨率大小，确定制作尺寸。
> （2）计算机壁纸制作无须出血，因此成品尺寸即制作尺寸。

4. 工作思路

计算机壁纸设计项目是平面设计工作中相对简单的任务，首先我们要掌握这项工作的概况、设计要素、制作规范及要求等，然后开始以下工作。

（1）明确客户的具体要求：如颜色需求，计算机屏幕的大小，要放哪些文案和图案，对设计风格的偏好等。

（2）进行创作：初学者可能把握不好创意，建议可以参考网络或书上优秀的设计作品，结合实际情况完成设计与排版方案，并使用计算机设计软件制作正稿。

（3）最后修正：修改、正稿确定。

（二）工作任务分解

作为一名设计师，设计一张"二十四节气"计算机桌面壁纸，以图 4-1 所示方案为例，具体操作步骤如下。

1. 创建文件

（1）启动 Adobe Photoshop 软件。

（2）单击【新建】按钮，弹出【新建文档】对话框，在【预设详细信息】栏中输入"大暑桌面壁纸"，【宽度】为"1920"像素，【高度】为"1080"像素，【颜色模式】为"RGB 颜色"，【分辨率】为"72"ppi，如图 4-2 所示。

图 4-1 大暑桌面壁纸效果图

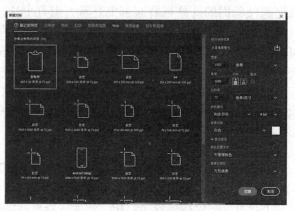

图 4-2 新建页面

2. 背景上色

将【前景色】设置为"R：30，G：75，B：50"，按【Alt+Delete】组合键为背景上色。

3. 置入素材并进行调整

（1）置入素材"荷花"，使用【快速选择工具】将所需要的素材内容选出，如图 4-3 所示，并单击【添加图层蒙版】按钮，直接显示所需要的图案元素，如图 4-4 所示。

> **注意：**
> 如果图片和背景想要一个过渡的效果，可以在使用【选择工具】时设置【羽化】数值。

图 4-3 选区

图 4-4 【添加图层蒙版】

（2）关闭【背景】图层的可视性，选择【图像】→【调整】→【可选颜色】，弹出【可选颜色】窗口，对【红色】进行调整，"青色：-46%，洋红：-57%，黄色：-59%，黑色：-9%"，使素材颜色更淡雅。如图 4-5 所示。

（3）选择【滤镜】→【模糊】→【表面模糊】，弹出【表面模糊】窗口，将【半径】设置为"20"像素，【阈值】设置为"15"色阶，使素材柔化，如图 4-6 所示。

图 4-5 【可选颜色】调整

图 4-6 【表面模糊】调整

（4）选择【滤镜】→【滤镜库】中的【艺术效果】→【水彩】，将【画笔细节】设置为"11"，【纹理】设置为"2"，如图 4-7 所示，单击【确定】按钮。

图 4-7 【滤镜库】调整

（5）打开【背景】图层的可视性，使用【Ctrl+T】组合键将【素材1】调整到合适的大小；然后右击，选择【水平反转】，将【素材1】放到合适的位置，如图4-8所示。

（6）将素材"诗词""大暑""印章"置入图中，并调整图层前后顺序，并将素材"诗词"图层的【叠放样式】改为【正片叠底】，如图4-9所示。

图4-8 素材调整

图4-9 置入其他素材进行调整

4. 绘制矩形矢量图形

（1）选择【矩形工具】，属性栏中设置为"形状"，【填充】颜色设置为"R=175,G=180,B=150"，【描边】设置为"无色"，绘制一个矩形，并用鼠标拖动矩形角上的小圆圈，使"直角矩形"变为"圆角矩形"，如图4-10所示。

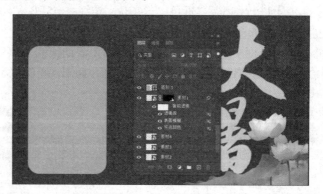

图4-10 绘制圆角矩形

（2）使用【Ctrl+J】组合键复制【矩形1】图层，得到【矩形1拷贝】，单击【矩形工具】更改【填充】颜色设置为"R=80,G=120,B=80"。使用【移动工具】，将【矩形1拷贝】移动到合适位置，如图4-11所示。

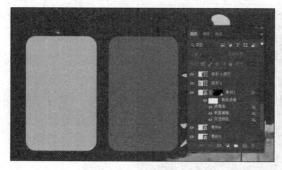

图4-11 复制【矩形1】

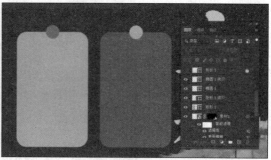

图4-12 使用【椭圆工具】

(3)选择【椭圆工具】,用相同的方法分别绘制颜色为"R:110,G:135,B:100""R:245,G:165,B:80"的正圆形,得到【椭圆1】【椭圆1拷贝】两个图层,如图4-12所示。

5. 绘制装饰矢量图案

(1)选择【钢笔工具】,属性栏中设置为【形状】,【填充】颜色设置为【R=200,G=80,B=75】,【描边】设置为【无色】,绘制一个西瓜形状,如图4-13所示。

(2)再绘制一个西瓜皮,将【填充】颜色设置为"R:30,G:75,B:50",【描边】设置为"无色"。使用【直接选择工具】对西瓜皮和西瓜形状进行调整,如图4-14所示。

图 4-13 绘制西瓜

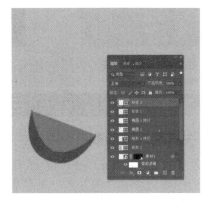

图 4-14 调整西瓜皮和西瓜形状

(3)选择【椭圆工具】绘制瓜子,将【填充】颜色设为【黑色】,绘制一个长椭圆,再使用【直接选择工具】进行调整,如图4-15所示。并使用【Ctrl+J】组合键复制4个西瓜子,再使用【Ctrl+T】组合键,对各图层的西瓜子进行位置及方向调整,如图4-16所示。

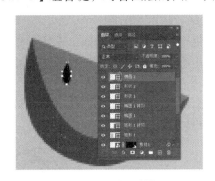

图 4-15 画西瓜子

图 4-16 调整西瓜子

6. 文字编排

(1)选择【直排文字工具】,将【字体】设置为"华文行楷",【大小】为"48"点,【颜色】为"白色",在印章上输入"传统",如图4-17所示。

(2)选择【横排文字工具】,将【字体】设置为"隶书",【大小】为"60"点,【颜色】分别设置为"R:110,G:135,B:100""R:245,G:165,B:80",在矩形上输入所需文字,如图4-18所示。

7. 存储文件

(1)【文件】→【存储为】,将文件保存至相应位置,默认保存为桌面壁纸 *.PSD。

（2）【文件】→【导出】→【导出为】，选择【格式】为"JPG"，单击【导出】按钮。

图 4-17 输入传统

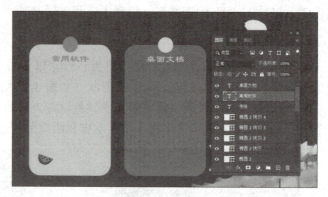

图 4-18 输入相应文字

（三）技能点详解

1. 矢量图形的绘制

矢量绘图是一种比较特殊的绘图模式。与【画笔工具】绘图不同，【画笔工具】绘制出的图像是含有"像素点"的位图，而矢量绘图常常用到的工具是【钢笔工具】和【形状工具】，它们所绘制的图像内容是以"路径"和"填色"的方式进行的，图像画面的质量不会因尺寸的变化而受影响，始终能够保持原有的清晰度、外形和颜色，与分辨率无关。矢量图常被用于尺寸较大、对清晰度要求比较高的平面设计项目中。

路径与锚点：矢量图的创作过程可以说是创建路径、编辑路径的过程。在矢量绘图中，图形都是由路径和颜色所构成。路径是由锚点和锚点间的连接线所构成的，2 个锚点即可构成一条路径，3 个锚点可以构成一个面。

锚点包含了"平滑点"和"尖角点"两种类型。每个锚点都有控制柄，它能调整锚点的弧度以及锚点两边线段的弯曲程度，被选中的锚点以实心方形点显示，没有被选中的以空心方形点显示，如图 4-19 所示。

路径有的是断开的，有的是闭合的，还有的由多个部分构成。因此，这些路径被概括为 3 种类型：开放路径、闭合路径、复合路径，如图 4-20 所示。

图 4-19 路径示意图

开放路径

闭合路径

复合路径

图 4-20 路径的几种类型

2. 钢笔工具组

【钢笔工具组】是描绘路径常会使用到的灵活的工具，可用于绘制一些不规则的图形。使用【钢笔工具组】可以直接产生"线段路径"和"曲线路径"。【钢笔工具组】包含 6 种工具，如图 4-21 所示。

（1）钢笔工具：使用【钢笔工具】时，只需在路径"起点"的位置单击鼠标左键，确定第一个锚点，再移动到下一个锚点位置单击鼠标左键，即可绘制一条直线路径；绘制曲线路径时，同样先确定路径"起点"锚点，然后再单击确定下一个锚点时，按住鼠标左键不放，并拖动出"调节柄"，即可绘制一条曲线路径，如图4-22所示。

图4-21　钢笔工具组

图4-22　【钢笔工具】描绘的直线路径和曲线路径

> **注意：**
> 在绘制"闭合路径"时，路径"起点"与"终点"必须重合。在绘制路径将要闭合时，钢笔图标的角上会出现一个"○"，如图4-23所示。

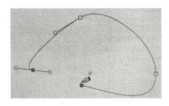

图4-23　闭合路径时状态

（2）自由钢笔工具：使用【自由钢笔工具】可以随意绘制路径，就像用铅笔在纸上画图一样，锚点会在绘制路径后自动添加，常用于绘制不规则路径。绘制原理与【磁性套索工具】相同，不同的是【磁性套索工具】是建立"选区"，而【自由钢笔工具】是建立"路径"。

（3）弯度钢笔工具：使用【弯度钢笔工具】绘制的路径都呈弯曲状态，效果如图4-24所示。

（4）【添加锚点工具】/【删除锚点工具】：制作路径后，可使用【添加锚点工具】和【删除锚点工具】对路径进行更精确的调整。也可以直接在使用【钢笔】/【自由钢笔】/【弯曲钢笔工具】时，把鼠标放置在路径上，就会出现添加锚点图标；当鼠标放置在锚点上时则出现删减锚点图标；单击鼠标左键即可直接添加或删减"锚点"，如图4-25所示。

图4-24　【弯度钢笔工具】效果

添加锚点　　　　　　删除锚点

图4-25　添加和删除锚点

（5）转换点工具：使用【转换点工具】，在锚点上单击，可以实现曲线与折线之间的转换；调节"调节柄"的两个控制点，可以编辑对应路径的弯曲度。

3. 路径选择工具组

使用【路径选择工具】，可以激活并选择路径。使用【直接选择工具】，可以激活路径，单选或多选需要编辑的锚点，如图4-26所示。

4. 形状工具组

【形状工具组】共有6种形状工具，如图4-27所示。由这些工具所绘制的形状如图4-28所示。

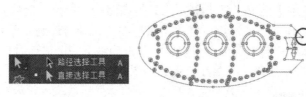

图 4-26　具体选择某一个锚点

图 4-27　形状工具组　　　　　图 4-28　六种形状工具绘图效果

【形状工具】的使用方法都比较接近。以【矩形工具】为例，在【工具箱】中选择【矩形工具】，然后在【工具选项栏】中设置属性，最后在画面中按住鼠标并拖动，就能绘制出一个矩形（如果想要绘制"正方形"，可以在绘制时按住【Shift】键）。

5. 工具选项栏

1）选择工具模式

在使用【钢笔工具组】和【形状工具组】时，在属性栏的【选择工具模式】 中包括【形状】【路径】和【像素】的三种绘图模式，如图 4-29 所示。各自绘图模式效果如图 4-30 所示。

图 4-29　三种绘图模式　　　　　图 4-30　三种绘图模式效果示意

【形状】：既有路径，又可以设置填充与描边。绘制出的是矢量对象，绘制图形后，会在【图层】面板中自动生成一个【形状图层】。【钢笔工具】和【形状工具】都可以使用该模式。

【路径】：只能绘制路径，不具有颜色填充属性。绘制出的是矢量路径，无实体，打印输出不可见，想要可见可以转换为选区后填充。【钢笔工具】和【形状工具】都可以使用该模式。

【像素】：没有路径，是直接用前景色填充绘图区域的一种位图对象，放大后会有像素点。【形状工具】可使用该模式，而【钢笔工具】不可用。

2）填充

【填充】 只有在【形状】模式下才能会出现。一般指图形的填充色，有【无色】【纯色】【渐变色】【图案】四种模式，其填充效果如图 4-31 所示。

3）描边

【描边】 是选择形状描边的【颜色】【宽度】和【类型】。【描边颜色】有四种模式；【描边宽度】的单位为像素；【描边选项】包括线的类型、对齐方式、端点形状、角点形状等选项，如图 4-32 所示。

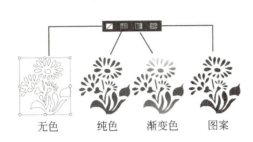

图 4-31 四种填充效果示意

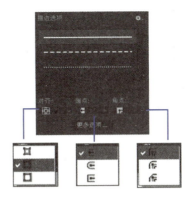

图 4-32 描边选项

6. 蒙版

蒙版原来是摄影术语，是指用于控制照片不同区域曝光的传统暗房技术。在 Photoshop 中，蒙版主要是用于画面的修饰与合成。在 Photoshop 中共有 4 种蒙版：快速蒙版、图层蒙版、剪贴蒙版和矢量蒙版。

1）快速蒙版

【快速蒙版】能快速形成选区，并可以将任何选区作为蒙版进行编辑，无须使用【通道】。

步骤一：打开文件后，选择【工具箱】最下方的【以快速蒙版模式编辑】按钮◙，或按快捷键【Q】进入【快速蒙版模式】；使用【画笔工具】将需要选取的内容用画笔涂出，（此时无论画笔颜色设置为何种颜色，涂抹过的区域都呈现红色），如图 4-33 所示。

> **注意：**
> 在【快速蒙版】模式下，不仅可以使用【画笔工具】，还可以使用【橡皮工具】【渐变工具】【油漆桶工具】等工具在图片中进行操作。但是，绘制只能使用黑、灰、白三种颜色。使用黑色作为前景色，绘制的部分在图画中呈现被半透明的红色覆盖的效果，使用白色画笔则可以抹去红色部分，如图 4-33 所示。

步骤二：绘制完成后，单击【以标准模式编辑】按钮◙或按【Q】快捷键，退出【快速蒙版编辑】模式，得到红色以外部分的选区，如图 4-34 所示。

图 4-33 【快速蒙版】画笔涂抹

图 4-34 【快速蒙版】选区

2）图层蒙版

【图层蒙版】是常用的一个工具。经常通过隐藏图层中的局部内容对画面进行局部修饰或制作合成效果。图层蒙版只应用于一个图层上，为某个图层添加【图层蒙版】后，可以通过在【图层蒙版】中绘制黑色或白色来控制图层的显示与隐藏。

> **注意：**
> 【图层蒙版】是一种非破坏性的抠图方式，可以使图层编辑更为便利。在图层蒙版中黑色代表图层信息被隐藏，呈现透明效果；白色代表图层信息被显示；灰色代表图层信息为半透明。类似于隐形斗篷，穿黑色斗篷，我们看不见身体，脱下帽子我们就能看到头部。

（1）创建图层蒙版。创建图层蒙版有两种方式：①在没有任何选区的情况下创建空的蒙版，画面中的内容不会被隐藏；②在有选区的情况下创建图层蒙版，选区内容为显示，选区以外的部分将会被隐藏。

直接创建图层蒙版：选择一个图层，单击【图层】面板的【添加蒙版】 按钮，为图层添加蒙版，如图4-35所示，这时可以看到当前图层上出现了蒙版。图层组、文字图层、3D图层等特殊图层都可以创建【图层蒙版】，但每个图层只能有一个图层蒙版。

单击【图层蒙版】缩览图，可使用【画笔工具】【渐变工具】或【油漆桶工具】对【图层蒙版】进行填充，效果如图4-36~图4-38所示。

图4-35　创建【图层蒙版】前后　　　　　　　图4-36　【图层蒙版】绘制

 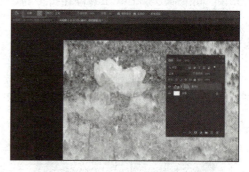

图4-37　【渐变工具】填充【图层蒙版】　　　图4-38　【油漆桶工具/图案】填充【图层蒙版】

基于选区添加图层蒙版：如果当前图像中包含选区，选中需要添加【图层蒙版】的图层，单击【添加图层蒙版】按钮，那么选区内的部分为显示，选区以外的部分将被隐藏，效果如图4-39所示。

（2）图层蒙版选项命令。对于已有的【图层蒙版】，可以进行停用图层蒙版、删除图层蒙版、取消蒙版与图层之间的链接、复制或转移图层蒙版等操作。

【停用图层蒙版】与【启用图层蒙版】：在【图层蒙版】缩览图上右击，在弹出列表中执行【停用图层蒙版】命令，使蒙版效果隐藏，原图内容将全部显示出来，如图4-40所示。

图 4-39　基于选区【图层蒙版】

图 4-40　【停用图层蒙版】

在停用【图层蒙版】后，若要重新开启，可以在蒙版缩览图上再次右击，然后选择【启用图层蒙版】命令，如图 4-41 所示。

> **注意：**
> 如果想要停用图层蒙版，可以按住【Shift】键并用鼠标单击该蒙版即可快速停用该蒙版；如果想要启用蒙版，按住【Shift】键并用鼠标单击该蒙版即可快速启用蒙版。

删除图层蒙版：若要删除图层蒙版，在蒙版缩览图上右击，然后在弹出的菜单中选择【删除图层蒙版】命令即可。

应用图层蒙版：【应用图层蒙版】可以将蒙版效果应用于原图层，并且删除【图层蒙版】，效果如图 4-42 所示。

图 4-41　【启用图层蒙版】　　　　　　　　　图 4-42　【应用图层蒙版】

图层蒙版与选区相加减：图层蒙版和选区可以相互转换。若当前图片中存在选区，在【图层蒙版】缩览图上右击，可以看到 3 个关于蒙版与选区的命令。执行效果如图 4-43 所示。

选择并遮住：【选择并遮住】命令是一个既可以对已有选区进行进一步编辑，也可以重新创建选区的功能。该命令可以用于对选区进行边缘检测，调整选区的平滑度、羽化、对比度以及边缘位置，可以智能地细化选区，常用于长发、动物或细密的植物的抠图。

图 4-43 【图层蒙版】与【选区】相加减

在选择【选择并遮住】命令后,弹出【属性】面板,如图 4-44 所示。左侧为用于调整选区以及视图的工具,包括【快速选择工具】、【调整边缘画笔工具】、【画笔工具】、【对象选择工具】、【套索工具组】等。

正上方为所选工具的选项栏,右侧为选区【属性】面板选项。在右侧的【视图模式】选项组中可以进行视图显示方式的设置,如图 4-45 所示。

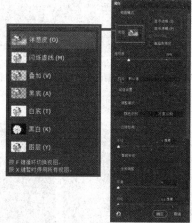

图 4-44 【选择并遮住】　　　　　图 4-45 【视图模式】

【视图】:在下拉列表中可以选择不同的显示效果。

【显示边缘】:显示以半径定义的调整区域。

【显示原稿】:可以查看原始选区。

【高品质预览】:能够以更好的效果预览选区。

【智能半径】:自动调整边缘区域中发现的硬边缘和柔化边缘的半径。

【平滑】:减少选区边界中的不规则区域,以创建较为平滑的轮廓。

【羽化】:模糊选区与周围像素之间的过渡效果。

【对比度】：锐化选区边缘并消除模糊的不协调感。

【移动边缘】：当设置为负值时，可以向内收缩选区边界；当设置为正值时，可以向外扩展选区边界。

【清除选区】：单击该按钮可以取消当前选区。

【反相】：单击该选项，即可得到反相的选区。

【净化颜色】：将彩色边缘替换为附近完全选中的像素颜色。颜色替换的强度与选区边缘的羽化程度是成正比的。

【输出到】：设置选区的输出方式。

【记住设置】：选中该选项，在下次使用该命令的时候会默认显示上次使用的参数。

【复位工作区】：单击该按钮可以使唤当前参数恢复默认值。

（3）编辑图层蒙版。具体有以下操作。

链接图层蒙版：默认情况下，图层与蒙版之间有一个【链接】图标，此时移动或变化图层时，蒙版也会发生变化。如果想在变换图层或蒙版时互不影响，可单击【链接】图标，取消链接。若要恢复链接，可以在取消的地方再次单击鼠标左键，如图4-46所示。

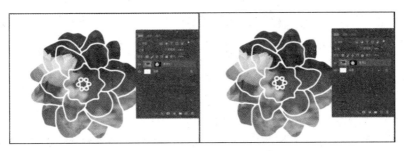

图4-46　链接【图层蒙版】

转移图层蒙版：图层蒙版是可以在图层之间转移的。只需在要转移的【图层蒙版】缩览图上按住鼠标并拖曳到其他图层上，松开鼠标后即完成【图层蒙版】转移。如图4-47所示。

图4-47　转移【图层蒙版】

替换图层蒙版：将一个图层的【图层蒙版】拖曳到另一个带有【图层蒙版】的图层上，则原来图层的蒙版消失，另一个图层的蒙版将被替换。如图4-48所示。

复制图层蒙版：若要将一个图层的蒙版复制到另外一个图层上，可以按住【Alt】键的同时，将图层蒙版拖曳到目标图层上，如图4-49所示。

载入蒙版的选区：蒙版转换为选区，按住【Ctrl】键的同时单击【图层蒙版】缩览图，蒙版中的白色部分将会变成选区，灰色部分为羽化选区，黑色部分为选区以外，如图4-50所示。

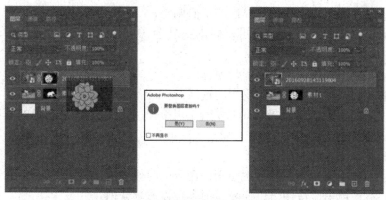

图 4-48 替换【图层蒙版】

图 4-49 复制【图层蒙版】　　　　　图 4-50 载入【图层蒙版】选区

3）剪贴蒙版

【剪贴蒙版】需要至少两个图层才能使用。其原理是通过使用处于下方图层的形状，限制上方图层的内容显示。

（1）创建剪贴蒙版：在有两个及以上图层的文件中，将一个作为【基底图层】，其他的图层可作为【内容图层】。

方法一：在【内容图层】上右击，在弹出列表中执行【创建剪切蒙版】命令。

方法二：直接使用【Ctrl+Alt+G】组合键命令，如图 4-51 所示，【内容图层】前方会出现一个箭头符号，表明此时已经成为下方图层的【剪贴蒙版】。

方法三：按住【Alt】键，在两个图层中间单击鼠标即可快速创建剪贴蒙版。

 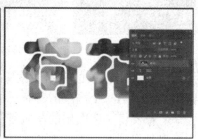

图 4-51 创建【剪贴蒙版】

（2）释放剪贴蒙版：若要释放【剪贴蒙版】，可以在【剪贴蒙版】图层上右击，然后执行

【释放剪贴蒙版】命令即可，如图 4-52 所示。

图 4-52 【释放剪贴蒙版】命令

若只释放某一个【剪贴蒙版】，则只需将所要释放的【剪贴蒙版】拖曳到【基底图层】下方即可，如图 4-53 所示。也可使用【Ctrl+Alt+G】组合键命令，或者使用【Alt】键。

图 4-53 释放【剪贴蒙版】

4）矢量蒙版

【矢量蒙版】与【图层蒙版】较为相似，都是依附于某一个图层或图层组，都可以进行停用启用、转移复制、断开链接、删除等操作。差别在于【矢量蒙版】是通过路径形状控制图像的显示区域。路径范围以内的区域为显示，路径以外为隐藏。【矢量蒙版】是一款矢量工具，可以使用【钢笔工具】或【形状工具】在蒙版上绘制路径，控制图像的显示和隐藏，可以调整形态，从而制作出精确的蒙版区域。

（1）创建矢量蒙版：以当前路径创建矢量蒙版　先在图中绘制一个路径；然后执行下拉菜单栏中的【图层】→【矢量蒙版】→【当前路径】命令，即可基于当前路径为图层创建一个【矢量蒙版】。路径范围内的部分被显示，路径范围以外的部分被隐藏，如图 4-54 所示。

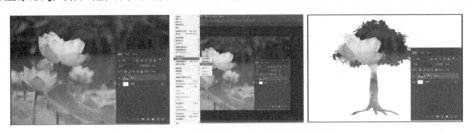

图 4-54 以当前路径创建【矢量蒙版】

（2）创建新的矢量蒙版：按住【Ctrl】键，单击【添加图层蒙版】 按钮，可以为图层添加一个新的【矢量蒙版】，如图 4-55 所示。当图层已有【图层蒙版】时，再次单击【添加图层蒙版】按钮，则可为该图层创建一个【矢量蒙版】，如图 4-56 所示。

（3）栅格化矢量蒙版：将矢量蒙版转换为【图层蒙版】。在【矢量蒙版】缩览图上右击，在弹出列表中选择【栅格化矢量蒙版】命令即可，如图 4-57 所示。

图 4-55 创建新的【矢量蒙版】

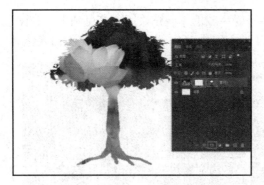

图 4-56 再创建【矢量蒙版】

图 4-57 【栅格化矢量蒙版】

7. 其他颜色调整

执行菜单栏中的【图像】→【调整】命令，列表中除了【亮度/对比度】【色相/饱和度】等调整色相、明度、纯度等命令，还有一些特殊的调整命令，具体介绍如下。

1）反相

【反相】命令可以将图片中的颜色翻转，即红变绿，黄变蓝，黑变白。效果如图 4-58 所示。

2）色调分离

【色调分离】命令可以通过设定色调数目来减少图片的色彩数量。例如，当设置【色阶】数值为 4 时，得到效果如图 4-59 所示。

图 4-58 【反相】前后效果对比

图 4-59 【色调分离】调整前后效果对比

3）阈值

【阈值】又叫临界值。该命令可以将图像转换为只有黑、白两色的效果，【阈值色阶】在

1~255之间，对话框如图4-60所示。数值越大，黑色越多；数值越小，白色越多；效果如图4-61所示。

图4-60 【阈值】对话框

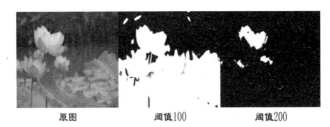

图4-61 【阈值】阈值色阶调整效果图

4）渐变映射

【渐变映射】命令是先将图像转化为灰度，然后将设置的渐变颜色按照图像灰度范围一一映射到图像中，使图像中只保留渐变颜色。【渐变映射】对话框如图4-62所示，包括【渐变选项】【方法】等设置。当设置渐变色后，效果如图4-63所示。

图4-62 【渐变映射】对话框

图4-63 【渐变映射】灰度映射所用渐变效果

5）可选颜色

【可选颜色】命令可以将图片所选颜色用指定颜色来代替。可以选择性地在图片某一主色调成分中增加或减少印刷颜色的含量，而不影响该印刷色在其他主色调中的表现，最终达到对图片的颜色进行校正的目的。【可选颜色】对话框如图4-64所示，包含【颜色】【方法】等设置。调整效果如图4-65所示。

图4-64 【可选颜色】对话框

图4-65 【可选颜色】绝对图像处理

6）阴影/高光

【阴影/高光】命令用于校正光线不足或强逆光的照片，或校正曝光过度的照片。对话框和效果如图4-66所示。

7）HDR 色调

【HDR 色调】命令常用于处理风景照片，可以使画面增强亮部和暗部的细节与颜色感。对话框和效果如图 4-67 所示。

图 4-66 【阴影 / 高光】效果对比　　　　图 4-67 【HDR 色调】效果对比

8）去色

【去色】命令可以将图像中所有的色彩去除，使其成为灰度图像。【去色】命令最大的优点是可选取范围或图层，如果是多个图层，可以只选择所需调整图层进行操作，而不改变图像的颜色模式。效果对比如图 4-68 所示。

图 4-68 【去色】效果对比

9）匹配颜色

【匹配颜色】命令是一个比较智能的颜色调节功能。可以将【图像1】中的色彩关系映射到【图像2】中，使【图像2】产生与【图像1】相同的色彩。对话框中包括【目标图像】【图像选项】等设置，如图 4-69 所示。效果对比如图 4-70 所示。

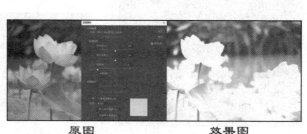

图 4-69 【匹配颜色】命令对话框　　　　图 4-70 【匹配颜色】效果对比

10）替换颜色

【替换颜色】命令可以在图像中选择要替换的颜色范围，然后修改选定颜色的色相、饱和度和明度。如果要更改图像中某个区域的颜色，使用【替换颜色】命令可以省去很多麻烦。

对话框中包括【颜色容差】【色相】等设置，如图 4-71 所示。效果对比如图 4-72 所示。

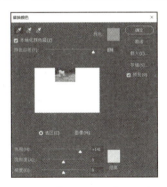

图 4-71 【替换颜色】对话框

图 4-72 【替换颜色】效果对比

11）色调均化

【色调均化】命令可以将图像中全部像素的亮度值重新进行分布，使它们更加均衡地呈现所有范围的亮度级别。执行此命令后，会将复合图像中最亮的表示为白色,最暗的表示为黑色，将亮度值进行均化，让其他颜色平均分布到所有色阶上。效果如图 4-73 所示。

图 4-73 【色调均化】效果对比

【应用案例】水墨画效果制作

作为一名设计师，为摄影作品制作一幅荷花水墨画特效图片，如图 4-74 所示。
技术点睛：
- 使用【去色】和【色阶】对图片进行调整。
- 使用【高斯模糊】和【喷溅】对图片进行特殊效果调整。

图 4-74 效果对比

【课后实训任务】设计制作一套桌面壁纸

作为一名设计师,请使用已经学过的技能,设计一套桌面壁纸（如月份壁纸、节气壁纸等）。尺寸自定，分辨率为 72ppi，颜色为 RGB。

项目五　效果图制作

知识目标

- 掌握 Photoshop 软件操作，包括通道、画笔工具组、修复工具组、图章工具组等知识；
- 掌握效果图设计工作的相关知识和典型工作任务；
- 了解相关的美学、艺术、设计、文化、科学等知识。

能力目标

- 具备追踪和应用最新计算机平面设计技术、技巧和方法的能力；
- 具备独立获取知识，并能举一反三适应后续教育和转岗需求的能力；
- 培养色彩和图文搭配、创意思路沟通的能力。

素质目标

- 具有社会责任感和使命感，对乡村振兴工作具有认同感和自豪感；
- 具有绿色环保的设计意识、规范操作的安全意识、项目制作的质量意识、知识产权的法律意识、为他人办实事的服务意识；
- 具有良好的文化艺术修养和职业素养，培养文化自信和国际视野。

（一）项目概况

1. 基本介绍

效果图是指通过计算机软件技术来模拟真实环境的高仿真虚拟图片。效果图的主要功能是将平面的图纸三维化、仿真化，通过高仿真的制作，来检查设计方案的细微瑕疵或进行项目方案修改的推敲。效果图最能直观、生动地表达设计意图，让观者能够进一步认识和肯定设计者的理念与思想。常见的效果图类型有建筑效果图、城市规划效果图、景观环境效果图、建筑室内效果图、产品设计方案效果图等。

效果图的制作方法很多，常见的有手绘效果图和计算机效果图。手绘效果图需要比较扎实的绘画功底才能将自己的设计意图表现得栩栩如生。而计算机效果图，是设计师通过一些设计软件（如 3D Max、Photoshop 等），配合一些制作效果软件（如 VR、Lightscape 等），来表现设计师在设计项目实现前的一种理想状态下的效果表现。

最简单的效果图制作是建立在现状照片基础上的，是运用 photoshop 软件，在原有场景图片中进行拼贴和合成，完成改造预想效果的表现。

设计是把一种计划、规划、设想通过视觉的形式传达出来的活动过程，而效果图只是设计方案中的一小部分。可现在，当人们谈论设计的时候总是不知不觉地把重点放到效果图中，形成一种"没有效果图，就没有设计"的错误观念。很多人认为只要把做效果图的软件学好，就等于学会了设计，导致做效果图的人员越来越多，但是普遍设计水平较差、专业知识匮乏、发展潜力薄弱。

一份优秀的效果图承载了设计师对设计对象的实用功能、审美功能、体验功能的畅想和以人为本的设计原则，达到设计为人服务的根本目的。单凭几张绚丽多彩的效果图来评价一个设计方案的价值，是非常不明智的。因此，正确对待效果图的地位和价值，建立一个良好的、健康的竞争标准，才能促进我国设计行业健康平稳地发展。

2. 设计要点

结构要素：确定原有图片的结构是否完整、合理，如果结构要素有缺失，需要通过空间构图软件完成结构的补充。

天空要素：更改天空要素，使天空要素配合环境效果，如晴空万里、夕阳黄昏。

植物要素：增加植物要素完成环境的绿化、美化。

人物要素：增加一定的人物、动物等要素可以使画面更加有趣、生动。

投影要素：根据光影条件补充投影，使画面更具真实感。

其他相关要素：包括建筑、水体、地形等其他要素。

3. 制作规范

效果图的尺寸可以根据实际需求来设定，没有固定的大小和比例。电子版可设置色彩模式为 RGB，分辨率为 72 dpi；是打印或喷绘输出的，可以设置色彩模式为 CMYK，分辨率为 300dpi。

4. 工作思路

在原有照片基础上制作效果图是平面设计工作中相对简单的任务，首先我们要掌握这项工作的概况、设计要素、制作规范及要求等，然后开始以下工作。

（1）明确客户的具体要求：如对场景、空间、色彩、质感、材料等效果表现要求。

（2）创意制作：正确运用透视规律、比例标准，正确处理明暗关系等。

（二）工作任务分解

作为一名设计师，为某乡村的"微改造、精提升"项目制作一张道路和建筑外立面整改方案效果图，以图 5-1 所示方案为例，具体操作步骤如下。

图 5-1　改造效果前后对比

1. 调整原图色彩

（1）启动 Photoshop 软件。

（2）执行菜单栏中【文件】→【打开】命令，弹出【打开】对话框，选择要进行处理的图片，如图 5-2 所示。

（3）执行菜单栏中【图像】→【调整】→【亮度/对比度】命令，或执行【图像】→【调整】→【曲线】命令，如图 5-3 所示。调整照片亮度和对比度达到合适效果，如图 5-4 所示。

图 5-2　打开面板

图 5-3　【亮度/对比度】和【曲线】面板调整

注意：

照片色调、色彩的调整方法非常多，现场的照片拍摄往往存在光线不够、曝光不足、偏色等问题，可以根据实际情况和需求，执行更多调整操作来实现预想照片效果。

2. 处理原图瑕疵

（1）选择【修复工具组】中的【污点修复画笔工具】，然后将鼠标移动至画面白墙的污点上，右击，在弹出对话框中调整画笔【大小】至合适尺寸，如图 5-5 所示。

图 5-4　照片前后效果对比

图 5-5　污点修复画笔大小调整

（2）长按鼠标左键，出现黑色画笔痕迹，如图 5-6 所示，然后松开鼠标，完成墙体上瑕疵痕迹的修复工作。如果照片中有其他瑕疵，重复执行此操作。

（3）选择【修复画笔工具】；按【Alt】键，出现一个带十字架圆形图标，选取一处复制源，单击鼠标左键；松开【Alt】键后，将鼠标移动到下水井区域，右击调整画笔大小，长按鼠标左键进行涂抹，涂抹过程中十字架代表复制源，如果复制源不满意，可以再次按住【Alt】键进行选择。最后完成下水井区块的修复处理，效果如图 5-7 所示。

（4）选择工具箱中的【多边形套索工具】，选中照片中的广告牌区域，如图 5-8 所示。

（5）选择【仿制图章】工具，按【Alt】键和鼠标左键，选择想要的复制源；右击调整画笔大小；长按鼠标左键进行仿制操作，操作过程中可以重复按【Alt】键不断调整需要复制的源，完成广告牌区域的修复效果，如图 5-9 所示。

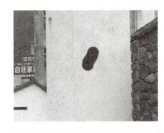  

图 5-6 【污点修复画笔工具】　　　　　图 5-7　下水井区块修复效果对比

图 5-8　选择广告牌区域　　　　　图 5-9　广告牌区域效果修复对比

（6）保存图片，完成对原始照片的调整和修复。

> **注意：**
> 【污点修复画笔工具】【修复画笔工具】这两种操作自带内容感知，即在手动修复后，计算机会根据周围内容将修复内容进行过渡。

3. 准备景观素材

（1）打开文件"抠树"；单击【通道】面板，选择对比最大的【蓝】通道，并拖曳【蓝】通道至【+】号上复制一个通道，如图 5-10 所示。

（2）选择【蓝拷贝】通道，单击【图像】→【调整】→【色阶】，拉大对比度，如图 5-11 所示。

图 5-10　拷贝【蓝】通道　　　　　图 5-11　拷贝【蓝】通道对比度拉大

（3）按住 Ctrl 键，同时单击【蓝拷贝】的预览图，快速选择白色区域；选择【通道】面板中的【RGB】通道显示所有通道；按【Ctrl+Shift+I】组合键，反向选择画面内容，即选择有叶片的部分，如图 5-12 所示。

（4）选择【图层】面板的图片图层，使用【Ctrl+J】组合键将所选区域从原图层上复制。复制后的内容如图 5-13 所示。其他需抠图素材，可执行类似操作，如图 5-14 所示。

图 5-12　选择叶片部分

图 5-13　提取叶片部分

注意：

抠图的方式非常多，"通道"抠图适用于前后色差相对较大的且需要部分边界较为复杂的图片，如树叶、毛发等。在效果图制作过程中，素材的制作需要耐心完成，制作完成的素材可以储存起来，方便后期使用。

4. 制作植物效果

（1）根据实际景观改造需要，依次置入制作好的植物和花卉等素材，并移动到合适的位置，调整前后顺序等，如图 5-15 所示。原始素材种类有带投影和不带投影两种类型，不带投影的需要后期制作投影，步骤如下。

图 5-14　素材准备

图 5-15　植物素材置入

注意：

贴图后需要调整图层顺序，靠近的植物处在上方图层，靠后的植物处在下方图层，合理的图层顺序是效果制作的关键。

（2）按【Ctrl+J】组合键在图层"树"上方复制一个图层"树 拷贝"；按住【Ctrl】键单击图层"树"选中图像，并将其填充为黑色。

（3）选择菜单栏【编辑】→【透视变形】；框选要制作投影的部分，按【Enter】键确认，如图 5-16（a）所示。拖曳四个角点位置，直至达到投影效果，如图 5-16（b）所示。

（4）调整投影图层透明度；并用【橡皮擦】擦除根部不需要的部分，完成投影制作。

（5）其他素材的投影重复上述操作，如图 5-16（c）所示。

注意：

影子的制作是一项需要关注全局的工作，每个受光物体都有影子，每个影子都需要根据对应物体的形状制作。同时，投影制作需要匹配目标效果的光影，如日出、正午、黄昏。影子在画面中重叠时，需要处理影子的叠加效果。

(a) 框选投影　　　　　(b) 拖曳投影效果　　　　　(c) 其他投影

图 5-16　投影效果制作

5. 制作人物效果

（1）选择合适的人物素材并置入画面，移动到合适的位置，如图 5-17（a）所示。

（2）选择"人物"图层，单击【图层】面板下方的新建蒙版按钮，新建图层蒙版；激活【图层蒙版】，选择【画笔工具】，并设置【前景色】为黑色，在图层中将不需要的人物素材涂抹遮住。最后调整位置，达到最佳效果，如图 5-17（b）所示。

> **注意：**
> 利用"蒙版"遮住不想要的素材部分是常用的手段，通过"蒙版"命令处理素材的好处是，在需要修改的时候仍能够找到原始图片进行恢复，减少了后期修改的工作量。

(a) 拖入人物材质　　　　　(b) 处理人物材质

图 5-17　人物素材置入

6. 制作天空效果

（1）置入"天空素材"到画面，并调整图层顺序，移到【背景】图层上方；使用【Ctrl+T】组合键，变换天空图层到最佳大小和位置，如图 5-18（a）所示。

（2）关闭"天空"图层可视性，如图 5-18（b）所示；选择【背景】图层，使用【魔棒工具】选择工具，选取天空所在区域，如图 5-18（c）所示。

（3）开启"天空"图层的可视性，并激活"天空"图层；单击图层面板上的【添加图层蒙版】，遮住多余部分，完成天空的"替换"，如图 5-18（d）所示。

（4）执行【图像】→【调整】→【亮度/饱和度】命令，完成天空色彩效果的调整，如图 5-18（e）所示。

> **注意：**
> 效果图的制作需要关注细节，并掌握景观设计、建筑设计等相关专业知识，例如光影的角度、透视的效果、人物的大小、建筑的朝向等，每一个阶段完成之后都需要进行检查，补充完善效果。

(a) 拖入天空材质　　　　　　　　　(b) 关闭天空图层

(c) 选择天空所在范围　　　(d) 添加天空蒙版　　　(e) 调整天空效果

图 5-18　天空素材置入

7. 后期调整效果

（1）使用【Ctrl+Alt+Shift+E】组合键，给所有图层"盖印"，生成一个新"效果"图层。

> **拓展知识：盖印**
>
> "盖印"——Photoshop 应用中的术语，又称"盖印图层"或"图层盖印"。从字面理解，像盖章一样原模原样的制作一个复制品，也可理解为工作区截图。盖印操作的组合键是【Ctrl+Alt+Shift+E】。
>
> "盖印图层"与"合并可见图层"的区别是：合并可见图层是把所有可见图层合并到一起变成新的效果图层，原图层就不存在了；而盖印图层的效果与合并可见图层后的效果是一样的，但原来进行操作的图层还存在。也就是说合并可见图层是把几个图层变成一个图层，而盖印图层是在几个图层的基础上新建一个图层且不影响原来的图层。
>
> 盖印图层还可以灵活选择，如果只想把单独的几个效果盖印，只需把其他图层隐藏即可。

（2）激活"效果"图层，执行【图像】→【调整】→【曲线】等调整命令，调整效果图最终的色彩和色调效果，如图 5-19 所示。

（3）选择【模糊工具】，对部分画面投影进行模糊处理；选择【减淡/加深工具】，对部分画面投影及植物茂密区域进行处理，效果图最终效果如图 5-20 所示。

图 5-19　调整图片【曲线】效果　　　　图 5-20　调整【模糊工具】和【减淡/加深工具】

8. 保存文件

【文件】→【存储为】，将文件保存至相应位置，默认【效果图】*.PSD。

（三）技能点详解

1. 通道

通道是由遮板演变而来的，也可以说通道就是选区。在通道中，以白色代替透明表示要处理的部分（选择区域）；以黑色表示不需处理的部分（非选择区域）。因此，通道与遮罩一样，没有其独立的意义，只有依附于其他图像（或模型）存在时，才能体现其功用。

在 Photoshop 中，每一幅图像由多个颜色通道（如红、绿、蓝通道或青色、品红、黄色、黑色通道）构成，每一个颜色通道分别保存相应颜色的信息。例如，看到的五颜六色的彩色印制品，其实在印刷的过程中仅用了青色、品红、黄色、黑色四种颜色，在印刷前先通过计算机或电子分色机将图像分解成四色，并打印出分色胶片（四张透明的灰度图），再将这几份分色胶片分别着以 C（青色）、M（品红）、Y（黄色）、K（黑色）四种颜色按一定的网屏角度印到一起，就会还原出彩色图像；除此之外，还可以使用 Alpha 通道存储图像的透明区域，主要为 3D、多媒体、视频制作透明背景素材；还可以使用专色通道，为图像添加专色，主要用于在印刷时添加专色印版。

1）通道的种类

（1）颜色通道：图像的颜色模式决定了【颜色通道】的数目。例如，【RGB】模式的图像包含红、绿、蓝三个颜色通道及用于查看和编辑三个颜色通道叠加效果的 RGB 复合通道；【CMYK】模式的图像包含青色、品红、黄色、黑色和一个 CMYK 复合通道；【Lab】模式的图像包含明度、a、b 和一个 Lab 复合通道；位图、灰度图、双色调和索引颜色的图像只有一个颜色通道。各模式颜色通道如图 5-21 所示。

由此看出，每一个通道其实就是一幅图像中的某一种基本颜色的单独通道。也就是说，通道是利用图像的色彩值进行图像的修改，我们可以把通道看作摄影机中的滤光镜。调整通道，可以对图像的颜色进行修改，常可用于偏色图像的矫正。

（2）Alpha 通道：Alpha 通道常用于保存、修改和载入选区。在 Alpha 通道中，白色代表可以被选择的区域，黑色代表非选择区域，灰色代表部分被选择（即羽化）区域。当 Alpha 通道以不同深度的灰阶作为选区载入时，在图像中会呈现不同选择程度类似于蒙版遮罩的效果。

单击【创建新通道】 按钮，可以新建一个【Alpha】通道，此时通道为纯黑色，如图 5-22 所示。可以在【Alpha】通道中填充渐变、绘画等操作，如图 5-23 所示。

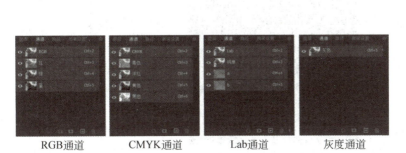

RGB通道　　CMYK通道　　Lab通道　　灰度通道

图 5-21　颜色通道

图 5-22　【Alpha 通道】

激活该【Alpha】通道，并单击面板底部【将通道作为选区载入】按钮，得到选区，如图 5-24 所示。

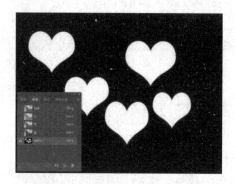

图 5-23 在【Alpha 通道】绘制

图 5-24 将通道作为选区载入

（3）专色通道：专色通道是用来在 CMYK 颜色模式下，存储印刷用特殊油墨颜色信息的通道，如图 5-25 所示。例如金属金银油墨、荧光油墨、防伪专色墨等，用于代替或补充普通的 CMYK 油墨，可以用专色的名称来命名该专色通道，一个图像最多可有 56 个通道。

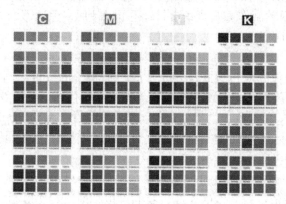

图 5-25 色卡

2）通道控制面板

【通道】面板列出了图像中所有的通道，通过该面板可以对【通道】进行选择、修改、载入等操作，如图 5-26 所示。

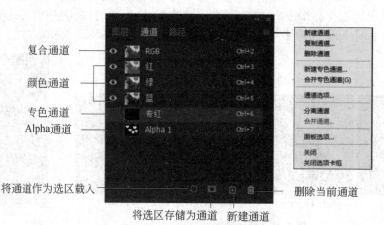

图 5-26 【通道】面板

【复合通道】：预览所有通道叠加在一起的颜色效果。
【颜色通道】：单色通道，记录图像的单色信息。
【专色通道】：用于保存专色油墨印刷的通道，如专金、专银等。
【Alpha 通道】：用于保存选区的通道。
【将通道作为选区载入】：载入所选通道内的颜色信息作为选区。
【将选区存储为通道】：将图像中的选区保存在通道内。
【新建通道】：创建新的 Alpha 通道，其功能与新建图层相似。
【删除当前通道】：删除当前所选的通道，除复合通道外。

（1）创建 Alpha 通道方法如下。

方法一：选择【通道】面板，单击【新建通道】按钮，新建【Alpha 1 通道】。

方法二：单击【通道】面板右上方，在弹出的菜单中选择【新建通道】，新建一个 Alpha 通道。

双击【通道】面板中需要重命名的通道名称，在显示的文本框中输入新的名称，但复合通道和颜色通道不能重命名，如图 5-27 所示。

（2）复制和删除通道：在【通道】面板中选择要复制的通道，拖曳到面板中的【新建通道】按钮上，即可复制该通道。

在【通道】面板中选择要删除的通道，拖曳到面板中的【删除当前通道】按钮上，即可删除该通道。

（3）创建专色通道：专色是特殊的预混油墨，如金银、荧光油墨等，它们用于代替或补充普通的印刷色（CMYK）油墨。专色通道用于存储印刷用的专色版，也就是说专色通道需要在【CMYK】模式下才有一定的意义。通常情况下，专色通道都是以专色的名称来命名的。

单击【通道】面板右上方，执行【新建专色通道】，弹出对话框如图 5-28 所示。

图 5-27 重命名【通道】

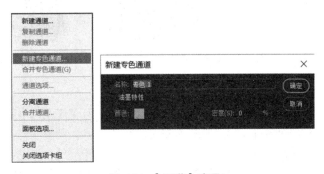

图 5-28 【通道】选项

单击【颜色】右边的色块，在弹出【拾色器（专色）】对话框中，选择【颜色库】，如图 5-29 所示，设置专色通道的颜色如图 5-30 所示，这个颜色应与印刷时的专色的颜色配比相同。设置专色通道后，可以在专色通道上输入颜色信息，这个颜色信息在导出后会变成供印刷使用的专色印刷色版。

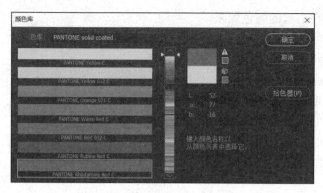

图 5-29 【专色通道】颜色库

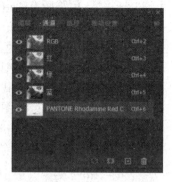

图 5-30 【专色通道】

（4）分离与合并通道：在【通道】面板菜单中执行【分离通道】命令，可以把一幅图像的每个通道拆分成一个独立的灰度图像，灰度图像数量的多少与原图像的色彩模式有直接关系。如【RGB】色彩模式图像可以分离出 3 幅灰度图像，而【CMYK】色彩模式图像则可以分离出 4 幅灰度图像。如图 5-31 所示。

【合并通道】是【分离通道】的逆向操作，执行该命令可将分离后的单独图像合并成一个图像。单击【通道】面板中【合并通道】命令，选择合并的【颜色模式】，如图 5-32 所示。如果在【合并 RGB 通道】对话框中改变通道所对应的图像，则合并成图像的颜色也将有所不同。

图 5-31 【分离通道】

图 5-32 【合并通道】控制面板

2. 画笔工具组

【画笔工具组】包括【画笔工具】【铅笔工具】【颜色替换工具】【混合器画笔工具】，如图 5-33 所示。

1）画笔工具

【画笔工具】是绘制图像时使用最多的工具。利用【画笔工具】可以在图像上绘制丰富多彩的艺术作品。在工具箱中选取【画笔工具】，出现如图 5-34 所示的【画笔工具】选项栏。各选项的作用如下。

图 5-33 【画笔工具组】

图 5-34 【画笔工具】选项栏

【画笔预设】：单击按钮，会弹出【画笔预设选择器】，选择合适的画笔【角度/圆度】【大小】【硬度】【笔尖样式】，如图 5-35 所示。

项目五 效果图制作

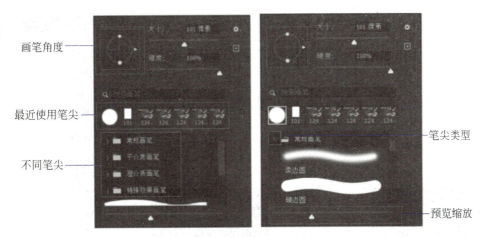

图 5-35 【画笔设置】调板

> **注意：**
>
> 很多画笔工作模式工具的属性栏中都有【画笔预设】选取器，在选择器中有多种可供选择的画笔笔尖类型。我们可以通过载入，将 Photoshop 中隐藏的画笔放出来。还可以从网上下载，并通过【预设管理器】载入 Photoshop 中。除此之外，还可以将图案定义为画笔。如图 5-36 和图 5-37 所示。

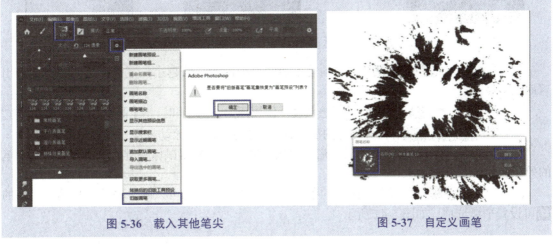

图 5-36 载入其他笔尖　　　　　　　　　图 5-37 自定义画笔

【画笔设置】：单击按钮或按【F5】快捷键，可以调出【画笔面板】，面板中包括【画笔设置】和【画笔】两个模块，如图 5-38 所示。

> **注意：**
>
> 【画笔设置】面板不只是针对【画笔工具】的设置，而是针对大部分以画笔模式进行工作的工具，如【画笔工具】【铅笔工具】【混合器画笔工具】【图章工具组】【橡皮擦工具】【历史画笔工具组】【涂抹工具组】等。
>
> 可以通过【窗口】→【画笔设置】命令，或按【F5】快捷键，或选项栏的【切换画笔设置】这三种方法调出【画笔设置】面板。

【模式】：设置画笔与背景融合的方式，包括【正常】【变暗】等模式，如图 5-39 所示。

111

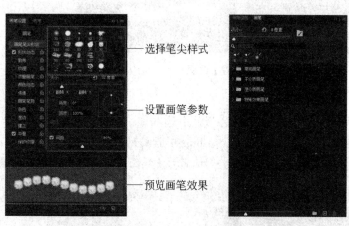

图 5-38 【画笔设置】/【画笔】面板　　　　　图 5-39　画笔模式

【不透明度】 不透明度: 100% ：决定画笔不透明度的深浅，值越小，笔触越透明，越能透出后面的图像。

【不透明度压力】 ：始终对"不透明度"使用压力，在关闭时，由【画笔预设】控制压力。

【流量】 流量: 38% ：设置画笔的流动速度，数值越小，流动越慢，笔触越淡。

【喷枪样式】 ：单击该按钮后，启用喷枪功能，可以根据鼠标左键的单击方式确定画笔的效果，如图 5-40 所示。

【平滑】 平滑: 0% ：可设置画笔的平滑度，数值越高，越可以减少画笔的抖动。后面的 可设置平滑选项，如图 5-41 所示。

  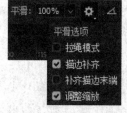

(a) 按住鼠标左键3秒左右的效果　　(b) 按住鼠标左键1秒左右的效果

图 5-40 【喷枪样式】画笔效果　　　　　图 5-41 【平滑】设置

【画笔角度】 52° ：可以设置画笔的角度，产生不同的画笔效果。

【大小压力】 ：始终对"大小"使用压力，在关闭时由【画笔预设】控制压力。

【对称选项】：可设置绘画的对称选项。下拉列表中有【垂直】【水平】等10个对称选项，不同的选项有不同的效果，如图5-42所示。

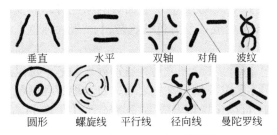

图5-42 【对称选项】画笔效果

2）铅笔工具

【铅笔工具】通常用于绘制棱角分明，无边缘发散效果的线条，通过其绘制出来的笔触类似于生活中用铅笔所绘制的效果。【铅笔工具】的工具选项栏如图5-43所示。大部分选项与【画笔工具】相同，其中【自动抹除】选项的作用如下。

图5-43 【铅笔工具】选项栏

【自动抹除】：勾选此选项后，第一次绘制，画笔为前景色；第二次在同样的地方绘制，画笔则变为背景色，这样多次绘制，会出现两个颜色交替的效果，如图5-44所示。

3）颜色替换工具

【颜色替换工具】可以用选取的前景色来改变目标颜色，从而快速地完成整幅图像或者图像上的某个选区中的色相、颜色、饱和度和明度的改变。效果如图5-45所示。

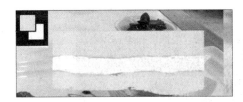  

图5-44 勾选【自动抹除】　　　　　图5-45 颜色替换效果

4）混合器画笔工具

【混合器画笔工具】可以让画笔的颜色跟画布的颜色混合在一起，模拟油彩的晕染效果。此工具选项栏如图5-46所示。其选项作用如下。

图5-46 混合器画笔工具选项栏

【颜色设置】■：单击色块，会弹出【拾色器】窗口，可设置混合器画笔颜色。单击右侧的小三角，会弹出列表。有【载入画笔】【清理画笔】及【只载入纯色】三个选项。其中，【载入画笔】可自动载入前景色，通过改变前景色面板的颜色可以改变画笔的颜色；【清理画笔】可以清理画笔的颜色，使画笔变成一个无色的状态；【只载入纯色】只可以吸取纯色，而不是图案。

【每次描边后载入画笔】：在绘画之后，自动载入画笔，可以进行新的绘制。
【每次描边后清理画笔】：在使用画笔之后，自动地清理画笔，使画笔变为无色。
【自定】：可以设置预设效果，列表分为【干燥】【湿润】【潮湿】【非常潮湿】四大类。
【载入】：设置画笔蘸取的墨汁多少。
【混合】：设置描边颜色的混合比。混合值越小，颜色越偏向于前景色，混合值越大，颜色越偏向于画布中的颜色。

3. 修复工具组

【修复工具组】中包含【污点修复画笔工具】【修复画笔工具】【修补工具】【内容感知移动工具】【红眼工具】五种，如图 5-47 所示。这几种工具的用法类似，都是用来修复图像上的瑕疵、褶皱或者破损等，不同的是前三种修补工具主要是针对区域像素而言，都具有内容感知功能；【红眼工具】则主要针对照片中常见的红眼而设。

图 5-47 【修复工具组】

1）污点修复画笔工具

【污点修复画笔工具】比较适合用来修复图片中小的污点或杂斑。选择【污点修复画笔工具】后，只需要在修复的图像区域单击或拖动鼠标涂抹即可进行修复，效果如图 5-48 所示。

图 5-48 【污点修复画笔工具】效果对比

【污点修复画笔工具】选项栏如图 5-49 所示，具体选项作用如下。

图 5-49 【污点修复画笔工具】选项栏

【画笔选项】：可以设置画笔的【大小】及【硬度】。单击按钮，会弹出下拉列表，如图 5-50 所示。

【模式】：用来设置修复图像时使用的混合模式。

【类型】：可设置源取样类型。其中，【内容识别】可通过内容识别填充修复;【创建纹理】可通过纹理修复;【近似匹配】可通过近似匹配修复。

【对所有图层取样】 对所有图层取样 :选择此选项,可从所有可见图层中进行取样;取消选择,则只从当前图层中取样。

【设置画笔角度】 0° :可设置画笔在绘制过程中的角度。

2)修复画笔工具

【修复画笔工具】 该工具修复图像的原理是通过复制指定图像区域中的肌理、光线等,然后将它与修复目标区域像素的肌理、光线等融合,使图像中修复的像素与临近的像素过渡自然,合为一体。修复后的图像效果对比如图5-51所示。

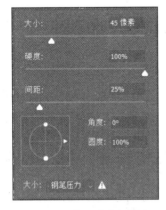

图5-50 【画笔选取器】

图5-51 修复效果对比

【修复画笔工具】的选项栏如图5-52所示。部分选项与【污点修复画笔工具】相同,不同部分的选项作用如下。

图5-52 【修复画笔工具】选项栏

【仿制源】 :该选项可以切换出【仿制源】面板,如图5-53所示。

【源】 源: 取样 图案 :设置修复区域的源。可选择【取样】【图案】两个方式。选择【取样】后,可按住【Alt】键并单击鼠标左键,获取修复目标的取样点;选择【图案】后,可以在【图案】列表中选择一种图案来修复目标。

【对齐】 对齐 :勾选该复选框后,只能对每个修复区域与源使用相同的位移。

【样本】 样本: 当前图层 :选取图像的源目标点。包括【当前图层】【当前和下方图层】【所有图层】三种选择。

3)修补工具

【修补工具】 可以利用画面中的部分内容作为样本,修复所选图像区域中不理想的部分。通常用来除去画面中较大范围的瑕疵。

图5-53 【仿制源】面板

具体操作方法:先在需要修复的区域用鼠标框选一个区域,然后将光标放在选区上,用鼠标拖动至取样图像区域上,实现修复图像需求,修复效果如图5-54所示。

115

图 5-54 【修补工具】使用

【修补工具】的选项栏如图 5-55 所示。由于该工具的操作是在选区的基础上进行的，所以选项栏中有一些关于选区的操作选项。

图 5-55 【修补工具】选项栏

4）内容感知移动工具

【内容感知移动工具】 首先用鼠标框选区域，然后移动选区中的对象，被移动的对象将会自动将影像与四周的影像融合在一块，并对原始的区域进行智能填充。在需要改变画面中某一对象的位置时，可以尝试使用该工具。

在工具选项栏中，选择【移动】模式，效果如图 5-56 所示；选择【扩展】模式，效果如图 5-57 所示。

图 5-56 【移动】效果

5）红眼工具

【红眼工具】 可以在保留原有的明暗关系和质感的同时，使图像中人或动物的红眼变成正常颜色。此工具也可以改变图像中任意位置的红色像素，使其变为黑色调。设置好选项栏选项后，直接在图像中红眼部分单击鼠标即可，效果如图 5-58 所示。

图 5-57 【扩展】效果　　　　　　　　图 5-58 【红眼工具】效果

4. 图章工具组

【图章工具组】由【仿制图章工具】和【图案图章工具】组成，如图 5-59 所示。

项目五 效果图制作

1）仿制图章工具

【仿制图章工具】用于图像中对象的复制，可以十分轻松地复制整个图像或图像的一部分。使用【仿制图章工具】的方法与使用【修复画笔工具】的方法相同，使用时需要先按住【Alt】键取样，然后在目标位置按住鼠标绘制即可，效果如图5-60所示。

图5-59 【图章工具组】　　　　　　　图5-60 【仿制图章工具】效果对比

【仿制图章工具】的选项栏如图5-61所示，选项作用与【修复工具组】相同。

图5-61 【仿制图章工具】选项栏

2）图案图章工具

【图案图章工具】可以将预设的图案或自定义的图案，复制到图像或指定的区域中。单击【图案图章工具】后，在工具属性栏中选择一个图案，然后在画面中拖动鼠标即可绘制，效果如图5-62所示（图中将衣服上色的两个图层样式设置为【正片叠底】）。

【图案图章工具】选项栏如图5-63所示。该工具选项栏比【仿制图章工具】选项栏多了一个【印象派效果】的复选框，如果勾选了该复选框，则仿制后的图案以印象派绘画的效果显示。

图5-62 【图案图章工具】效果

5. 橡皮擦工具组

【橡皮擦工具组】包括【橡皮擦工具】【背景色橡皮擦工具】和【魔术橡皮擦工具】3种，如图5-64所示，它们都可以擦除图像的整体或局部，也可以对图像的某个区域进行擦除。

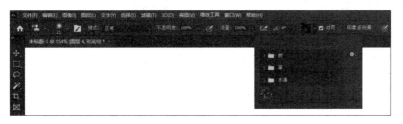

图5-63 【图案图章工具】选项栏　　　　　图5-64 【橡皮擦工具组】

1）橡皮擦工具

使用【橡皮擦工具】擦除像素后，会自动使用背景色来填充。其工具选项栏如图5-65所示，很多复选项与【画笔工具组】相同，不同选项作用如下。

117

图 5-65 【橡皮擦工具】选项栏

【模式】：用来设置橡皮擦的擦除方式，下拉列表中有【画笔】【铅笔】和【块】三个选项，选择不同的选项可调出不同的笔头，图 5-66 为使用不同笔头模式擦除图像的效果。

图 5-66 不同笔头模式的效果对比

【抹到历史记录】：勾选复选框后，用橡皮擦除图像的步骤能被保存到【历史记录】调板中，若擦除操作有误，可以从【历史记录】调板中恢复原来的状态。

2）背景橡皮擦工具

使用【背景橡皮擦工具】可以直接擦除指定颜色的图像像素，产生镂空效果；在背景图层使用此工具，会把【背景图层】转化为【普通图层】，并呈现擦除像素效果。

该工具选项栏如 5-67 所示，大部分选项与【画笔工具组】相同，不同部分选项作用如下。

图 5-67 【背景橡皮擦工具】选项栏

【取样】：【连续】选项会在拖曳光标时连续对颜色进行取样，光标中心十字线以内的图像都将被擦除；【一次】选项只擦除包含第一次单击处颜色的图像；【背景色板】选项只擦除包含背景色的图像。

【限制】：下拉列表包括【连续】【不连续】【查找边缘】，可限制【背景橡皮擦工具】擦除的范围。

【容差】：可设置擦除的范围。容差值越大，擦除的颜色范围越宽；容差值越小，擦除的颜色范围越小。

【保护前景色】：勾选此复选框后，在擦除时，前景色面板中的颜色会被保护起来，无论怎么擦除，都不会擦掉前景色。

使用【背景橡皮擦工具】擦除图像的效果如图 5-68 所示。

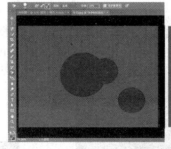

图 5-68 【背景橡皮擦工具】效果

3）魔术橡皮擦工具

【魔术橡皮擦工具】的功能相比其他两个擦除工具更加智能化，可以轻松地擦除与取样颜色相近的所有颜色，一般用来快速去除图像的背景，擦除后的区域将变为透明。【魔术橡皮擦工具】使用方法简单，只需在画布中选择想要删除的颜色，单击该颜色就会被删除，其功能相当于是【魔棒选择工具】与【背景色橡皮擦工具】的合并。

该工具选项栏如图 5-69 所示，选项基本与【画笔工具组】相同，使用【魔术橡皮擦工具】的效果如图 5-70 所示。

图 5-69 【魔术橡皮擦工具】选项栏

图 5-70 【魔术橡皮擦工具】效果

6. 模糊工具组

【模糊工具组】包括【模糊工具】【锐化工具】和【涂抹工具】，如图 5-71 所示。这几种工具主要用于对图像局部细节进行修饰，操作方法简单，直接按住鼠标左键在图像上拖动即可。

1）模糊工具

选择【模糊工具】，在图像中拖动鼠标，光标经过的区域就会产生模糊效果。效果如图 5-72 所示。

图 5-71 【模糊工具组】

图 5-72 【模糊工具】效果

其工具选项栏如图 5-73 所示。大部分选项与【画笔工具组】相同，其中【强度】选项用于设置对图像的模糊程度，取值越大，模糊效果越明显。

图 5-73 【模糊工具】选项栏

2）锐化工具

选择【锐化工具】，在图像中拖动鼠标，鼠标经过的区域会产生清晰的图像效果。使用【锐化工具】处理图像的效果如图 5-74 所示。该工具选项栏如图 5-75 所示，与【模糊工具】基本相似。

图 5-74 【锐化工具】效果

图 5-75 【锐化工具】选项栏

3）涂抹工具

使用【涂抹工具】 涂抹图像时，可以模拟出用手指在画纸上涂抹的柔和、模糊的效果，会将画面上的色彩融合在一起，产生特殊的效果。使用【涂抹工具】处理图像的效果如图 5-76 所示。

图 5-76 【涂抹工具】效果

该工具选项栏如图 5-77 所示，与之前两个工具不同的是多了一个【手指绘画】的复选框。勾选此项，当用鼠标涂抹时是用前景色与图像中的颜色相融，可以产生涂抹后的笔触；不勾选此项，则涂抹过程中使用的颜色来自每次单击的开始之处。

图 5-77 【涂抹工具】选项栏

7. 减淡工具组

【减淡工具组】包括【减淡工具】【加深工具】和【海绵工具】。这三种工具会改变图像的色调。

1）减淡工具

使用【减淡工具】 可以使图像中某区域内的像素变亮，但是色彩饱和度降低。使用【减淡工具】只需用鼠标光标在需要减淡的区域进行涂抹即可，效果如图 5-78（b）所示。

(a) 原图　　　　　　　　(b) 减淡　　　　　　　　(c) 加深

图 5-78 【减淡工具】/【加深工具】效果

其工具选项栏如图 5-79 所示，部分选项作用如下。

图 5-79 【减淡工具】选项栏

【范围】 ：在此选项的下拉列表中可设置要修改的色调范围。【阴影】只修改图像暗部区域的像素；【中间调】只修改图像中灰色的中间调区域的像素；【高光】只修改图像亮部区域的像素。

【曝光度】 ：此值越高，工具的作用效果越明显。

2）加深工具

【加深工具】 效果正好与【减淡工具】效果相反，【加深工具】可以使图像或者图像中某区域内的像素变暗，但是色彩饱和度提高，效果如图 5-78（c）所示。其工具选项栏与【减淡工具】相同。

3）海绵工具

使用【海绵工具】可以精确地提高或者降低图像中某个区域的色彩饱和度。其工具选项栏如图 5-80 所示，部分不同选项作用如下。

图 5-80 【海绵工具】选项栏

【模式】 ：用于对图像【加色】或【去色】。图 5-81 所示的分别是图像原图、选择【去色】后的效果、选择【加色】后的效果。

　　　原图　　　　　　　　　　　去色　　　　　　　　　　　加色

图 5-81 【海绵工具】效果

【自然饱和度】 ：选择该复选框时，可以对饱和度不够的图像进行处理，调整出非常优雅的灰色调。

【应用案例】水彩人像特效制作

作为一名设计师，为自己设计制作一幅水彩人物特效照片，如图 5-82 所示。

技术点睛：
- 使用【图层蒙版】对图片进行设计。
- 使用【颜色调整】对图片进行调整。

图 5-82　效果图

【课后实训任务】设计制作乡村场景效果图

作为一名设计师，请使用已经学过的技能，为美丽乡村设计一张门户景观提升场景效果图，效果可参考图 5-83 所示。尺寸自定，分辨率和颜色根据使用目标自定。

图 5-83　学生作品

项目六

 广告创意设计

知识目标

- 掌握 Photoshop 设计软件的基础操作，包括图层混合模式、图层样式等知识；
- 掌握广告创意设计工作的相关专业知识和典型工作任务；
- 了解相关的美学、艺术、设计、文化、科学等知识。

能力目标

- 培养色彩和图文搭配、创意思路沟通的能力；
- 培养自主收集、处理和运用知识的能力，并能举一反三；
- 培养创新和实践的能力，适应后续教育和转岗需求的能力。

素质目标

- 具有社会责任感和使命感、职业认同感和自豪感、工作获得感和荣誉感；
- 遵守设计行业道德准则和行为规范、诚实守信、求真务实；
- 具有绿色环保的设计意识、知识产权的法律意识、为他人办实事的服务意识。

（一）项目概况

1. 基本介绍

创意是神秘的。古往今来，学者们对创意的认识不同，给出的定义也各不相同。建筑学者库地奇认为："创意是一种挣扎，寻求并解放我们的内在"。赖声川先生说："创意是看到新的可能，再将这些可能性组合成作品的过程。"这些定义都说明了创意包含两个主要的面向："构想"面向与"执行"面向，"寻找"与"解放"在更深的层面说明以上两种面向的创意工作。

在我国，"创意"的概念源于英文形容词"Creative"的翻译，原意为"有创造力的、创造性的、产生的、引起的"等，其名词"Creativity"可以翻译为"创造力"或"创意"。毋庸置疑，创意是人类的一种思维活动，是创新的意识与思想。就是我们平常所说的"点子""主意""想法"等。

广告创意是指通过独特的技术手法或巧妙想法，更突出体现产品特性和品牌内涵，并以此促进商品销售。广告创意包括垂直思考和水平思考。垂直思考用眼，想到的是和事物直接相关的物理特性。优秀的广告创意瞬间冲击消费者的感官，并引起强烈的情绪性反应；而拙劣的创意只会让消费者反感，导致消费者对商品的美感度下降。因此，广告创意简单来说就是通过大胆、新奇的手法制造与众不同的视听效果，最大限度地吸引消费者，从而达到传播与营销的目的。

简而言之，创意设计就是由创意与设计两部分构成，是将富于创造性的思想、理念以设计的方式予以延伸、呈现与诠释的过程或结果。设计师必须先明理念，再制定设计创意，这样才能产生绝妙的设计，最终设计作品才会具备特殊的气质形态，并且可以给不同视觉受众群体不同的美好联想，这是创意设计要求达到的目标和与普通设计的区别。在令人眼花缭乱的广告中，要想迅速吸引人们的视线，在广告创意设计时就必须把提升视觉张力放在首位。

照片是广告中常用的视觉内容。据统计，在美国、欧洲、日本等经济发达国家，平面视觉广告中 95% 是采用摄影手段。在很多世界性平面广告获奖作品中，大部分都将摄影艺术与计算机后期制作充分结合，拓展了广告创意的视野与表现手法，产生了强烈的视觉冲击力，给观众留下了深刻的印象。

2. 设计要点

照片要素——摄影艺术照片。（风景照、静物照、肖像照、风俗照等）
文字要素——用于说明广告要素，更好地体现广告文字内容。
其他相关要素——色彩、编排、风格等。

3. 制作规范

按广告媒介设定作品制作规范，如果广告在液晶屏幕上播放，那么颜色模式为 RGB，分辨率为 72ppi，大小根据实际要求设定；如果广告是印刷类产品，那么颜色模式为 CMYK，分辨率为 300dpi，大小根据实际印刷尺寸设定（需要设置出血线）。

4. 工作思路

广告创意设计项目是平面设计工作中相对复杂的一项任务，首先我们要掌握这项工作的概况、设计要素、制作规范及要求等，然后开始以下工作。

（1）明确客户的具体要求：如商品摄影照片；对主题、颜色、创意等需求；风格偏好等。

（2）进行创作：初学者可能把握不好创意，建议可以参考网络或书上优秀的设计作品，结合实际情况完成创意设计与排版方案，并使用计算机设计软件制作正稿。

（3）最后修正：正稿确定后，如果后期需要印刷，还需完成印前修正才能交付印刷。

（二）工作任务分解

作为一名设计师，为某企业的玻璃瓶产品制作一幅创意广告设计（网络传播图），以图 6-1 所示方案为例，具体工作步骤如下。

1. 新建文档

（1）启动 Photoshop 软件。

（2）单击【新建】按钮，弹出【新建文档】对话框，在【预设详细信息】栏中输入"瓶中世界"，【宽度】为"1024"像素，【高度】为"768"像素，【颜色模式】为"RGB"，【分辨率】为"72"ppi，如图 6-2 所示，创建新文档。

2. 制作瓶中世界效果

（1）使用【Ctrl+O】组合键，打开素材文件

图 6-1　广告创意设计示例

项目六 广告创意设计

"沙滩";使用【移动工具】,把"沙滩"素材图片拖动到"瓶中世界"文档中,并置于顶端,如图 6-3 所示。

图 6-2　新建文档　　　　　　　　　　　图 6-3　素材置入

（2）使用【Ctrl+O】组合键,打开素材文件"建筑";使用【移动工具】,把"建筑"素材图片拖动到"瓶中世界"文档中;在【图层】面板中【设置图层混合模式】为【颜色加深】;使用【Ctrl+T】组合键,调整"建筑"素材到合适位置,如图 6-4 所示。

图 6-4　设置【图层混合模式】为【颜色加深】

（3）使用【磁性套索工具】,在"沙滩"图层选择瓶子边缘;并使用【Ctrl+J】组合键,复制"瓶子"（后面作【剪贴蒙版】的基底层）,如图 6-5 所示。

图 6-5　使用【套索工具】效果

（4）在"建筑"图层右击,并执行【创建剪贴蒙版】命令,将"建筑"素材置于"瓶"中,效果如图 6-6 和图 6-7 所示。

（5）激活"建筑"图层,单击【图层】面板下方的【添加图层蒙版】按钮,创建蒙版,如图 6-8 所示;设置前景色为【黑色】,使用【画笔工具】调整"建筑"素材的边缘,使图片融合得更好,如图 6-9 所示。

125

图 6-6 创建剪贴蒙版

图 6-7 剪贴蒙版效果

图 6-8 创建图层蒙版

图 6-9 使用【画笔工具】调整"建筑"融合效果

3. 制作月球效果

（1）使用【Ctrl+O】组合键，打开素材文件"月球"；使用【移动工具】，把"月球"素材图片拖动到"瓶中世界"文档中；在【图层】面板中【设置图层混合模式】为【叠加】；然后使用【Ctrl+T】组合键，调整"月球"素材到合适位置，如图 6-10 所示。

图 6-10 "月球"【叠加】效果

（2）激活"月球"图层，单击【图层】面板下方的【添加图层蒙版】 按钮，创建蒙版；设置前景色为【黑色】，使用【画笔工具】调整"月球"素材的边缘，使图片融合得更好，如图 6-11 所示。

图 6-11 "月球"图层蒙版效果

4. 制作海星效果

（1）使用【Ctrl+O】组合键，打开素材文件"海星"；使用【移动工具】，把"海星"素材图片拖动到"瓶中世界"文档中；在【图层】面板中【设置图层混合模式】为【正片叠底】；使用【Ctrl+T】组合键，右击，选择【水平反转】，如图 6-12 所示；调整"海星"素材到合适位置，如图 6-13 所示。

图 6-12 正片叠底效果

图 6-13 【水平反转】"海星"位置

（2）激活"海星"图层，单击【图层】面板下方的【添加图层蒙版】按钮，创建蒙版；设置前景色为【黑色】，使用【画笔工具】调整"海星"素材的边缘，使图片融合得更好，如图 6-14 所示。

（3）执行下拉菜单栏中【图像】→【调整】→【亮度对/比度】命令，调整"海星"图层色调，如图 6-15 所示。

图 6-14 "海星"图层蒙版效果

图 6-15 调整"海星"图层的【亮度\对比度】

5. 制作瓶子倒影和阴影

（1）关闭"海星""月球"等 4 个图层的【图层可见性】，如图 6-16 所示；使用【Ctrl+

Shift+Alt+E】组合键，盖章可见图层（出现瓶子和建筑融合的新图层），如图 6-17 所示。

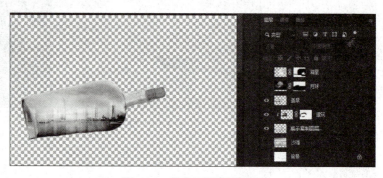

图 6-16　关闭【图层可见性】　　　　　图 6-17　盖章可见图层效果

（2）打开所有图层的【图层可见性】按钮；使用【Ctrl+T】组合键，右击选择【扭曲】命令，如图 6-18 所示，变换"盖章"图层为投影效果，如图 6-19 所示。

图 6-18　【扭曲】盖章图层　　　　　图 6-19　【扭曲】效果

（3）设置"盖章"图层的【图层混合模式】为【减去】，并调整图层的【不透明度】为 20%，如图 6-20 所示。

图 6-20　【减去】效果

（4）执行菜单栏中的【滤镜】→【模糊】→【高斯模糊】命令，如图 6-21 所示；执行菜单栏中的【图像】→【调整】→【色相/饱和度】命令，调整投影效果，如图 6-22 所示。

注意：

如果觉得投影渐变效果不是很好，还可以使用【渐变工具】【加深/减淡工具】等适当调整投影图层效果。

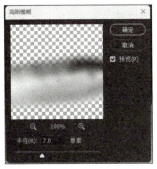

图 6-21 【高斯模糊】　　　　　　　　　图 6-22　投影效果

6. 制作文字效果

（1）使用【横排文字工具】，输入"瓶中世界"文字；在属性栏中选择【字体】为大黑，【字体大小】为70点。

（2）执行【窗口】→【样式】命令，弹出【样式】面板；在面板中选择【自然】→【海洋】样式，如图6-23所示。这时【图层】面板中，【文字图层】的下方显示"海洋"样式的具体效果设置，如图6-24所示。

图 6-23　文字样式效果　　　　　　　　　图 6-24　"海洋"样式设置

> **注意：**
>
> 如果对自动设置的样式效果不满意，可以双击【斜面和浮雕】【内阴影】等任何一个"混合选项"，然后在弹出的【图层样式】窗口中调整设置，如图6-25所示。例如，想调整"样式颜色"，可以鼠标左键双击【颜色叠加】，在弹出【图层样式】对话框中，【设置叠加颜色】为"海蓝色"，改变"样式"原来的颜色，效果如图6-26所示。

图 6-25　【图层样式】对话框　　　　　　图 6-26　"颜色"改变前后对比

7. 图文排版和最终效果调整

（1）置入其他图片素材，并输入广告词或企业介绍等文字；使用【移动工具】等命令，调整图片、文字的大小和位置，完成图文排版设计，参考效果如图 6-27 所示。

图 6-27 排版效果

图 6-28 混合选项

（2）激活"样品"图层，右击，在弹出的列表中执行【混合选项】命令，如图 6-28 所示；在【图层样式】中勾选【描边】，并设置【大小】为"2 像素"，【颜色】为【C：0，M：0，Y：0，K：30】，如图 6-29 所示，完成图片描边效果。在"样品"图层下，显示"混合选项"设置，如图 6-30 所示。

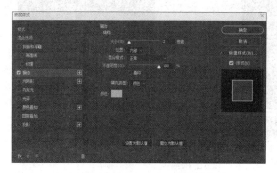

图 6-29 【图层样式】描边效果

图 6-30 图层【混合选项】

8. 保存文件

（1）选择菜单栏中【文件】→【存储为】,将文件保存至相应位置,默认【保存类型】*.PSD。
（2）选择菜单栏中【文件】→【导出】→【导出为】,选择【格式】为【JPG】,单击【导出】。

（三）技能点详解

1. 图层混合模式

图层混合模式是指选中的当前图层的像素和下方图像像素之间的颜色混合方式。它可以使多张图像进行融合、使画面同时产生不同的图像效果，还可以改变画面的色调以及制作特效等。不同的混合模式作用于不同的图层，能使画面产生千变万化的效果。

调整图层的混合模式需要在【图层】面板中进行,首先选中图层,然后单击下拉按钮,在【混合模式】列表中选择需要的模式，效果如图 6-31 所示。

从下拉列表中可以看到【混合模式】被分为 6 组：【组合模式】【加深混合模式】【减淡混

合模式】【对比混合模式】【比较混合模式】【色彩混合模式】，如图6-32所示。

图6-31　使用【滤色】混合模式后效果　　　　　图6-32　六组混合模式

> **注意：**
> 　　要使用混合模式，并使其产生效果，文档中必须存在两个或两个以上的图层。锁定的背景图层及其他锁定的图层都无法使用混合模式。

1）组合模式

【组合模式】中有两种模式，分别为【正常】和【溶解】。默认情况下，新建或置入图层的混合模式均为【正常】，通常需要配合使用不透明度和填充才能产生一定的混合效果，如图6-33所示为【透明度】在100%和60%的情况下，设置【溶解】混合模式的效果。当【不透明度】为100%时，完全遮挡下方图层。

(a) 不透明度100%　　　　　　(b) 不透明度60%

图6-33　溶解混合模式效果

2）加深混合模式

【加深混合模式】中有五种混合模式，分别为【变暗】【正片叠底】【颜色加深】【线性加深】和【深色】。这些混合模式都可以"去亮"，即把上图层与下图层混合后，消除亮部只留下暗部，使图像产生变暗效果，如图6-34所示。

3）减淡混合模式

【减淡混合模式】中包含5种混合模式，分别为【变亮】【滤色】【颜色减淡】【线性减淡（添加）】和【浅色】。这些混合模式都可以"去暗"，即把上图层与下图层混合后，消除暗部只留下亮部，使图像产生变亮效果，如图6-35所示。

> **注意：**
> 　　【加深混合模式】和【减淡混合模式】为一对相反的操作，可以对比学习。

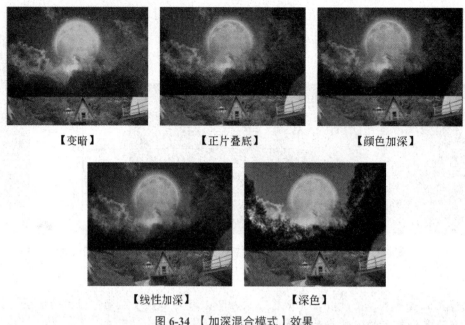

【变暗】　　　　　　【正片叠底】　　　　　　【颜色加深】

【线性加深】　　　　　　【深色】

图 6-34　【加深混合模式】效果

【变亮】　　　　　　【滤色】　　　　　　【颜色减淡】

【颜色减淡（添加）】　　　　　　【浅色】

图 6-35　【减淡混合模式】效果

4）对比混合模式

【对比混合模式】中包含 7 种混合模式，分别为【叠加】【柔光】【强光】【亮光】【线性光】【点光】【实色混合】。这些混合模式可以让图像中 50% 的灰色完全消失，亮于 50% 的灰色像素可以使下层图像更亮，而亮度值低于 50% 的灰色像素会使下层图像变暗，以此来增加图像的明暗对比差异，效果如图 6-36 所示。

5）比较混合模式

【比较混合模式】中包含 4 种混合模式，分别为【差值】【排除】【减去】【划分】。这些混合模式可以将当前图像与下层图像进行比较，相同的颜色区域显示为黑色，不同的颜色区域显示为灰色或彩色,效果如图 6-37 所示。

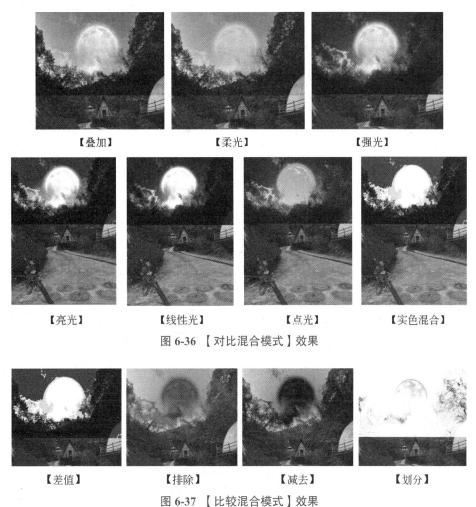

图 6-36 【对比混合模式】效果

图 6-37 【比较混合模式】效果

6)色彩混合模式

【色彩混合模式】中包含了 4 种混合模式,分别为【色相】【饱和度】【颜色】【明度】。其中色相、饱和度和明度是色彩的三要素,当使用这些混合模式时,会只取上方图层的模式值和下方图层混合,其他数值不受影响,效果如图 6-38 所示。

图 6-38 【色彩混合模式】效果

2. 图层样式

图层样式是一种快速应用在图层上的图层效果,如发光、投影、描边、浮雕等效果。还可以表现一些有纹理、有质感的东西，如水晶质感的按钮、立体的金属艺术字等效果。图层样式的灵活性很强，效果具有【可视性】图标，可以随时修改、隐藏或删除。

> **注意：**
> 　　图层样式的设置是针对图层上所有内容的，如果只想针对图层的某一部分进行操作，可以新建一个图层，或者在图层上设置蒙版。

1）添加图层样式

给图层添加图层样式的几种方式。

方式一：选中需要的图层；双击该图层，弹出【图层样式】窗口，选择左侧【混合选项】列表的一种样式，进入相应的效果设置面板；当完成设置后单击【确定】运用效果，如图6-39所示。

方式二：选中需要的图层；在【图层】面板中单击【添加图层样式】 fx 按钮；选择一种样式进入【图层样式】窗口中，或者单击【混合选项】进入【图层样式】窗口，如图6-40所示。

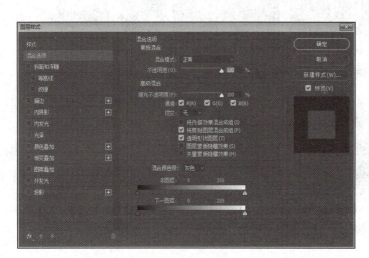

图6-39 【图层样式】窗口　　　　　　　　图6-40 【添加图层样式】下拉菜单

方式三：选中需要添加样式的图层；右击，找到【混合选项】进入【图层样式】窗口。

2）设置图层样式

在【图层样式】窗口中共有【斜面和浮雕】等10种效果，每个样式前都有一个选框，勾选即可，如图6-41所示。我们通过样式名称就可以联想出样式效果，每个样式效果设置过后会保留已调整过的效果参数。

【斜面和浮雕】：该样式可以为图层添加高光与阴影，使图像产生立体的浮雕效果，常用于立体文字效果的制作。设置中包含【结构】和【阴影】两个板块。【结构】中可以设置斜面的【样式】【方法】【深度】【方向】【大小】和【软化】，设置效果如图6-42（a）所示。【阴影】中可以设置【角度】【高度】【光泽等高线】【高光模式】及其【不透明度】【阴影模式】及其【不透明度】，设置效果如图6-42（b）所示。

【等高线】和【纹理】两个操作为【斜面和浮雕】操作的辅助。【等高线】可以通过调整等高线曲线的形状调整斜面高度，如图6-43（a）所示；【纹理】可以为图层增加图案纹理，如图6-43（b）所示。

项目六　广告创意设计

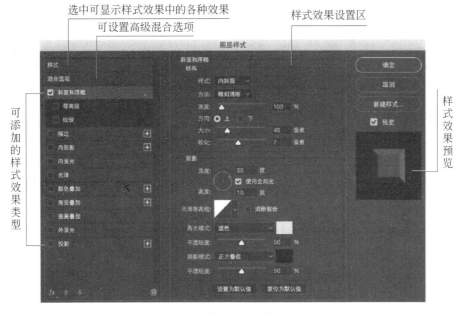

图 6-41　【图层样式】窗口

(a)【结构】调整　　　　　　　　　　(b)【阴影】调整

图 6-42　斜面和浮雕效果

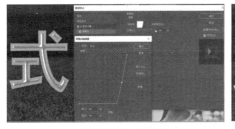 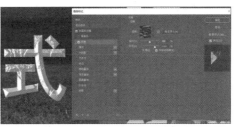

(a) 建筑【等高线】设置　　　　　　　(b) 建筑【纹理】设置

图 6-43　【等高线】和【纹理】效果

【描边】：该样式可以使用颜色、渐变以及图案来描绘图像的轮廓边缘。设置中包括【结构】和【颜色】，效果如图 6-44 所示。

【内阴影】：该样式可以在紧靠图层内容的边缘向内添加阴影，使图层内容产生凹陷效果。设置中包括【结构】和【品质】两个板块，效果如图 6-45 所示。

【内发光】：该样式可以沿图层内容的边

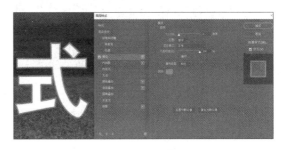

图 6-44　【描边】效果

135

缘向内创建发光效果，使对象出现些许的凸起感。设置中包括【结构】【图素】【品质】3个板块，效果如图6-46所示。

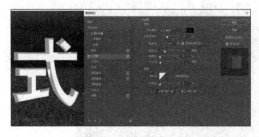

图6-45 【内阴影】效果

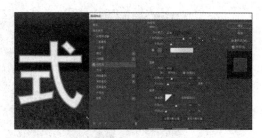

图6-46 【内发光】效果

【光泽】：该样式可以为图像添加光滑的、具有光泽的内部阴影，通常用来制作具有光泽质感的按钮和金属效果。设置中包括【混合模式】【不透明度】【角度】【距离】【大小】【等高线】等内容，效果如图6-47所示。

【颜色叠加】：该样式可以在图像上叠加设置的颜色，并且通过缓和模式的修改调整图像与颜色的混合效果。可以设置叠加色彩的【混合模式】和【不透明度】，效果如图6-48所示。

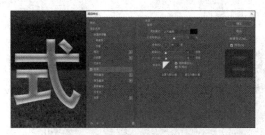

图6-47 【光泽】效果

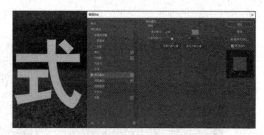

图6-48 【颜色叠加】效果

【渐变叠加】：该样式可以在图层上叠加指定的渐变色，不仅可以制作带有多种颜色的对象，还可以通过渐变颜色设置制作出突起、凹陷等三维效果以及带有反光的质感效果。可以设置渐变色彩的【混合模式】【不透明度】【渐变】【样式】【角度】【缩放】等，效果如图6-49所示。

【图案叠加】：该样式可以在图案上叠加图案，此外与【颜色叠加】和【渐变叠加】相同，也可以通过混合模式的设置使叠加的"图案"与原图案进行混合。可以设置【混合模式】【不透明度】【图案】【缩放】等内容，效果如图6-50所示。

图6-49 【渐变叠加】效果

图6-50 【图案叠加】效果

【外发光】：该样式可以沿图层内容的边缘向外创建发光效果，主要用于制作自发光效果以及人像或者其他对象梦幻般的光晕效果。面板中包括【结构】【图素】【品质】3个板块，效果如图6-51所示。

【投影】：该样式可以为图层模拟出向后的投影效果，增强某部分的层次感以及立体感。面板中包括【结构】和【品质】两个板块，效果如图 6-52 所示。

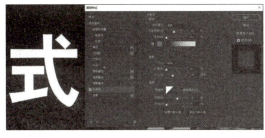

图 6-51【外发光】效果

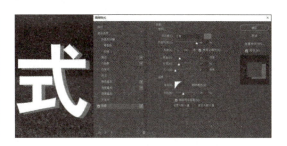

图 6-52 【投影】效果

【应用案例】婚礼海报设计

作为一名设计师，为某婚礼设计制作一张婚礼海报，如图 6-53 所示。

技术点睛：
- 使用【快速选择工具】【选择并遮住】【主体】对人物进行选取。
- 使用【文字工具】对杂志内容进行编辑。
- 了解【添加图层样式】命令，添加阴影效果。

图 6-53 邀请函

【课后实训任务】设计制作平面图

作为一名设计师，请使用已经学过的技能，为"青少年爱国主义教育基地"制作一张平面效果图，效果可参考图 6-54 所示。尺寸根据素材自定，分辨率和颜色根据使用目标自定。

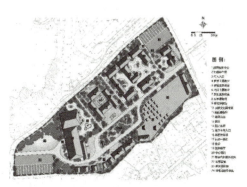

图 6-54 学生作品

项目七

 GIF 动图设计

知识目标

- 掌握 Photoshop 设计软件的基础操作，包括 3D 菜单、时间轴等知识；
- 掌握 GIF 等动图设计工作的相关知识和典型工作任务；
- 了解相关的美学、艺术、设计、文化、科学等知识。

能力目标

- 培养色彩和图文搭配、创意思路沟通的能力；
- 培养自主收集、处理和运用知识的能力，并能举一反三；
- 培养创新和实践的能力，并具备运用所学知识独立完成同类型项目的工作能力。

素质目标

- 树立正确的人生观，培养爱国主义情感和中华民族自豪感；
- 具有社会责任感和使命感、职业认同感和自豪感、工作获得感和荣誉感；
- 具有良好的文化艺术修养和职业素养，培养文化自信和国际视野。

（一）项目概况

1. 基本介绍

动态图片最常见的表现形式是 GIF 格式。GIF（Graphics Interchange Format）的原义是"图像互换格式"。GIF 动图，其实就是将多幅图像保存为一个图像文件，然后通过一帧帧地将多幅图像逐幅读出，从而构成一个最简单的动画。

GIF 动图具有体积小、不挑设备、支持透明背景图像、适用于多种操作系统、能逐帧显示并无限循环图像等特点，可以单独或多个连续播放，像动画元素一样的作品。动态图片不等于视频，但又不是单纯的图片，是综合影像、绘画、图形等元素的多媒体艺术形式，是动态和静态两种状态视觉艺术的全新结合，可以高效地集中用户的注意力，如果添加了动画、动效，还会让 GIF 动图更加吸引人。

制作 GIF 动图的软件有很多，Photoshop 就可以通过时间轴命令制作简单的动图。由于 GIF 图片最高支持 256 种颜色，所以比较适用于色彩较少的图片，比如卡通造型、公司标志等，如果遇到需要用真彩色的场合，那么 GIF 的表现力就有限了。

在快节奏的互联网时代，信息传播辐射广、阅读浅，人们的注意力跨度越来越短。从长图文到轻博客，从视频到短视频和动图，人们获取信息的方式正在经历巨大的改变。人们的审美需求也更加多元化。因此，动态图片的出现获得了大多数人的喜爱，迎合了被信息轰炸

项目七 GIF 动图设计

的人们对碎片化阅读的需求。而且，在很多互联网交流环境中，人们经常通过加入动作表情来强调和表现用文字不足以体现的复杂情感，现代的年轻人都很喜欢使用动图 GIF 表情包。

动态图片在信息的选择和叙事上占据优势，同时可以将文本重新排版分割，一目了然，增强视觉效果。动态图片与传统设计相结合，可以集文字、图片及动态等视觉元素于一体，相辅相成，形成新的形式感。因此，很多网站及终端开始提供大量的 GIF 动图，甚至直接在推文中嵌入大量预制好的 GIF 动图，通过社交媒体、消息应用、聊天平台以及电邮分享，将 GIF 动图变成了人们交谈的必备内容之一。

2. 设计要点

造型的构成：传达视觉效果的图片素材。
文字的构成：传达精神内涵的文字内容。
其他相关：包括色彩（色相、明度、彩度的搭配）、编排（文字、图案的整体排列）等。

3. 制作规范

GIF 动图，没有固定的尺寸大小，可以根据实际需求设定，最大不超过 64K×64K 像素。分辨率为 72ppi，因为 GIF 图片最高支持 256 种颜色，所以颜色模式为索引颜色。同时，由于 GIF 动图需要在网络上传输，呈现在互联网终端，图像的文件量的大小将会明显地影响到下载的速度，因此 GIF 文件大小需要控制。每个平台不同，例如，微信支持最大的是 300K 的 GIF 图片，公众号平台限制动图大小不超过 10M，否则不能呈现动态效果。

4. 工作思路

GIF 动图设计项目是设计工作中相对简单的任务，首先我们要掌握这项工作的概况、设计要素、制作规范及要求等，然后开始以下工作。

（1）明确客户的具体要求：主题画面、主题意义，要放哪些文案和图案，以及对设计风格的偏好等。

（2）进行创作：初学者可能把握不好创意，建议可以参考网络或书上优秀的设计作品，结合实际情况完成设计方案，并使用计算机设计软件制作正稿。

（3）最后修正：正稿确定后，根据传播途径修正尺寸并交付。

（二）工作任务分解

作为一名设计师，为某宣传活动制作一张"漫游月球"的 GIF 动图。以图 7-1 所示方案为例，具体操作步骤如下。

1. 创建文件并置入素材

（1）启动 Adobe Photoshop 软件。
（2）单击【新建】，弹出【新建文档】对话框，在【预设详细信息】中输入"漫游月球",【宽度】为"500"像素,【高度】为"500"像素,【分辨率】为"72"ppi,【颜色模式】为【RGB】,【背景内容】为"黑色"。
（3）打开"素材 1"，使用【移动工具】把素材复制到"漫游月球"文件，如图 7-2 所示。

图 7-1 漫游月球 GIF 动图

2. 制作 3D 月球

（1）关闭【背景】图层的可视性；执行下拉菜单栏中【3D】→【从图层新建网格】→【网络预设】→【球体】命令，如图 7-3（a）所示；在弹出的询问对话框中，单击【是】，如图 7-3（b）所示；软件自动生成了一个 3D 球体，如图 7-3（c）所示。

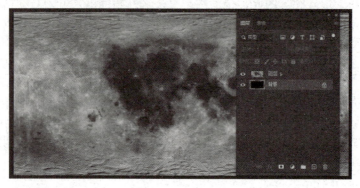

图 7-2　设置图层

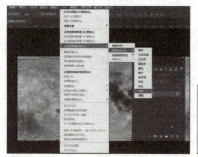  

（a）3D菜单选择　　　　　　　（b）切换到3D工作区　　　　　（c）自动生成3D球体

图 7-3　3D 球体制作

（2）选择【3D】面板（如果没有显示，可执行【窗口】→【3D】命令，显示面板）；单击【球体】；将【属性】面板中的【捕捉阴影】和【投影】关闭，如图 7-4 所示。

（3）选择【3D】面板中的【无限光】；在【属性】面板中，把【强度】调整到"130%"，如图 7-5 所示。

3. 置入素材并进行调整

（1）回到【图层】面板，打开【背景】图层的可视性。

（2）执行下拉菜单栏中的【文件】→【置入嵌入对象】命令，将"素材2"置入"漫游月球"文件中，产生【智能图层2】；随后使用【缩放】命令，对其大小和方向进行调整，并移动到画面的合适位置，如图 7-6 所示。

图 7-4　关闭【捕捉阴影】和【投影】

> **注意：**
> "素材2"必须以【智能图层】的形式置入，否则在后期的动画制作过程中，只能变换"宇航员"的位置，不会变换"宇航员"的方向。

项目七　GIF 动图设计

图 7-5　调整【无限光】

图 7-6　置入宇航员素材

4. 制作"宇航员"动画效果

（1）执行下拉菜单【窗口】→【时间轴】命令，打开【时间轴】界面，如图 7-7 所示。

图 7-7　【时间轴】界面

（2）单击【创建视频时间轴】 创建视频时间轴 ，显示时间轴；单击【选项卡】 ，在弹出列表中选择【设置时间轴帧速率】；在弹出的对话框中，将【帧速率】数值改为 "60"，方便计算时间及设置图片轨迹，如图 7-8 所示。

图 7-8　时间轴帧速率设置

> **注意：**
> 　　帧速率也称为 FPS（Frames Per Second），即帧 / 秒。是指每秒钟刷新的图片的帧数，也可以理解为图形处理器每秒钟能够刷新几次。如果具体到手机上就是指每秒钟能够播放（或者录制）多少格画面。帧速率越高，得到的动画越流畅、越逼真。每秒钟帧数（FPS）越多，所显示的动作就会越流畅。捕捉动态视频内容时，此数字越高越好。

（3）在【时间轴】窗口中，使用鼠标直接拖拉，将【2】和【图层 1】两视频组的时间轴的视频终点改到 "4 秒"，如图 7-9 所示。

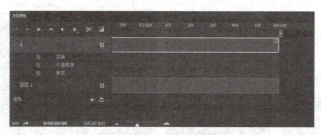

图7-9 设置视频终点

（4）在【时间轴】窗口中，展开【2】视频组；在"0f"位置，单击【变化】前的 按钮，启用关键帧动画，记录"宇航员"的起点位置，如图7-10所示。

（5）将【时间线】拖到"1:00f"位置；使用【移动工具】，将"宇航员"的位置移动到画面左侧，使用【旋转】命令调整"宇航员"方向，记录"宇航员"的新位置，如图7-11所示。同样，在"2:00f""3:00f""4:00f"位置，对移动的"宇航员"进行关键帧动作记录，如图7-12所示。

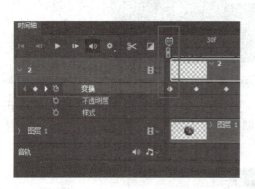

图7-10 "0f"位置设置关键帧动画

图7-11 "1:00f"位置设置关键帧动画

图7-12 在其他关键位置设置关键帧动画

（6）在"0f"与"4:00f"之间，多次校对"宇航员"位置和方向，调整环月轨迹。

> **注意：**
> 系统自动产生的移动轨迹为两个关键帧点之间的直线，为了实现环绕月球的效果，需要在"0f"与"4:00f"之间，按先后顺序，不断改变【时间线】位置点，并调整宇航员的位置和方向，这样系统会产生更多的关键帧，动画效果会更加丰富，如图7-13所示。

图 7-13　启用更多关键帧

5. 制作"月球"动画效果

（1）在【图层】面板中，先激活【图层 1】；在【3D】面板，激活【球体】图层。

（2）在【时间轴】界面中，展开【图层 1】视频组；找到【3D 网格】，在时间线的【0f】位置，单击【3D 节点】前面的【启用关键帧动画】按钮，（这时【3D 节点】会变为【球体】图标）如图 7-14 所示。

（3）将时间线移动到"1：00f"位置；选择【移动工具】，在【工具属性栏】的【3D 模式】中单击【环绕移动 3D 相机】按钮 ；在画面中推动鼠标，转动"月球"。

（4）使用相同的方法，分别在【时间轴】的"2：00f"、"3：00f"、"4：00f"位置转动"球体"，记录"球体"转动的关键帧，如图 7-15 所示。

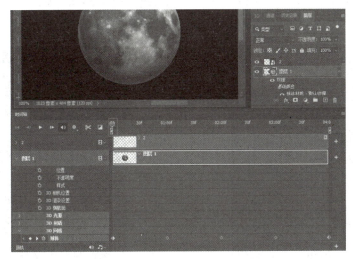

图 7-14　球体起始位置设置关键帧

（5）在【时间轴】界面设置 中勾选【循环播放】，如图 7-16 所示。

（6）单击【播放】按钮 进行播放，预览动画效果，如图 7-17 所示。

6. 存储文件并导出 GIF 动图

（1）执行【文件】→【存储】命令，将文件保存至计算机相应位置，默认【保存类型】*.PSD 格式。

（2）执行【文件】→【导出】→【存储为 Web 所用格式】，在弹出【存储为 Web 所用格式（100%）】窗口中，对相关数值进行设置,【预设】为"GIF128 仿色"，单击【存储】;【格式】选择为"仅限图像"（默认选项），如图 7-18 所示。

> **注意：**
> 如今，动态图片在很多场合都有所应用，最常见的当属 GIF 格式，不过除了 GIF 格式之外，还有诸多其他动态图片格式。

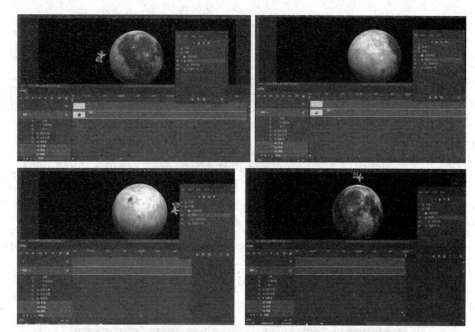

图 7-15 球体位置设置关键帧

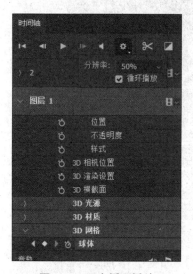

图 7-16 开启循环播放

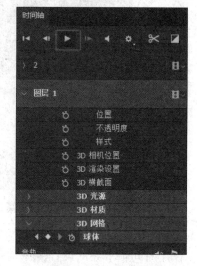

图 7-17 开启播放

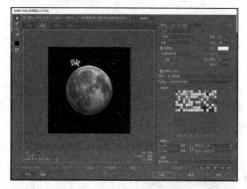

图 7-18 存储为 Web 所用格式

（三）技能点详解

1. 3D 菜单栏

Photoshop 的 3D 功能可以将当前的 2D 图层转换为 3D 模型，通过一系列的调整，产生非常棒的 3D 效果。在【3D】菜单栏中，可以打开、新建、删除 3D 图层，还有制作立体图形、3D 打印等功能。如图 7-19 所示。

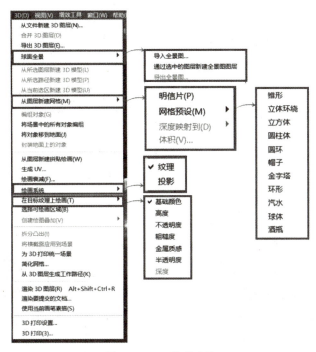

图 7-19　3D 菜单功能

1）3D 组件

（1）网格：提供 3D 模型的底层结构。通常，网格是由成千上万个单独的多边形框架结构组成的线框。3D 模型至少包含一个网格，也可能包含多个网格。在 Photoshop 中，可以在多种渲染模式下查看网格，还可以分别对每个网格进行操作。如果无法修改网格中实际的多边形，则可以更改其方向，并且可以通过对不同坐标进行缩放以变换其形状。还可以通过使用预先提供的形状或转换现有的 2D 图层，创建自己的 3D 网格。

（2）材质：一个网格可具有一种或多种相关的材质，这些材质控制整个网格的外观或局部网格的外观。材质依次构建于被称为纹理映射的子组件，它们的积累效果可创建材质的外观。纹理映射本身就是一种 2D 图像文件，它可以产生各种品质，例如颜色、图案、反光度或崎岖度。Photoshop 材质最多可使用九种不同的纹理映射来定义其整体外观。

（3）光源：光源类型包括无限光、点测光、点光以及环绕场景的基于图像的光。可以移动和调整现有光照的颜色和强度，并且可以将新光照添加到 3D 场景中。

2）创建 3D 对象（从图层新建网格）

Photoshop 可以将 2D 图层作为起始点，生成各种基本的 3D 对象。创建 3D 对象后，可以在 3D 空间移动、更改渲染设置、添加光源或将其与其他 3D 图层合并。

（1）创建 3D【明信片】：将 2D 图层转换到 3D 明信片中（具有 3D 属性的平面）。如果起始图层是文本图层，则会保留所有透明度。步骤如下。

步骤一：打开 2D 图像并选择要转换为明信片的图层。

步骤二：选择【3D】→【从图层新建网格】→【明信片】。这时，2D 图层被转换为【图层】面板中的【3D 图层】，2D 图层内容作为材质应用于明信片两面。原始 2D 图层作为 3D 明信片对象的【漫射】纹理映射出现在【图层】面板中。效果如图 7-20 所示。

步骤三：将 3D 图层以 3D 文件格式导出或以 PSD 格式存储，以保留新 3D 内容。

> **注意：**
> 3D 图层保留了原始 2D 图像的尺寸；若有需要，还可将 3D 明信片作为表面添加到 3D 场景，将新 3D 图层与现有的、包含其他 3D 对象的 3D 图层合并，然后根据需要进行对齐。

（2）创建 3D【网格预设】：【网格预设】命令中包括【锥形】【立体环绕】【立方体】等 11 种选项，可根据所选取的对象类型，最终得到一个或多个网格（3D 模型）。具体操作步骤如下。

步骤一：打开 2D 图像，选择要转换为 3D 对象的图层。

步骤二：执行【3D】→【从图层新建网格】→【网格预设】，然后从列表中选择一个形状。如图 7-21 所示。这时，2D 图层转换为【图层】面板中的 3D 图层。原始 2D 图层作为【漫射】纹理映射显示在【图层】面板中。

步骤三：将 3D 图层以 3D 文件格式导出或以 PSD 格式存储，以保留新 3D 内容。

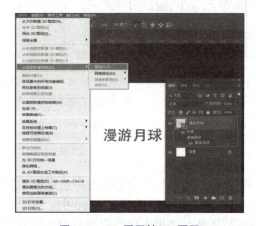

图 7-20　2D 图层转 3D 图层

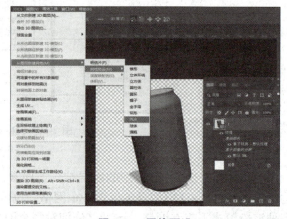

图 7-21　网格预设

（3）创建 3D【深度映射到】：该命令可将灰度图像转换为深度映射，从而将明度值转换为深度不一的表面。较亮的值生成表面凸起的区域，较暗的值生成凹下的区域。然后，Photoshop 将深度映射应用于四个可能的几何形状中的一个，以创建 3D 模型。具体操作步骤如下。

步骤一：打开 2D 图像，并选择一个或多个要转换为 3D 网格的图层。

步骤二：（可选）将图像转换为灰度模式。选取【图像】→【模式】→【灰度】，或使用【图像】→【调整】→【黑白】以微调灰度转换。如有必要，请调整灰度图像以限制明度值的范围。

> **注意：**
> 如果将 RGB 图像作为创建网格时的输入，则绿色通道会被用于生成深度映射。

步骤三：选取【3D】→【从图层新建网格】→【深度映射到】，然后选择网格选项。效果如图 7-22 所示。

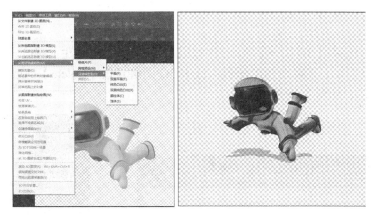

图 7-22 【深度映射到】

【平面】：将深度映射数据应用于平面表面。
【双面平面】：创建两个沿中心轴对称的平面，并将深度映射数据应用于两个平面。
【圆柱体】：从垂直轴中心向外应用深度映射数据。
【球体】：从中心点向外呈放射状地应用深度映射数据。

3）3D 面板

选择下拉菜单栏中【窗口】→【3D】，可打开【3D】面板。选择 3D 图层后，面板中会显示关联的 3D 文件组件。在面板顶部列出文件中的整个场景、网格、材质和光源。面板的底部显示在顶部选定的 3D 组件的设置和选项，如图 7-23 所示。

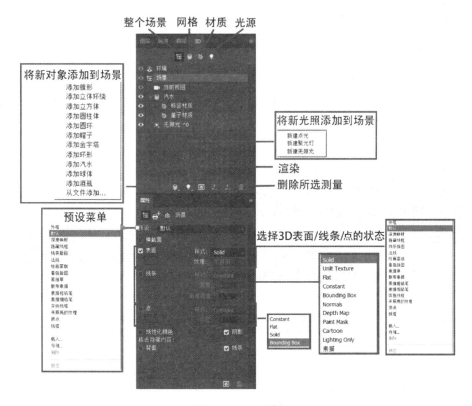

图 7-23　3D 面板

4）打开、导出、删除 3D 图层

（1）打开 3D 图层：【3D】→【从文件新建 3D 图层】，弹出【打开】窗口，可选择文件中的 3D 图层。

（2）导出 3D 图层：【3D】→【导出 3D 图层】，弹出【导出属性】窗口，如图 7-24 所示。

（3）删除 3D 图层：直接在图层面板，选中 3D 图层，按【Delete】键或直接用鼠标拖曳图层至垃圾桶即可，如图 7-25 所示。

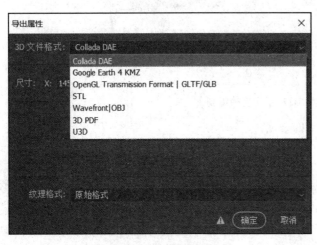

图 7-24 【导出属性】窗口

图 7-25 删除 3D 图层

5）变化 3D 对象 / 相机

选定 3D 图层时，会激活 3D 对象和相机工具。使用 3D 对象工具可更改 3D 模型的位置或大小；使用 3D 相机工具可更改场景视图。如果系统支持 OpenGL，还可以使用 3D 轴来操作 3D 模型和相机。

（1）旋转、滚动或拖动 3D 对象：在【3D 面板】中选中【对象图层】，然后选择【移动工具】，在工具属性栏中，会出现【3D 模式】的选项，可对 3D 对象进行移动、旋转、滑动或缩放等操作，如图 7-26 所示。同时相机视图保持固定。

图 7-26 3D 对象移动模式

【旋转】：上下拖动可将模型围绕其 X 轴旋转；两侧拖动可将模型围绕其 Y 轴旋转。

【滚动】：两侧拖动可使模型绕 Z 轴旋转。

【拖动】：两侧拖动可沿水平方向移动模型；上下拖动可沿垂直方向移动模型。

【滑动】：两侧拖动可沿水平方向移动模型；上下拖动可将模型移近或移远。

【缩放】：上下拖动可将模型放大或缩小。

（2）环绕、滚动或平移 3D 相机：在【3D 面板】中选中【当前视图】，可对 3D 相机进行移动等操作，如图 7-27 所示。使用 3D 相机工具可移动相机视图，同时保持 3D 对象的位置固定不变。

图 7-27　3D 相机移动模式

【旋转】：拖动以将相机沿 X 或 Y 方向环绕移动。
【滚动】：拖动以滚动相机。
【平移】：拖动以将相机沿 X 或 Y 方向平移。
【滑动】：显示汇聚成消失点的平行线。
【变焦】：保持平行线不相交。在精确的缩放视图中显示模型，而不会出现任何透视扭曲。

2. 时间轴面板

在 Photoshop 中【时间轴】是一个制作动图的命令。在默认的软件界面中，没有显示【时间轴】面板，需要执行【窗口】下拉菜单栏中的【时间轴】显示面板。在面板中可以选择【创建视频时间轴】或【创建帧动画】，如图 7-28 所示。

图 7-28　创建【时间轴】面板

1）创建视频时间轴

通过【创建视频时间轴】形成的【时间轴】面板中包含视频素材及音频素材、剪辑过渡等控制和编辑功能，如图 7-29 所示。

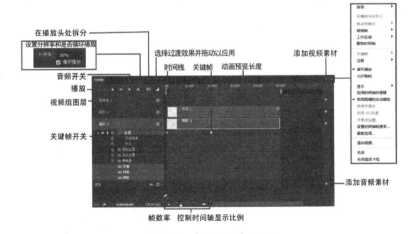

图 7-29　【时间轴】面板

（1）视频组。【视频组】可在时间轴的单一轨道上，将多个视频剪辑和其他内容（如文本、图像和形状）合并。

创建视频组：导入视频文件，会自动添加为新的视频组；如要创建空组以供添加内容，请单击【时间轴】面板左侧的胶片图标 ▥，然后从弹出菜单中选取【新建视频组】。

编辑视频组：如要调整剪辑位置，可在【时间轴】上拖动它们；如要更改入点和出点，可在【时间轴】上拖动剪辑边界；如要将项目从一个组移动到另一个组，可在"时间轴"或"图层"面板中上下拖动；如要分割选定剪辑，并且分别编辑分割后的部分，可将时间轴播放头 ▥ 定位于要拆分剪辑的位置，然后单击【时间轴】面板左上角的【在播放头处拆分】按钮 ▥。

（2）音频轨道和控件 ▥。【时间轴】面板上单独的【音轨】可轻松进行音频编辑和调整。鼠标单击按钮 ▥，可将音轨静音或取消静音，调节音量或淡入淡出；鼠标单击按钮 ▥，可添加、复制、删除、替换等音频剪辑或操作。

（3）视频过渡效果 ▥。【过渡效果】可创建专业的淡化或交叉淡化的效果。单击【时间轴】面板左上角的【过渡效果图标】▥，在弹出列表中设置【持续时间】,并选择【渐隐】等过渡效果，拖动到视频的开头或结尾（或视频之间）。还可以拖动过渡效果预览的边缘 ▥，以便精确设置入点和出点。

（4）关键帧 ▥。【关键帧】是指角色或者物体运动变化中关键动作所处的那一帧，相当于二维动画中的原画。关键帧与关键帧之间的动画可以由软件自动创建。在【时间轴】上，帧表现为一格或者一个标记 ▥。可以是画面的位置、样式、不透明度等变化。

> 注意：
>
> 通过【创建视频时间轴】制作的视频动画,【时间轴】中的图层与【图层面板】中的图层是一一对应的，如图7-30所示。

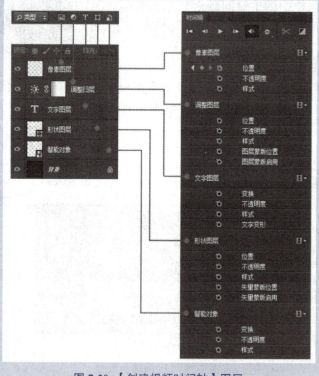

图7-30 【创建视频时间轴】图层

2）创建帧动画

帧动画是动画的另一种形式，其原理是在"连续的关键帧"中分解动画动作，一帧动画

项目七　GIF 动图设计

就是一个动作，使其连续播放呈现动画效果。"帧动画"由于帧序列内容不一样，因此会给制作增加负担，最终输出的文件量也较大。但它的优势也很明显，"帧动画"具有非常大的灵活性，几乎可以表现任何想表现的内容，类似电影的播放模式，很适合于表演细腻的动画。例如，人物的急剧转身、头发及衣服的飘动、走路、说话以及 3D 效果等。

通过【创建帧动画】形成的【时间轴】面板中包含设置帧图画、循环选项等操作，如图 7-31 所示。

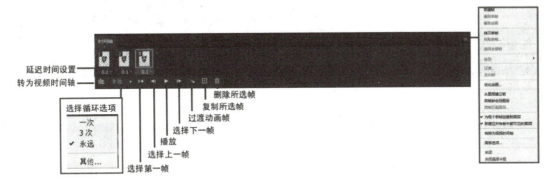

图 7-31　【创建帧动画】面板

> **注意：**
> 制作帧动画前，首先需要分图层制作好动画的关键帧画面，例如有 5 个关键帧，就需要制作 5 个不同的图层，然后使用【时间轴】界面完成动画接下去的操作。

制作帧动画的具体步骤如下。

步骤一：在【时间轴】界面中选择【创建帧动画】，如图 7-32 所示；单击【创建帧动画】按钮，产生时间轴，如图 7-33 所示。

步骤二：单击【时间轴】窗口中的【选项菜单】■，执行【从图层建立帧】命令，如图 7-34 所示；随后有几个图层就会生成几个关键帧，如图 7-35 所示。

图 7-32　创建帧动画

图 7-33　帧动画的时间轴　　　　　　图 7-34　从图层建立帧

步骤三：选择帧延迟时间，如图 7-36 所示，即完成了帧动画的制作。
步骤四：保存并导出 GIF 动图。

图 7-35　关键帧

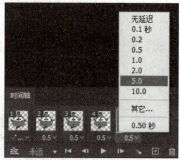

图 7-36　选择帧延迟时间

【课后实训任务】设计一套 GIF 表情包

作为一名设计师，请使用已经学过的技能，为某个活动或企业设计一个吉祥物，并制作欢迎、奔跑、喜怒哀乐等 GIF 动画表情包。尺寸：自定，分辨率：72ppi，颜色：RGB。

模 块 二

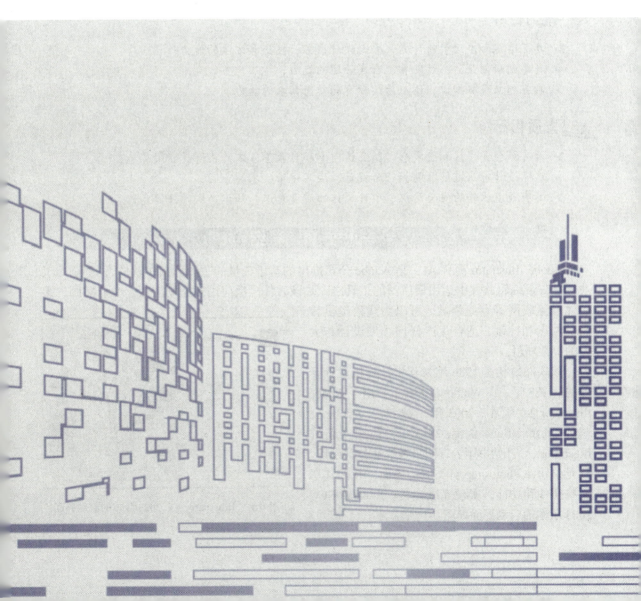

先导课

Illustrator 软件初识

知识目标

- 了解 Illustrator 软件的发展历史和特点；
- 掌握 Illustrator 软件基本操作，包括：工作界面布局、文件基本操作、图稿视图查看、颜色设置、辅助工具的使用等；
- 了解计算机平面设计基础知识，主要包括：位图与矢量图、常用文件格式、常用设计软件的共性与区别等。

能力目标

- 具备追踪和应用最新计算机平面设计技术、技巧和方法的能力；
- 具备创新创业、个性发展、自我管理的能力；
- 具备独立获取知识、适应后续教育和转岗需求的能力。

素质目标

- 具有社会责任感和使命感、职业认同感和自豪感、工作获得感和荣誉感；
- 遵守设计行业道德准则和行为规范、诚实守信、求真务实；
- 具有规范操作的安全意识、项目制作的质量意识、知识产权的法律意识。

（一）软件介绍

Adobe Illustrator 简称 AI，是 Adobe 公司推出的基于矢量的"图形制作软件"，是全球工业标准矢量编辑软件中运用最广泛的工具之一。该软件广泛应用于印刷出版、专业插画、多媒体和互联网等专业领域，可以为线稿提供较高的精度和控制，适合生产任何小型设计与大型的复杂项目。

该软件最初是 1986 年为苹果计算机设计开发的；1988 年，在 Windows 平台上推出了 Adobe Illustrator 2.0 版本；2003 年，被纳入 Adobe 公司的 Creative Suite 套装；2013 年，使用全新的 Illustrator CC 开始享用云端同步及快速分享设计。与兄弟软件 Photoshop 有类似的界面，并能共享一些插件和功能，实现无缝连接。Illustrator CC 2023 版本的启动界面如图 0-1 所示。

图 0-1　Illustrator CC 2023 版本的启动界面

📖 基础知识：位图与矢量图

计算机图形图像文件主要分为两大类：位图图像和矢量图形，效果对比如图 0-2 所示。在绘制或处理图像过程中，这两种类型的图像可以相互交叉使用，属性对比如表 0-1 所示。

(a) 矢量图　　　　(b) 位图

图 0-2　矢量图和位图放大效果对比

表 0-1　位图与矢量图特征对比

图像类型	组成	优　点	缺　点	常用制作工具
位图图像	像素	只要有足够多的像素，就可以制作出色彩丰富的图像，逼真地表现自然界的景象	缩放和旋转容易失真，同时文件容量较大	Photoshop、画图等
矢量图形	数学向量	文件容量较小，在进行放大、缩小或旋转等操作时图像不会失真	不易制作色彩变化太多的图像	Illustrator、CorelDraw、Freehand 等

- **位图**

位图也称为点阵图像或绘制图像，是由称作像素（图片元素）的单个点组成的，多个像素的色彩组合就形成了图像，称之为位图。当放大位图时，可以看见构成整个图像的无数单个方块。

扩大位图尺寸的效果是增多单个像素，从而使线条和形状显得参差不齐。然而，如果从稍远的位置观看它，位图图像的颜色和形状又是连续的。缩小位图尺寸也会使原图变形，因为此举是通过减少像素来使整个图像变小的。同样，由于位图图像是以排列的像素集合体形式创建的，所以不能单独操作（如移动）局部位图。

在处理位图图像时，所编辑的是像素而不是对象或形状，它的大小和质量取决于图像中的像素点的多少，也就是开始设置的分辨率大小，即每平方英寸中所含像素越多，图像越清晰，颜色之间的混合越平滑，相应的存储容量也越大。

无论是在一个 300dpi 的打印机还是在一个 2570dpi 的照排设备上印刷位图文件，文件总是以创建图像时所设的分辨率大小印刷，除非打印机的分辨率低于图像的分辨率。如果希望最终输出看起来和屏幕上显示的一样，那么在开始工作前，就需要了解图像的分辨率和不同设备分辨率之间的关系，显然矢量图就不必考虑这么多。

位图图像的主要优点在于表现力强、细腻、层次多、细节多，因此位图比矢量图更容易模拟出像照片一样的真实效果。位图图像可以通过数字相机、扫描或 PhotoCD 获得，也可以通过 Photoshop、画图等设计软件生成。常见的位图格式有 *.psd、*.bmp、*.jpg 等。

- **矢量图**

矢量图（有时称为矢量形状、矢量对象、向量图），由称为矢量（vector）的数学对象定义的一系列直线和曲线组成，是通过数学公式计算获得的。例如，一幅花的矢量图形实际上是先由线段形成外框轮廓，然后外框的颜色以及外框所封闭的颜色决定花显示的颜色，如图 0-3 所示。

图 0-3　矢量图的实质

矢量图形最大的优点是：无论放大、缩小或旋转等都不会失真、不会变色、不会模糊、不会产生锯齿效果，颜色、边缘和线条边缘都非常顺滑，而且文件存储量很小。矢量文件与分辨率、图形大小无关，只与图形的复杂程度有关。同时，因每个对象都是一个自成一体的实体，所以可以在维持它原有清晰度和弯曲度的同时，按最高分辨率显示或输出到任何打印或印刷设备上，生成不同的尺寸。矢量图以几何图形居多，一般只能表示有规律的线条组成的图形，如工程图、三维造型或艺术字等，对于由无规律的像素点组成的图像(如风景、人物、山水等)，难以用数学形式表达的图像，不宜使用矢量图格式。

矢量图形最大的缺点是难以表现色彩层次丰富的、逼真的图像效果，而且在不同的软件之间交换数据也不太方便。另外，矢量图像无法通过扫描获得，它们主要是依靠设计软件生成。

矢量图形特别适用于文字设计、插图设计、版式设计、标志设计、计算机辅助设计等。常用软件有 CorelDraw、Illustrator、Freehand、CAD 等。常见的矢量图格式有 *.cdr (CorelDraw)、*.ai(Illustrator)、*.dwg（AutoCAD）、*.eps 等。

PS、AI、ID、FH、CDR 等是平面设计中最常用的计算机软件工具，这几款软件都有鲜明的功能特色，设计者可利用不同软件的优势，将其巧妙地结合使用，制作出理想的平面设计作品。

拓展知识：其他常用平面设计软件介绍

- **Adobe InDesign**

Adobe InDesign 简称 ID，是 Adobe 公司推出的一个定位于专业排版领域的设计软件。最早发布于 1999 年，是 Creative Suite 套装软件之一，为杂志、书籍等灵活多变、复杂的设计工作提供了一系列更完善的排版功能。

其特色功能编辑含有印前检查、链接面板、页面过渡、条件文本、导出、交叉引用、智能参考线、文档设计、跨页旋转、文本重排等。另外，InDesign 也提供了方便灵活的表格功能，可以简单地导入 Excel 表格或 Word 中的表格，也可以快速地将文本转换为表格。利用合并及拆分表格单元并通过笔画和填充功能，可以快速地创建复杂而美观的表格。

InDesign 作为 PageMaker 的继承者，定位于高端用户。目前，Adobe 已经退出应用市场，PageMaker 的开发全面转向 InDesign。InDesign CC 2023 版本启动界面如图 0-4 所示。

- **Freehand**

Freehand 简称 FH，最早的开发者是 Altsys 公司，最终被 Adobe 公司收购。因此，Freehand 也成为 Adobe 软件中的一员。

Freehand 也是一款功能强大的平面矢量图形设计软件，适用于广告创意、书籍海报、机械制图、建筑蓝图绘制等专业领域。虽然 Adobe 公司收购了 Freehand，却没能继续开发，不过还有很大一部分设计资历比较老的设计师喜欢用 Freehand。同时，由于 Illustrator 对 Freehand 的文件兼容支持，稳定了大批 Freehand 老用户，特别是使用苹果计算机进行专业

先导课　**Illustrator** 软件初识

设计的用户大部分还是会选择 Freehand。Freehand MX 版本的启动界面如图 0-5 所示。

图 0-4　InDesign CC 2023 版本的启动界面

图 0-5　Freehand MX 版本的启动界面

- **CorelDRAW**

　　CorelDRAW 简称 CDR，是加拿大 Corel 公司推出的矢量图形设计软件。广泛应用于矢量动画、页面设计、网站制作、图形创作、广告制作、位图编辑、图书出版等专业领域，深受广大平面设计人员的喜爱。

　　1989 年，CorelDRAW 横空出世，引入了全色矢量插图和版面设计程序，填补了该领域的空白；1991 年，推出的第一款软件套件 CorelDRAW Graphics Suite，使计算机图形发生革命性剧变，其中 CorelDRAW 和 CorelPHOTO-PAINT 是两个主要的软件。

　　CorelDRAW 主要应用于矢量插图和页面布局，是一个直观的矢量插图和页面布局应用程序，满足当今繁忙的图形专家和非专用图形人士的需求。CorelPHOTO-PAINT 主要应用于位图插图和照片编辑，是一套全面的、专业的彩绘和照片编修程序，具有多个图像增强的滤镜，改善扫描图像的质量，再加上特殊效果滤镜，可以大大改变图像的外观。2018 版本的启动界面如图 0-6 和图 0-7 所示。

图 0-6　CorelDRAW 2018 启动界面

图 0-7　CorelPHOTO-PAINT 2018 启动界面

　　除了这两个主程序之外，还包含 Corel CAPTURE——高级屏幕截图，屏幕捕获工具，此一键式应用程序可以从计算机屏幕捕获图像；Corel CONNECT——内容查找器和管理器，此全屏浏览器能够访问套件的数字内容和新增的内容中心，并搜索计算机或本地网络，快速找到适合项目的完美辅助材料；Corel Font Manager——字体管理器，字体管理应用程序在利用、组织和分类大量字体领域起着至关重要的作用，可以控制版式工作流程的各个方面。如果不想安装这些程序，安装时可自定义选择想要安装的程序。

（二）工作界面介绍

AI 软件的基本界面布局如图 0-8 所示，包括菜单栏、工具属性栏、控制面板、标题栏、工具栏、工作区、面板、状态栏等。

图 0-8　Illustrator 界面布局

默认情况下，顶部的"应用程序栏"包含应用程序控件、工作区切换器和搜索框。而在 Windows 上，应用程序栏与菜单栏一起显示，如图 0-9 所示。

图 0-9　应用程序栏

1. 工作区

使用各种元素（如面板、条形图和窗口）创建并操作文档和文件，这些元素任意排列都称为"工作区"。首次启动 Illustrator 时，将看到默认工作区，如图 0-10 所示，也可以自定义该工作区，操作【窗口】→【工作区】→【传统基本功能】，定义条形图和窗口等，如图 0-11 所示。

图 0-10　默认工作区

另外，还可以创建和保存多个工作区（例如，一个用于编辑，另一个用于查看），并在工作时在它们之间进行切换，如图 0-12 所示。

图 0-11 传统基本功能工作区

图 0-12 新建工作区

2. 菜单栏

【菜单栏】包含 AI 软件中所有操作命令，在每个主菜单下又包含很多的子菜单，如图 0-13 和 0-14 所示。单击某一菜单项，即可打开相应的下拉菜单。每个菜单都包含多个命令，其中有的命令后方带有符号，表示该命令还包含多个子命令；有的命令后方带有一连串字母，这些字母代表快捷键。

图 0-13 菜单栏文件、编辑、对象、文字、选择命令

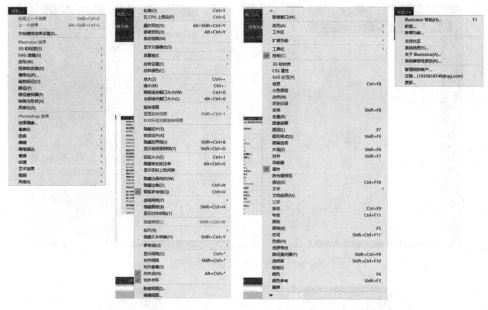

图 0-14 菜单栏效果、视图、窗口、帮助命令

3. 工具箱

【工具箱】位于工作界面的左侧，包含选择、绘制、文字、上色、修改和导航六类工具，还包含更改填色、描边、绘图模式和屏幕模式的显示选项。每个图标都代表一种工具。有的图标右下角显示▲，表示这是一个工具组，其中包含多个工具。所有工具如图 0-15 所示。

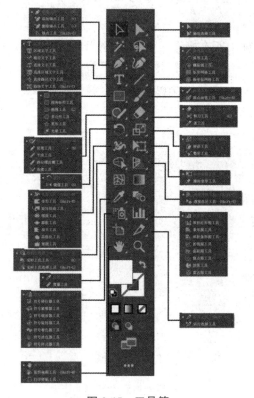

图 0-15 工具箱

先导课　**Illustrator 软件初识**

> **注意：**
> 　　单击隐藏工具面板右边缘的箭头，如图 0-16 所示，可以将工具与工具栏分开，使其作为单独的浮动工具面板，以便随时访问这些工具，如图 0-17 所示。
> 　　单击浮动工具面板标题栏左上角（macOS）或右上角（Windows）的【<<】按钮，可将横向浮动面板转换为竖向，反之单击竖向浮动工具面板的【>>】，可转换为横向，如图 0-18 所示。单击浮动工具面板标题栏左上角（macOS）或右上角（Windows）的关闭按钮【×】将其关闭，工具将返回到工具栏。

图 0-16　显示箭头　　　　图 0-17　单独浮动工具面板　　　　图 0-18　工具面板方向转换

4. 工具控制栏

【工具控制栏】会根据用户所选工具和对象的不同显示不同的选项，并可更改调整各项参数，如图 0-19 所示。

图 0-19　工具控制栏

5. 控制面板

【控制面板】位于工作界面的右侧，包括许多实用、快捷的工具和命令。控制面板以组的形式出现。某些面板默认处于显示状态，隐藏状态的面板可以从【窗口】下拉菜单栏中选择显示。单击面板中的【>>】或【<<】符号，可以将面板展开或缩略显示，如图 0-20 所示，选择展开形式，控制面板可以帮助快速设置数值和参数，使软件的交互性更强。

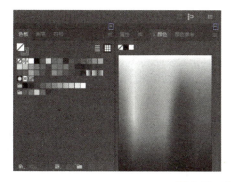 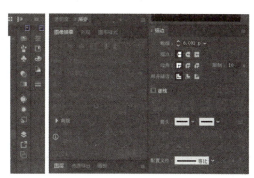

图 0-20　控制面板展开或缩略

6. 标题栏

【标题栏】可显示当前打开文件的命名、缩放百分比、色彩模式和预览模式，如图 0-21 所示，单击标题栏可选择进入相应绘图位置。

图 0-21　标题栏

单击文件标题栏拖曳，可将工作区悬浮，如图 0-22 所示。反之，拖曳标题栏，可移动复位。

图 0-22　拖曳标题栏

7. 状态栏

【状态栏】位于【文档窗口】的左下角，显示各种信息，包括预览大小、预览角度、对应画板导航控件等，如图 0-23 所示。

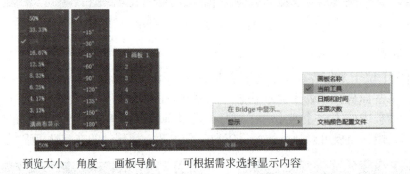

图 0-23　状态栏

（三）文件基本操作

1. 新建文件

执行【文件】→【新建】命令，启动【新建文档】面板，可选择软件中自带尺寸或自定义设置【宽度】【出血】等参数，如图 0-24 和图 0-25 所示。

2. 打开文件

启动软件时，如果要编辑一个已经存在的文件，单击【打开】按钮；如果已经打开软件，则执行下拉菜单栏中的【文件】→【打开】命令，弹出【打开】面板，如图 0-26 所示。

先导课　Illustrator 软件初识

图 0-24　【新文件】新建

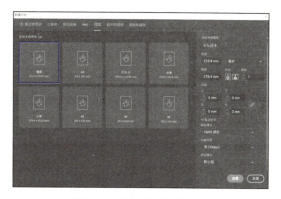

图 0-25　【新建文档】面板

图 0-26　选择要打开的文件

3. 存储文件

注意：

在软件操作的过程中，一定要养成及时保存文件的好习惯，否则很容易前功尽弃。

执行【文件】→【存储】命令（【Ctrl+S】组合键），或【文件】→【存储为】命令（【Ctrl+Shift+S】组合键），如图 0-27 所示。首次存储文件，将会弹出面板，可选择存储位置、文件格式和设置文件名，如图 0-28 和图 0-29 所示。常用源文件为 ".AI" 的格式

图 0-27　存储命令

图 0-28　【存储为】弹出面板

4. 导出文件

执行下拉菜单栏中的【文件】→【导出】→【导出为】命令，如图 0-30 所示。在弹出【导出】面板中，可选择文件的类型，常用的有 ".JPG"".PNG"".PSD" 等格式，如图 0-31 所示。

163

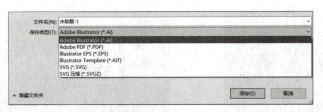

图 0-29　保存类型

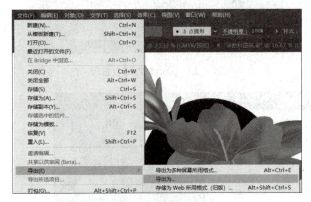

图 0-30　选择【导出】

图 0-31　选择导出的保存类型

拓展知识：常用文件格式

文件格式(或文件类型)是指计算机为了存储信息而使用的对信息的特殊编码方式，是用于识别内部储存的资料。每一种文件格式通常会有一种或多种扩展名可以用来识别，但也可能没有扩展名。常见的平面设计文件格式，如图 0-32 所示。

图 0-32　常见的平面设计文件格式

- **PSD 格式**

PSD 格式是 Adobe 公司开发的，专门用于支持 Photoshop 软件的默认的文件格式，也是除大型文档格式 PSB 之外支持 Photoshop 所有功能的唯一格式。这种格式可以存储 Photoshop 中所有的图层、通道、参考线、注解和颜色模式等信息。因此，将文件存储为 PSD 格式时，可以调整首选项设置来最大限度地提高文件的兼容性，也方便在其他程序中快速读取文件。

PSD 格式在保存时会将文件压缩，以减少占用磁盘空间，PSD 格式所包含的图像数据信息较多，因此比其他格式的图像文件要大很多。同时，由于 PSD 文件保留了所有原图像数据信息，因而修改起来较为方便。大多数排版软件不支持 PSD 格式的文件，必须将图像处理完以后，再转换为其他占用空间小且存储质量好的文件格式。

- **AI 格式**

AI 格式是 Adobe 公司的 Illustrator 软件的默认文件格式，是一种矢量图形文件。与 PSD 格式文件相同，AI 文件也是一种分层文件，用户可以对图形内所存在的层进行操作，不同的是 AI 格式文件是基于矢量输出的，可在任何尺寸大小下按最高分辨率输出，而 PSD 文件是基于位图输出的。它的优点是占用硬盘空间小，打开速度快。

先导课　**Illustrator 软件初识**

- **JPG（JPEG）格式**

JPEG（联合图像专家组），它是目前应用最为广泛的一种可跨平台操作的"有损"压缩格式。此格式的图像通常用于图像预览和一些超文本文档中（HTML 文档）。JPEG 格式的最大特色就是文件比较小，是目前所有格式中压缩率最高的格式之一，在压缩保存的过程中会以损失最小的方式丢掉一些肉眼不易察觉的数据。因而，保存的图像与原图有所差别，没有原图的质量好，因此印刷品最好不要用此图像格式。

JPEG 格式支持 CMYK、RGB 和灰度颜色模式，但不支持 Alpha 通道。将一个图像另存为 JPEG 图像格式时，会弹出一个对话框，从中可选择图像的品质和压缩比例，通常选择"最大"来压缩的图像所产生的品质与原来图像的质量差别不大，但文件大小会减少很多。

- **TIF(TIFF) 格式**

TIF 也称 TIFF（标记图像文件格式）。它是一种"无损"压缩格式，广泛应用于程序之间和计算机平台之间的图像数据交换，多用于桌面排版、图形设计软件。除了支持 RGB、CMYK 和灰度三种色彩模式外，还支持通道、图层和裁剪路径等功能，可将图像置入排版软件中时产生"抠图"效果。

TIF 格式对于色彩通道图像来说具有很强的可移植性，是基于标记的文件格式，广泛应用于对图像质量要求较高的图像的存储与转换中。由于它的结构灵活、包容性大，它已成为图像文件格式的一种标准。TIF 格式还允许使用 Photoshop 中的复杂工具和滤镜特效。

- **EPS 格式**

EPS 是 Illustrator 和 Photoshop 软件之间可交换的文件格式，也是最为广泛地被矢量绘图软件和排版软件所接受的文件格式，还是目前桌面印刷系统普遍使用的交换格式。但是，由于 EPS 格式在保存过程中文件体积过大，因此如果仅是保存图像，建议不要使用 EPS 格式。如果要将文件打印到无 PostScript 的打印机上，为避免打印问题，最好也不要使用 EPS 格式，可以用 TIFF 或 JPEG 格式代替。

- **BMP 格式**

BMP 是 Windows 操作系统中的标准图像文件格式，使用非常广泛。它采用位映射存储格式，除了图像深度可选以外，不采用其他任何压缩，因此，BMP 是一种"无损"压缩文件，存储时不会对图像质量产生影响，支持 RGB、索引颜色、灰度和位图颜色模式，但是文件所占用的空间很大。由于 BMP 文件格式是 Windows 环境中交换与图有关的数据的一种标准，因此在 Windows 环境中运行的图形图像软件都支持 BMP 图像格式。

- **PNG 格式**

PNG（便携式网络图形）是一种采用无损压缩算法的位图格式，支持索引、灰度、RGB 三种颜色方案以及 Alpha 通道等特性。其设计目的是试图代替 GIF 和 TIFF 格式，同时增加一些 GIF 格式所不具备的特性。因为压缩比高，生成文件体积小。

- **CDR 格式**

CDR 格式是 CorelDRAW 软件的专用文件格式。由于 CorelDRAW 是矢量图形绘制软件，所以 CDR 可以记录文件的属性、位置和分页等。但它在兼容度上比较差，所有 CorelDraw 应用程序中均能够使用，但其他图像编辑软件打不开此文件。CDR 与 AI 格式可相互导入和导出。低版本可以导进高版本，反之就不行。

- **Indd 和 Indb 格式**

Indd 格式是 InDesign 软件的专业存储格式。因 InDesign 是组版软件，格式一般不为其他软件所用，但是，由于它是 PageMaker 软件的替代品，因此可打开 PageMaker 的文件。

5. 关闭文件

执行下拉菜单栏中的【文件】→【关闭】命令，如图 0-33 所示。然后，在弹出对话框中，单击【是】按钮，如图 0-34 所示。如果从未保存过该文件，将会弹出【存储为】对话框，要求输入文件名进行存储；如果是已经保存过的文件，将直接存储并关闭窗口。

单击【否】按钮，将直接关闭文件，但不进行存储。单击【取消】按钮，将取消关闭操作，并返回 Illustrator 工作环境。

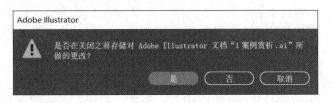

图 0-33 【关闭】命令　　　　　　　　　图 0-34 选择是否保存

（四）图稿视图查看

在处理文件时，常需要更改缩放比例，并在不同画板之间切换。Illustrator 中可用的缩放比例为 3.13%~64000%，缩放比例显示在标题栏（或文档选项卡）的文件名旁边和文档窗口的左下角。在 Illustrator 中，有很多方法可以更改缩放比例。

1. 放大 / 缩小

1）使用缩放工具

在工具栏中选中【缩放工具】，然后将鼠标光标移动到文档窗口中。这时【缩放工具】放大镜指针的中心会出现一个加号（＋），单击鼠标左键即可放大；按住 Alt 键时，【缩放工具】放大镜指针的中心会出现一个减号（－），单击鼠标左键即可缩小。

使用【缩放工具】时，还可以在文档中按住鼠标左键拖曳进行放大和缩小。按住鼠标左键从文档的左侧向右拖动以进行放大，从右侧向左拖动可将其缩小。

2）使用【视图】命令

执行下拉菜单栏中的【视图】→【放大】命令（【Ctrl＋＋】组合键），放大图稿视图，如图 0-35 所示；执行【视图】→【缩小】命令（【Ctrl＋－】组合键），缩小图稿视图，如图 0-36 所示。还可以执行【视图】中的【画板适合窗口大小】【全部画板适合窗口大小】或以【实际大小】查看图稿命令。

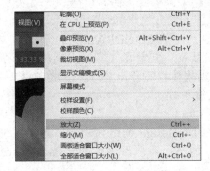　　　

图 0-35 【放大】命令　　　　　　　　　图 0-36 【缩小】命令

> 注意：
> 使用任何视图工具和命令只会影响图稿的显示，而不会影响图稿的实际大小。

2. 抓手工具

在 Illustrator 中，可以使用【抓手工具】将图稿移动到文档的不同区域。当需要在包含多个画板的文档中移动，或者在放大后的视图中移动时，这种方法特别有用。

方法一：选中【抓手工具】，在文档窗口中按住鼠标左键拖动，这时图稿会随抓手一起移动。

方法二：在选中工具栏中除【文字工具】以外的任何工具的状态下，按住键盘上的【空格键】，即可临时切换到【抓手工具】，然后按住鼠标左键即可拖动图稿。

> 注意：
> 当选中【文字工具】且光标位于文本中时，【抓手工具】的空格键快捷方式不起作用。如果想光标在文本中时访问【抓手工具】，按住【Alt】键即可临时切换到【抓手工具】。

3. 预览模式

Illustrator 打开软件时，默认使用【在 CPU 上预览】模式（图 0-37），该模式显示了最终打印出来的图稿样式。在处理大型或复杂图稿时，如果想提高屏幕显示速度，可以只显示图稿中对象的轮廓或路径等。

【在 CPU 上预览】：CPU 预览主要就是显示更精准，与出图效果更加一致，但失去了丝滑缩放，复杂图形显示相对较慢。

【GPU 预览】：执行下拉菜单栏中【视图】→【预览】→【GPU 预览】命令，GPU 预览可优化显示速度，特别是复杂图形时，而且可以实现丝滑缩放的操作，但是这种处理并不精准（存在图形边缘模糊处理，缩小后线条偏粗等问题），与最后出图有差异。

【轮廓】：执行下拉菜单栏中【视图】→【轮廓】命令，如图 0-38 所示，只显示对象的轮廓。使用该视图更方便查找和选择在预览模式下可能看不到的对象，如图 0-39 所示。

图 0-37 选择预览　　图 0-38 【预览】命令　　

图 0-39 预览效果示例

> 注意：
> 在视图模式之间切换时，视觉变化可能并不明显。【放大】和【缩小】命令可以帮助用户更轻松地看到差异。

【叠印预览】：执行【视图】→【叠印预览】命令，可以查看设置为叠印的任意线条或形状。对于印刷工作人员来说，当印刷品设置为叠印时，这种视图可以很好地查看墨迹之间是如何相互影响的。

计算机平面设计（Photoshop+Illustrator）

【像素预览】：执行【视图】→【像素预览】命令，可用于查看图稿被栅格化后，通过 Web 浏览器在屏幕上查看时的外观。注意图 0-40 中图像的"锯齿状"边缘。

图 0-40 选择【像素预览】效果

【裁切视图】：执行【视图】→【裁切视图】命令，将只显示画板内有效的图像信息，画板之外的图像信息将被隐藏。

（五）颜色设置

1. 颜色面板

Illustrator 可通过【颜色】控制面板来设置对象的填充和描边颜色，还可以编辑和混合颜色。如图 0-41 所示（如果工作界面中未显示【颜色】面板，可执行【窗口】→【颜色】命令，显示面板）。

单击【颜色】控制面板右上方的 图标，在弹出式列表中可选择当前取色时使用的颜色模式，包括【灰度】【RGB】【HSB】【CMYK】和【Web 安全 RGB】模式，如图 0-42 所示。无论选择哪一种颜色模式，控制面板中都将显示出相关的颜色内容。

图 0-41 【颜色】面板

图 0-42 颜色模式

【颜色】控制面板上的 按钮，用来进行【填充】颜色和【描边】颜色之间的互相切换。

将鼠标光标移动到取色区域，指针变为吸管形状，单击就可以选取颜色。拖曳各个颜色滑块或在各个数值框中输入有效数值，可以调配出更精确的颜色。若不需要颜色，可单击颜色条左下侧的"无" 图标；若要选择白色，可单击白色 图标；若要黑色，可单击黑色 图标。

2. 色板面板

执行【窗口】→【色板】命令，弹出【色板】控制面板。在【色板】控制面板中，单击需要的颜色或样本，就可以将其选中，如图 0-43 所示。【色板】面板下方各个按钮的意义如下。

显示"色板类型"菜单 ：单击【显示"色板类型"菜单】按钮，可以使所有的样本显示出来，如图 0-44 所示。【色板】控制面板中，提供了多种颜色和图案，并且允许用户添加并存储自定义的颜色和图案。

色板选项 ：单击【色板选项】按钮，可以打开【色板选项】对话框，如图 0-45 所示。

新建颜色组 ：单击【新建颜色组】按钮，可以新建颜色组。

新建色板 ：单击【新建色板】按钮，用于定义和新建一个新的样本。

删除色板 ：【删除色板】按钮，可以将选定的样本从【色板】控制面板中删除。

Illustrator 除了【色板】控制面板中默认的样本外，在其【色板库】中还提供了多种色板。执行【窗口】→【色板库】命令，可以看到在其子菜单中包括了不同的样本可供选择使用。

先导课　**Illustrator 软件初识**

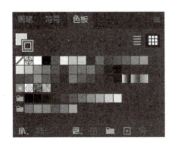

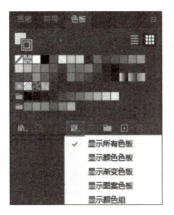

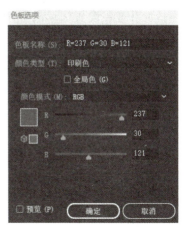

图 0-43　【色板】控制面板　　　图 0-44　显示"色板类型"菜单　　　图 0-45　【色板选项】

3. 颜色参考面板

执行【窗口】→【颜色参考】命令，弹出【颜色参考】控制面板，如图 0-46 所示。在【颜色参考】控制面板中，可以单击面板左下方 ▦【将颜色组限制为某一色板库中的颜色】图标；然后在弹出色彩搭配列表中，如图 0-47 所示，选择需要的色彩搭配方案。

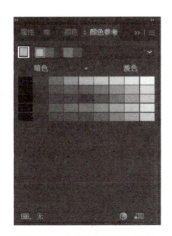

图 0-46　【颜色参考】面板　　　　　　　图 0-47　色彩搭配方案

（六）辅 助 工 具

Illustrator 提供了标尺、参考线和网格等工具，用户利用这些工具有助于对所绘制和编辑的图形图像进行精确定位，还可测量图形图像的准确尺寸。

1. 标尺

标尺有助于精确地放置和测量对象及其距离，Illustrator 有两种类型的标尺：画板标尺和全局标尺。执行【视图】→【标尺】→【显示标尺】命令（【Ctrl＋R】组合键），显示出标尺，效果如图 0-48 所示。如果要将标尺隐藏，可以执行【视图】→【标尺】→【隐藏标尺】命令（【Ctrl＋R】组合键）。

169

如果需要设置标尺的显示单位，可执行【编辑】→【首选项】→【单位】命令，弹出【首选项】对话框，如图 0-49 所示，然后在【常规】选项的下拉列表中设置标尺的显示单位。

图 0-48　标尺

图 0-49　标尺单位设置

> **注意：**
> 每个标尺（水平和垂直）上 0 刻度点称为标尺原点。在系统默认的状态下，标尺设置为画板标尺，这意味着原点位于当前画板的左上角。可以通过执行【视图】→【标尺】→【更改为全局标尺】或【更改为画板标尺】，如果想要更改"坐标原点"的位置，单击水平标尺与垂直标尺的交点，并将其拖曳到页面中，释放鼠标，即可将坐标原点设置在此处。如果想要恢复标尺原点的默认位置，双击水平标尺与垂直标尺的交点即可。

2. 参考线

参考线是用标尺创建的非打印线，有助于对齐对象。用户如果想要添加参考线，可以用鼠标在水平标尺或垂直标尺上向页面中拖曳，随即就会在此位置产生一条参考线。

> **注意：**
> 按住【Shift】键，同时按住鼠标左键拖动标尺，会将参考线与标尺上的刻度值对齐。选中对应参考线，在右侧【属性】面板中，可精确定位参考线的位置，如图 0-50 所示。

图 0-50　参考线【属性】面板

还可根据需要，将图形或路径转换为参考线。首先，选中要转换的路径，如图 0-51 所示，执行【视图】→【参考线】→【建立参考线】命令（【Ctrl+5】组合键），将选中的路径转换为参考线，如图 0-52 所示。选择【视图】→【参考线】→【释放参考线】命令（【Alt+Ctrl+5】组合键），可以将选中的参考线转换为路径。

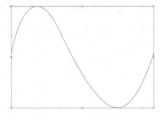

图 0-51　路径

图 0-52　路径转换参考线

3. 网格

执行【视图】→【显示网格】命令（【Ctrl+'】组合键），即可显示出网格，如图 0-53

所示；执行【视图】→【隐藏网格】命令（【Ctrl+'】组合键），可将网格隐藏。

如果需要设置网格的颜色、样式、间隔等属性，执行【编辑】→【首选项】→【参考线和网格】命令，弹出【首选项】对话框，如图 0-54 所示。各选项的意义如下。

图 0-53　网格　　　　　　　　　　图 0-54　【首选项】对话框

【颜色】选项：用于设置网格的颜色。
【样式】选项：用于设置网格的样式，包括线和点。
【网格线间隔】数值框：用于设置网格线的间距。
【次分隔线】数值框：用于细分网格线的多少。
【网格置后】选项：用于设置网格线显示在图形的上方或下方。
【显示像素网格】选项：在"像素预览"模式下，当图形放大到 600% 以上时，用于查看像素网格。

4. 定界框

在 Illustrator 中，所选对象周围会出现一个"定界框"。可以使用"定界框"来变化对象，也可以将其关闭。关闭后，就无法通过使用【选择工具】拖动"定界框"来调整对象大小。关闭"定界框"可选择【视图】→【隐藏定界框】，如图 0-55 所示。

要在"变换"定界框后重新调整，可执行【对象】→【变换】→【重置定界框】命令。

图 0-55　定界框

> **拓展知识：Illustrator 和 Photoshop 的共性和区别**
>
> • 共性
>
> Illustrator 和 Photoshop 同是 Adobe 公司的产品，它们有着类似的操作界面和快捷键，比如两者均可以通过工具箱来改变图像，如缩放、旋转、裁剪等；都用调色板工具来控制颜色；都以图层工具来控制图像的结构等。同时，两个软件能共享一些功能和插件，两者之间有很好的兼容性和互通性。

- 区别

Photoshop 虽然强大，但它在文字造型、矢量图标绘制等方面还存在欠缺，而这些不足可以通过 Illustrator 来弥补。虽然 Illustrator 是绘制矢量图的利器，但是它在图像处理的功能上 (如抠图、色彩融合) 略逊于 Photoshop。两者的主要区别如表 0-2 所示。

表 0-2　Illustrator 软件与 Photoshop 软件的区别

区　别	Illustrator 软件	Photoshop 软件
用途	矢量图形"制作"软件，主要用于图形的制作，如印刷品的输出（书籍、包装、彩页等）、企业 VI 手册设计（形象识别系统）、LOGO 设计、矢量插画等	像素图像"处理"软件，主要用于图像的修饰和处理，制作一些色彩丰富、过渡效果更自然的图像，如人像精修、图像合成、调色润色等视觉展示类项目
对象特征	基于编辑的对象，放大后图像依然清晰	基于像素的编辑，放大后图像会被模糊
选择工具	选择的是对象	选择的是区域
图层	一个图层可以包含多个对象	一个图层只能包含一个对象
工作区域	可以在画布以外的区域继续绘制	只能在画面以内的区域绘制
文件大小	占用文件空间比较小，可以自由无限制地重新组合	占用较大的存储空间，清晰度依赖软件设置的像素值

因此，在设计创作时，两个软件搭配使用，可以起到事半功倍的效果。

【应用案例】名片设计

作为一名设计师，为自己设计制作一张名片，如图 0-56 所示。

技术点睛：

- 新建图纸、保存图纸、打开文件、置入文件。
- 使用标尺和参考线辅助功能定位。
- 使用【移动工具】移动图层。
- 使用【文字工具】编辑字体。

图 0-56　名片最终效果

【课后实训任务】熟悉软件界面和各项命令

安装软件并熟悉界面，尝试使用工具箱、菜单栏、控制面板等中的各项操作指令。

项目八 名 片 设 计

知识目标

- 掌握 Illustrator 设计软件的基础操作,包括:画板、基本图形绘制、线段与网格绘制、对象选取、变换和管理等知识;
- 掌握名片等卡片类设计工作的相关专业知识和典型工作任务;
- 了解相关的美学、艺术、设计、文化、科学等知识。

能力目标

- 具备色彩和图文搭配、创意思路沟通的能力;
- 具备创新和实践能力以及举一反三完成同类型项目的工作能力;
- 具备独立获取知识、适应后续教育和转岗需求的能力。

素质目标

- 培养爱国主义情感和中华民族自豪感;
- 遵守设计行业道德准则和行为规范、诚实守信、求真务实;
- 具有良好的设计鉴赏和文化艺术修养,培养文化自信和国际视野。

(一)项目概况

1. 基本介绍

名片,又称卡片,中国古代称名刺。谒见、拜访或访问时用的长方形硬纸片,一般上面印有个人的姓名、地址、职务、电话号码、邮箱、单位名称、职业等。名片是新朋友之间自我介绍、互相认识的最快最有效的方法,常见的类型有商务名片、个人名片、公用名片等。交换名片是商业交往的第一个标准官式动作,具有特殊的交换礼仪。

名片最早出现于封建社会。西汉时,称为"谒"。《释名·释书契》载:"谒,诣告也。书其姓名于上以告所至诣者也。"东汉时,"谒"又叫"名刺",系木简,长22.5厘米,宽7厘米,上有执名刺者名字,还有籍贯,与今天的名片相似。唐代,木简"名刺"改为"名纸"。晚唐又唤作"门状""门启",都是自报家门的一种联络方式。宋代的"名纸"还留有主人的手迹。元代,易"名刺"为"拜帖",明清时又称"名帖""片子"。到了明代,读书成了一般人改善生活的唯一出路,识字的人随之大量增加。学生见老师、小官见大官都要先递上介绍自己的"名帖"。明代的"名帖"为长方形,一般长七寸、宽三寸,递帖人的名字要写满整个帖面,如递帖给长者或上司,"名帖"上的名字要大一些以表示谦恭,"名帖"上名字小会被视为狂傲。

清朝才正式有"名片"称呼。清代《竹枝词》中写到"是新拜帖都兴小,三寸来长二寸宽","红笺二寸书名姓,曾许怀间半刺通"。从诗中所知,清代的名帖很小,而且是梅红纸。后来又出现了白纸名帖,"名帖"与今天的名片的格式几乎相同。

现代名片常见的材质有铜版纸、特种纸、透明PVC、金属等。同时,随着计算机技术的迅猛发展,数字名片变得越来越流行,交换也变得越来越方便,并且绿色环保。常见的有手机名片,利用手机名片的识别软件快速识别名片并将其转化成电子名片,同时生成个性化的电子名片网页,从而可以快速分享和交换名片。另外还有U盘名片、二维条码名片、数字ID名片等形式。

2. 设计要点

(1) **构成要素完整**:包括人名(中英文职称、姓名)、公司名(中英文全名)、联络资料(中英文地址、电话、手机、传真号码、邮箱等)、标志、商标文字、饰框、底纹、装饰性图案、标语(表现企业风格的短句)等。

(2) **设计风格新颖**:设计风格与公司的形象、业务、风格相匹配,做到与众不同、有新意;简约设计一般不容易过时,可大量留白(不必是白色)。

(3) **排版统一、突出信息**:排版逻辑清晰、信息简单、明了、准确;便于记忆和识别,突出文本信息、尽量用基础字体;合理配色、避免对比太强烈。

3. 制作规范

名片的大小、规格并不是固定不变的,但有常用的几种标准,可以是横式或竖式,其中成品尺寸:中式标准名片90mm×54mm,美式标准名片90mm×50mm,欧式标准名片85mm×54mm(也常用于银行卡、VIP卡,圆角较多),窄式标准名片90mm×45mm,超窄标准名片90mm×40mm。

另外,还有折叠名片、异形名片等,一般都是客户想展示自己的独特与个性,当然制作成本相对较高,设计版面的时候也增加了难度。

胶印类的名片一般制作分辨率为300ppi,颜色模式为CMYK,文本一般6~16磅(名字字体最大)。

> **注意**:
>
> (1) 先根据客户的实际需求,确定"成品尺寸";然后在设计制作的时候,上下左右各增加2~3mm的出血。比如出血为2mm,成品尺寸为90mm×54mm,设计制作尺寸即为94mm×58mm(其中:90+2+2=94,54+2+2=58)。
>
> (2) 文案和LOGO的编排最好距离裁切线5mm以上,以免裁切时有文字或LOGO被切掉。
>
> (3) 线条、线框粗细的设定不可小于0.1mm,否则印刷成品将会有断线或无法呈现的状况。
>
> (4) 不要将文字设定为套印填色。
>
> (5) 底纹或底图颜色的设定不要低于5%,以免印刷成品时无法呈现;屏幕显示色和实际印刷色不同。
>
> (6) 双面、双折名片标示折线及正反面,特殊尺寸亦同。

4. 工作思路

名片设计项目是平面设计工作中相对简单的任务,首先我们要掌握这项工作的概况、设计要素、制作规范及要求等，然后开始以下工作。

（1）明确客户的具体要求：比如颜色是单色、双色还是四色，名片是单面还是双面，对尺寸和制作工艺的要求有哪些，要放哪些文字和图案，客户对设计风格的偏好等。

（2）进行创作：初学者可能把握不好创意，建议参考网络或书上优秀的设计作品，结合实际情况完成设计与排版方案，并使用计算机设计软件制作正稿。

（3）最后修正：正稿确定后，如果后期需要印刷的，还需完成印前修正才能交付印刷。

（二）工作任务分解

作为一名设计师，为学校设计一张以"几何图形"为设计元素的团体名片。以图 8-1 所示方案为例（也可以按自己的创意方案完成），具体操作步骤如下。

图 8-1　名片设计图（正面、反面）

1. 创建文件

（1）启动 Adobe Illustrator 软件。

（2）单击【新建】按钮，弹出【新建文档】对话框，在【预设详细信息】栏中输入"名片设计"，【宽度】为"90"mm，【高度】为"54"mm（注意单位和方向），【画板】为"2"，【出血线】为"3"mm，【颜色模式】为【CMYK】，【光栅效果】为"300"ppi，如图 8-2 所示。

> **注意：**
> 新建文档时，Photoshop 和 Illustrator 软件在宽度、高度设置时，因"出血"设置而不同。Photoshop 按（成品尺寸 ＋ 出血尺寸）设置，而 Illustrator 按实际尺寸设置即可。

2. 显示标尺和设置参考线

（1）执行菜单栏中【视图】→【标尺】→【显示标尺】命令，如图 8-3 所示。

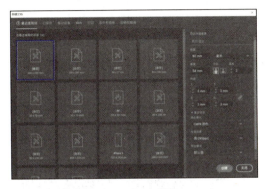

图 8-2　新建页面

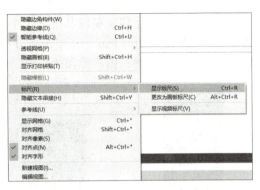

图 8-3　显示标尺

（2）从上方和左侧标尺处向绘图区拖曳拉出参考线；打开【窗口】→【属性】或者

【窗口】→【变换】,分别对应横轴 X 和竖轴 Y 坐标值,精确调整参考线位置,使横向参考线置于竖轴 y 数值 5,49 位置,竖向参考线置于横轴 X 数值为 5,148 位置(中轴线),如图 8-4 所示。

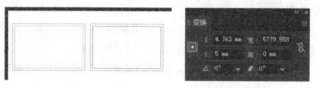

图 8-4　设置参考线并通过变换、属性面板精确定位

(3)为了后续绘图过程中参考线位置不随绘图移动,执行菜单栏【视图】→【参考线】→【锁定参考线】,如图 8-5 所示。

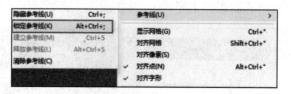

图 8-5　锁定参考线

3. 绘制几何装饰图形

(1)在【未选择对象】的控制栏中,填充色位置(按住 Shift 键调出替代色彩用户界面),选择【CMYK】值依次为 0,100,100,20 的色号,如图 8-6 所示。

(2)选择【矩形工具】 ,依次绘制图形,如图 8-7 所示。

图 8-6　颜色设置　　　　　　　　图 8-7　矩形绘制参考效果

(3)选择【选择工具】 ,选中画板 1 中的矩形;矩形四角内部出现小圆点(边角构件),如图 8-8 所示,将鼠标移至左侧其中一个小圆点上,并单击,此时小圆点外围蓝色加深,如图 8-9 所示;按住【Shift】键,并单击下方小圆点,同时选中两点;移动小圆点向内侧拖曳,此时左侧形成圆角,而右侧依然保持直角,如图 8-10 所示。

图 8-8　边角构件　　　图 8-9　激活边角构件　　　　图 8-10　直角变圆角

（4）选择【直线段工具】 ；在【未选择对象】的控制栏中，【填充色】设置"无"，【描边色】选择【CMYK】值依次为"0，0，0，90"的色号，如图8-11所示；在绘图区单击，设置长度"18"mm，角度"270°"，选择【确定】，如图8-12所示；在控制栏中，设置【描边粗细】为0.5pt；然后将绘制好的直线段移至画板1中适合位置，如图8-13所示。

（5）选择椭圆工具 ；在【未选择对象】的控制栏中，【填充色】位置选择白色，单击绘图区，设置椭圆宽度和高度都为21mm，选择【确定】；选择【选择工具】 ，将圆形图案移至画板2中的水平居中并靠上位置，如图8-14和图8-15所示。

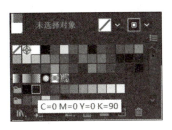
图8-11　设置色号

图8-12　设置直线段长度和角度

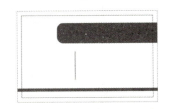
图8-13　移动直线段并设置粗细

图8-14　设置椭圆大小

图8-15　移动椭圆位置

4. 置入素材

（1）打开"素材"文件；选择【选择工具】 ，选中LOGO图形部分，复制粘贴至画板1中；将鼠标移至LOGO图形的四角，当出现双向箭头时，按住【Shift】键，进行等比例缩放，如图8-16所示。

（2）采用"步骤（1）"的方法，复制并缩放其他素材，并移至合适位置，如图8-17所示。

图8-16　复制LOGO素材

图8-17　复制口号素材

5. 文字排版

选择【文字工具】 ；在【未选择对象】的控制栏中，选择【填充色】为黑色；在画板1中依次编辑姓名、职务、联系方式等信息；选择【填充色】为白色，编辑公司中英文等信息，如图8-18所示。

图 8-18　文字输入参考效果

> **注意：**
> 为了防止后期因为没有安装字体出现问题，可以把字体转化为图形。

6. 存储与导出

（1）【文件】→【存储为】，将文档保存至相应位置，默认【保存类型】*.AI。

（2）【文件】→【导出】→【导出为】，选择【保存类型】*.TIF，并勾选【使用画板】，单击【导出】，如图 8-19 所示。

（3）在弹窗【TIFF 选项】中，【颜色模型】选择【CMYK】，【分辨率】选择高 300ppi，单击【确定】按钮，完成导出，如图 8-20 所示。

图 8-19　导出界面　　　　　　　　　　图 8-20　弹窗 TIFF 选项

（三）技能点详解

1. 画板

"画板"指包含可打印或可导出图稿的区域。用户可以改变画板大小来裁剪区域以达到打印或置入的目的。也可以建立多个画板来创建各种内容，比如多页 PDF 文件、不同大小或元素的打印页面、网站或视频故事板等。在一个 Illustrator 文件中最多可以拥有 1000 个画板（具体个数取决于它们的大小）。

1）添加画板

执行下拉菜单栏中的【文件】→【新建】命令，在【新建】对话框中，设置【画板】数值为"2"，即可在新建文档中生成 2 个画板，如图 8-21 所示。

在文档窗口左下角【状态栏】中，选择【画板导航】，可对画板进行选择，如图 8-22 所示。执行下拉菜单栏【视图】→【全部适合窗口大小】，可使所有画板适合文档操作窗口。

2）编辑画板

在编辑文档时，也可以随时"添加、删除、编辑"画板，还可以调整大小，并且可以将画板放在文档窗口中的任意位置操作，主要通过以下几种方式。

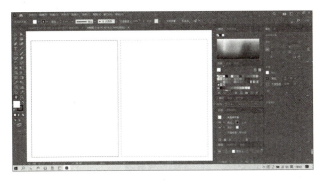

图 8-21　画板显示

图 8-22　画板导航

（1）画板工具：在工具栏中，选中【画板工具】。将鼠标指针移动到绘图区，然后按住鼠标左键进行拖动，即可新建画板。调整画板位置，可以选中【画板工具】，选中要调整的画板，在视图中直接拖曳到想要的位置。同时，选中的画板周围会出现定界框，可以缩放画板大小（长按【Shift】键可以等比例缩放，长按【Alt】键可以从中心向外缩放）。

> 注意：
>
> 在工具栏中选【画板工具】，即可进入【画板编辑模式】。在画板的控制栏中，有预设尺寸、横向或竖向、增加或删除画板、移动/复制带画板的图稿、画板选项、参考点、X值、Y值、尺寸数值等操作命令，如图8-23所示。

图 8-23　画板控制栏

（2）【属性】控制面板：在【画板编辑模式】下，在【属性】控制面板中，可以设置画板的属性，如【X/Y】位置、【宽/高】【名称】等信息；勾选【随画板移动图稿】选项，当画板移动，画板内的图形随着移动，反之图形不移动，如图8-24所示。

单击【画板选项】按钮，在弹出的【画板选项】对话框中，可以根据需求修改画板的各项参数，如切换画板方向（横向和竖向）、重命名、增加和删除画板等，如图8-25所示。

图 8-24　属性面板

图 8-25　【画板选项】窗口

> **注意：**
>
> 用户可以"对齐"画板，便于工作。按住【Shift】键，选中多个需要对齐的画板，在【属性】控制面板中选择【对齐】方式，或者单击对齐面板右下角三点【更多选项】，显示更多对齐选项方式，如图8-26所示。

图8-26 画板对齐方式

（3）【画板】控制面板：执行菜单栏【窗口】→【画板】命令；在【画板】控制面板中，选择右上角 ≡ 按钮，如图8-27所示；根据需求执行"新建画板、复制画板、删除画板、删除空画板"等操作；也可单击 按钮，弹出【画板选项】对话框，然后进行设置。

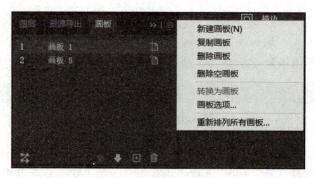

图8-27 【画板】控制面板

> **注意：**
>
> 在【画板】面板中，可以调整画板排列顺序。可以直接拖曳排列画板顺序；也可以先选中画板，单击窗口底部的【上移】 【下移】 来调整画板顺序，如图8-28所示；也可以选择左下角 按钮，打开【重新排列所有画板】对话框，对所有画板的顺序进行不同形式的排列，如图8-29所示。

图8-28 画板弹出窗口

图8-29 重新排列画板

2. 基本图形绘制

在工具栏中，图形绘制工具组中包括【矩形工具】【圆角矩形工具】等6种工具，如图8-30

项目八 名片设计

所示。

1）矩形工具

选中【矩形工具】■；在工作区域，单击鼠标左键，出现【矩形】对话框，在对话框中可设置宽度和高度，如图 8-31 所示；也可直接在工作区域中，按住鼠标左键，然后拖曳直接绘制矩形。

2）圆角矩形工具

方法一：在【矩形工具】的基础上，选择并拖曳四个角上的锚点，可使矩形变成圆角矩形，如图 8-32 所示。

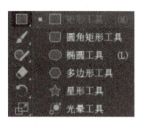　　

图 8-30　形状工具组　　图 8-31　绘制【矩形】对话框　　图 8-32　圆角矩形

注意：

选择锚点拖曳，四个角同时变圆角；点锚点放开，然后再点拖曳，所选的角变为圆角；也可根据需求，通过长按【Shift】键，同时选中多个锚点改变圆角，如图 8-33 和图 8-34 所示。

图 8-33　单个锚点控制圆角　　　　图 8-34　多个锚点控制圆角

方法二：选中【圆角矩形工具】■，单击鼠标左键，弹出【圆角矩形】对话框，在对话框中设置长、宽、高、圆角半径属性，如图 8-35 所示；也可直接按住鼠标左键拖曳绘制。

注意：

如果单击矩形未出现内部四个小圆点，即"边角构件"，可执行菜单栏【视图】→【显示边角构件】命令；若不想显示，可选择【隐藏边角构件】。

3）椭圆工具

选择【椭圆工具】●，单击，弹出【椭圆】对话框，在对话框中设置宽、高，如图 8-36 所示；也可直接按住鼠标左键向对角线方向拖动绘制。（长按【Shift】键可以拖曳出正圆，长按【Alt】键可以从中心向外生成圆）

图 8-35　绘制圆角矩形　　　　图 8-36　绘制圆形

> 注意：
> 　　使用【矩形工具】【圆角矩形工具】【椭圆工具】，以直接拖动鼠标的方式绘制图形时，长按【Shift】键可以拖曳出"正"形，长按【Alt】键可以从中心向外生成图形。

4）多边形工具

选择【多边形工具】，单击希望多边形中心所在的位置，弹出【多边形】对话框，设置半径和边数，如图8-37所示；也可直接按住鼠标左键，向对角线方向拖动绘制。

5）星形工具

选择【星形工具】，单击希望星形中心所在的位置，弹出【星形】对话框，设置半径1、半径2和角点数，如图8-38所示；也可直接按住鼠标左键，向对角线方向拖动绘制。

图8-37　绘制多边形

图8-38　绘制星形

6）光晕工具

选择【光晕工具】，单击希望光晕中心所在的位置，弹出【光晕工具选项】对话框，可设置直径、不透明度、亮度等参数（可勾选"预览"选项实时观察参数设置效果），如图8-39所示；也可直接按住鼠标左键拖动光晕的中心手柄绘制，如图8-40（a）所示，然后再次单击，并拖动为光晕添加光环，如图8-40（b）所示。

图8-39　光晕工具选项弹窗

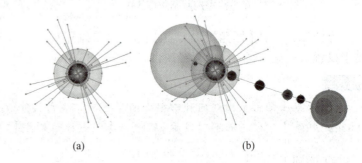

(a)　　　　　　　　　　(b)

图8-40　绘制光晕

> 注意：
> 　　使用【多边形工具】【星形工具】【光晕工具】，以直接拖动鼠标的方式绘制图形时，滑动鼠标可旋转图形方向；按键盘向上箭头键【↑】或向下箭头键【↓】可添加或减少边、角或射线数量；按【Alt】键可以从中心向外生成图形；按【Shift】键将限制设置角度。

3. 线段与网格绘制

线段工具组中包括【直线段工具】【弧形工具】【螺旋线工具】【矩形网格工具】与【极坐标网格工具】5个工具，具体操作如下。

1）直线段工具

选择工具箱中的【直线段工具】，在绘制区单击，弹出【直线段工具选项】对话框，可设置长、宽等参数，如图 8-41 所示；也可直接在绘制区拖曳绘制（按【Shift】可以控制线段方向），如图 8-42 所示。

图 8-41　直线段工具选项

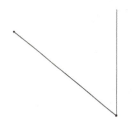

图 8-42　拖曳绘制

2）弧形工具

选择工具箱中【弧形工具】，在绘制区单击，弹出【弧线段工具选项】对话框，可设置 X 轴、Y 轴的长度等参数，如图 8-43 所示；也可直接在绘制区拖曳绘制，如图 8-44 所示。

注意：
用鼠标直接绘制图形时，按住鼠标左键后，再按【F】键，可改变图形的方向；按【C】键，可以形成闭合路径，再次按【C】键，取消闭合路径；按方向键【↑】或【↓】箭头，可以改变圆弧的弧度；长按【Shift】键可以绘制出宽度和高度相同的弧形。

3）螺旋线工具

选择工具箱中的【螺旋线工具】，在绘制区单击，弹出【螺旋形】对话框，可设置半径等参数，如图 8-45 所示；也可直接在绘制区拖曳绘制。

图 8-43　弧线段工具选项　　　图 8-44　绘制弧线段　　　图 8-45　绘制螺旋线

注意：
在绘制过程中，按住【空格】键可以自由移动螺旋线；按住【Ctrl】键可以调节螺旋线的疏密程度（调节的是半径和衰减两个参数）。

4）矩形网格工具

选择工具箱中的【矩形网格工具】，在绘制区单击，弹出【矩形网格工具选择】对话框，可设置水平和垂直分隔线数量等参数，如图 8-46 所示；也可直接在绘制区拖曳绘制。

5）极坐标网格工具

选择工具箱中的【极坐标网格工具】，在绘制区单击，弹出【极坐标网格工具】的对话框，可设置宽度、高度等参数，如图 8-47 所示；也可直接在绘制区拖曳绘制。

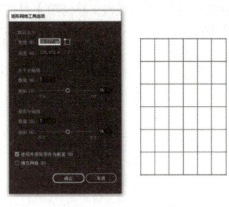

图 8-46　绘制矩形网格

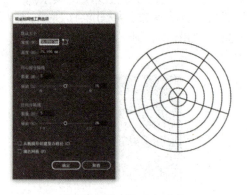

图 8-47　绘制极坐标网格

> **注意：**
>
> 使用【矩形网格工具】【极坐标网格工具】，以直接拖动鼠标的方式绘制图形时，按住【Shift】可绘制"正"图形；按住【空格】键可以自由移动；按【F】键或者【V】键，可以改变水平网格或者轴的疏密；按【C】键或者【X】键，可以改变垂直网格或同心圆的疏密。按方向键【↑】【↓】【→】【←】，可以改变网格的数量；按住【~】键，同时拖动鼠标，可绘制多个图形。

4. 对象选取

1）选择工具

工具栏中的【选择工具】 ▶ （【V】快捷键），可用于选择、移动、旋转对象和调整对象的大小。

（1）**单选**：如需选择单个对象，直接单击所需要的对象即可。

（2）**多选**：如需选择多个对象，可按住【Shift】键，然后逐个单击需要选择的对象。

（3）**框选**：将鼠标指针移到想要选中的对象的左上方，然后按住鼠标左键向右下拖动，以创建覆盖对象的选框，并且只需覆盖对象的一小部分即可将其全部选中，如图 8-48 所示。

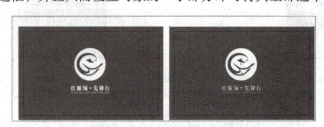

图 8-48　使用【选择工具】框选多个对象

2）直接选择工具

工具栏中的【直接选择工具】 ▶ （【A】快捷键），可以用于选择对象中的锚点、路径及手柄，以便对其进行调整。

单击对象后，锚点如果显示为蓝色"实心"意味已被选中；如果显示为"空心"的蓝色锚点，意味未被选中。如果需要编辑锚点，可以单击激活此锚点（也可以使用上面的方法去单选、多选、框选），然后按住鼠标左键拖动锚点，即可以编辑该对象的形状；如果需要编辑路径，可直接选择路径进行拖曳；如果需要编辑手柄（曲线图形上才有手柄），可单击锚点或路径，在出现手柄后，拖曳手柄即可调整弧度，如图 8-49 所示。

图 8-49　直接选择工具编辑锚点、路径、手柄

注意：

　　按住【Alt】键，然后使用【选择工具】或【直接选择工具】拖曳对象，松开鼠标后即可复制对象。

3）编组选择工具

工具栏中的【编组选择工具】能快速选中编组中的单个图形对象或编组中的组，特别是由多个图形对象所创建的编组。但是【编组选择工具】只能选择或移动图形对象，却不能修改图形对象的外观。

单击已编组的图形对象中的一个图形，即可将其选中；若再次在这个图形上单击，即可选中此图形的编组，如图 8-50 所示。

4）魔棒工具

工具栏中的【魔棒工具】（【Y】快捷键），可以快速选中相同属性的对象。

单击其中一个图形，其他相同属性的对象可同时被选中。

双击【魔棒工具】，可打开设置面板，如图 8-51 所示。可勾选填充颜色、描边颜色、描边粗细、不透明度、混合模式选项；单击选项后，输入或者拖动控制轴更改容差的大小，以设置选择何种相同属性。

图 8-50　编组选择工具单击和再次单击编组的图形

图 8-51　魔棒工具面板

5）套索工具

在工具栏中选择【套索工具】（【Q】快捷键），按住鼠标左键对图形进行自由框选（选中对象局部即可）。【套索工具】可以快速选择图形的结构件并呈现路径、锚点与手柄，相比【直接选择工具】更自由灵活，如图 8-52 所示。

6）选择菜单栏

执行下拉菜单栏中的【选择】命令，包括【全部】【现用画板上的全部对象】【取消选择】【重新选择】【反向】等命令。执行【选择】→【相同】命令，会根据类似的填色、描边颜色、描边粗细等形式来选择，如图 8-53 所示。

图 8-52　套索工具选择　　　　　　　图 8-53　菜单栏【选择】命令

执行【选择】→【对象】命令，可选择同一图层上所有对象的方向手柄、毛刷画笔描边、画笔描边、剪切蒙版、游离点、文本及文字对象等，如图 8-54 所示。

在选中对象的情况下，执行【选择】→【存储所选对象】命令，可以保存所选对象，能在需要时快速选择此对象；执行【选择】→【编辑所选对象】命令，可对存储的所选对象进行重新命名、删除等，如图 8-55 所示。

> **注意：**
> 默认情况下，AI 将显示所有带上色属性的图稿，如填色和描边。但是也可以选择仅显示图稿的轮廓或路径。执行下拉菜单栏中的【视图】→【轮廓】，以查看图稿的轮廓。
> 此时，选中【选择工具】，在对象内单击，会发现并不能使用这种单击填充内容的方法来选中对象。因为"轮廓模式"将图稿显示为轮廓，而没有任何填充。要想在"轮廓模式"下进行选择，可以单击对象的边缘或在形状上按住鼠标左键拖框选中。
> 再次执行【视图】→【在 CPU 上预览】（或【GPU 预览】），即可查看带上色属性的图稿。

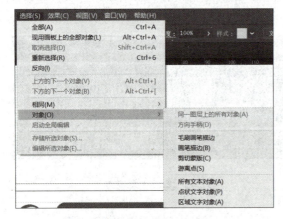
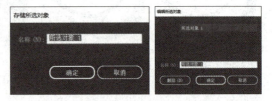

图 8-54　【选择】→【对象】命令　　　　　图 8-55　存储和编辑所选对象

5. 对象变换

Illustrator 软件提供了强大的对象变换功能，可以通过选中对象，单击弹出的【快捷菜单栏】，如图 8-56（a）所示；或【控制栏】中的【变换】，如图 8-56（b）所示；或【变换】控制面板，如图 8-56（c）所示，进行移动、缩放、镜像等各种变换操作，具体操作如下。

1）移动

方法一：通过【选择工具】选择对象，直接拖曳移动。

项目八 名片设计

(a) 快捷菜单栏　　　　　　(b)【控制栏】变换　　　　(c)【变换】控制面板

图 8-56　变换途径

方法二：通过【选择工具】【直接选择工具】或【编组选择工具】选择对象；右击，在弹出列表中选择【变换】→【移动】，或按【Shift+Ctrl+M】组合键，出现【移动】弹窗，如图 8-57 所示，设置水平和垂直数值、距离和角度等选项；同时可勾选【预览】，实时查看移动效果。

2）旋转

方法一：选中一个或多个对象，将光标移动至定界框四角，当出现旋转符号时，可进行自由旋转，按【Shift】键可进行 45°、90° 等特定角度的旋转。

方法二：选中一个或多个对象右击，在弹出列表中选择【变换】→【旋转】，出现【旋转】弹窗，如图 8-58 所示，设置旋转角度；同时可勾选【预览】，实时查看旋转效果。

方法三：选中一个或多个对象，选择【旋转工具】（【R】快捷键），此时所选对象中心出现蓝色中心点，如图 8-59 所示。

图 8-57　移动变换　　　　　图 8-58　旋转变换　　　　　图 8-59　旋转中心

注意：

若要使对象围绕此中心点旋转，可在文档页面的任意位置拖动鼠标作圆周运动即可旋转，（按【Shift】键可进行 45°、90° 等特定角度的旋转）。若要使对象围绕其他参考点旋转，可单击文档页面中的任意位置，以重新定位中心点，然后拖动鼠标做圆周运动，如图 8-60 所示。

也可以按住【Alt】键单击想要重新定位的点，弹出旋转工具的选项对话框，以固定角度旋转或复制。

图 8-60　重新定位旋转中心

3）镜像

方法一：选中一个或多个对象；单击，在弹出列表中执行【变换】→【镜像】，出现【镜像】弹窗，如图8-61所示，选择【轴】水平、垂直或角度镜像效果；同时可勾选【预览】实时查看镜像效果。

方法二：选中想要镜像的对象，选择【镜像工具】（【O】快捷键），双击弹出【镜像】对话框，同图8-61所示，设置镜像效果。

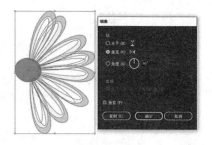

图8-61 镜像变换

注意：

使用【镜像工具】，可以自定义图像镜像轴的中心点。选择工具后，按住【Alt】键，在画面中任意位置单击，确定新的镜像中心点；然后放开鼠标时继续出现【镜像】弹窗，如图8-62所示。

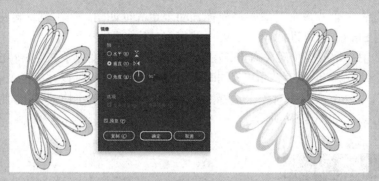

图8-62 通过移动中心点镜像效果

4）缩放

方法一：选中【选择工具】，拖动"定界框"的四个角或四条边中间的缩放符进行缩放图形。

注意：

拖动四角时，按住【Shift】键，可等比例缩放；按住【Alt】键可从中心自由比例缩放，按住【Shift+Alt】组合键，可等比例和从中心缩放；拖动四条边时，按住【Shift】键，可等比例缩放，按住【Alt】键可双向缩放，按住【Shift+Alt】组合键，可等比例和从中心缩放。

方法二：选中一个或多个对象；右击，在弹出列表中执行【变换】→【缩放】，弹出【缩放】窗口，如图8-63所示，设置旋转参数。

方法三：选择工具栏中的【比例缩放工具】（快捷键为字母【S】），双击【比例缩放工具】，弹出【缩放】窗口，同方法二。

5）倾斜

方法一：选中一个或多个对象右击，在弹出列表中执行【变换】→【倾斜】，弹出【倾斜】窗口，设置倾斜参数，如图8-64所示。

方法二：选中一个或多个对象，选择【倾斜工具】，双击【倾斜工具】，同方法一；也可直接在选择【倾斜工具】下，拖曳所选对象，直接进行倾斜变换。

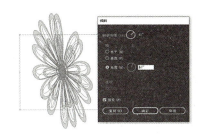

图 8-63　缩放选项　　　　　　　　　　　图 8-64　倾斜变换

注意：

使用【倾斜工具】，按住【Alt】键，在画面中任意位置单击，可将倾斜中心点移动到所需位置；松开鼠标后，会继续出现【倾斜】对话框，操作同方法一；也可关闭倾斜弹窗，进行自由变换。

6）整形

选中需要变换的对象，在工具栏中选择【整形工具】，将鼠标移动至对象路径上进行拖曳，图形发生变形，如图 8-65 所示，可将直线整形为曲线。

图 8-65　直线段整形为曲线

注意：

在使用【整形工具】时，可能存在只能移动图形不能改变图形形状的情况，这时可以先使用【直接选择工具】，将需要变形的锚点选中，然后再使用【整形工具】进行变形。

6. 对象管理

1）编组与解组

"编组"的目的是便于对象的管理与选择。当某个对象组由多个图形组成时，需要进行移动和变换，就需要对这些图形进行编组，方便操作。

首先，选中全部要编组的图形；然后，执行菜单栏中【对象】→【编组】命令（【Ctrl+G】组合键），如图 8-66 所示；或右击，在弹出的快捷菜单中选择【编组】即可，如图 8-67 所示。

图 8-66　【菜单栏】编组　　　　　　　　图 8-67　【快捷菜单栏】编组

不需要编组时,可选中被编组的对象;然后执行菜单栏中【对象】→【取消编组】(【Shift+Ctrl+G】组合键);或右击,在弹出的快捷菜单中选择【取消编组】即可。

2)顺序排列

一个完整的平面设计作品通常是由多个对象组合而成的,这些对象需要按照一定的顺序,有条不紊地排列、组合在一起。作品中经常会出现重叠的元素,排列在上面的对象会遮挡住下面的对象,此时就需要改变对象的排列顺序,使画面效果更好。具体操作如下。

方法一:首先,选择想要调整顺序的对象;然后,执行下拉菜单栏中的【对象】→【排列】→【置于顶层】【前移一层】【后移一层】【置于底层】命令,如图8-68所示。

方法二:首先,选择想要调整顺序的对象;右击,在弹出列表中执行【排列】命令下的子命令,如图8-69所示。

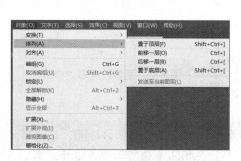

图8-68 排列方法一

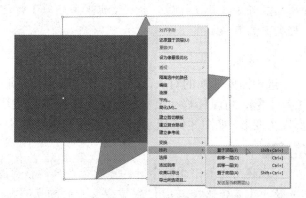

图8-69 排列方法二

3)对齐与分布

Illustrator软件可以将多个对象进行对齐和分布,使之形成一定的排列规律,实现整齐、统一的排版美感。具体操作如下。

首先,同时选中所有需要进行对齐或分布的对象;然后,执行下拉菜单栏中的【窗口】→【对齐】命令,打开【对齐】面板;在【对齐对象】选项中包括【水平左对齐】、【水平居中对齐】等多个选项按钮,如图8-70(a)所示;在【分布对象】中包括【垂直顶分布】、【垂直居中分布】等按钮,如图8-70(b)所示;单击按钮,即可进行相应的对齐操作,如图8-71所示。

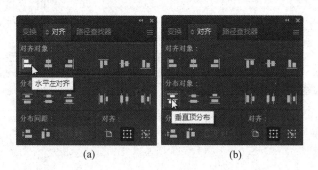

(a)　　　　　　(b)

图8-70 对齐面板

4)隐藏与显示

平面设计作品中有多个对象,当不想删除又不想显示某个对象时,可以执行【隐藏】命令。具体操作如下。

| 对齐前 | 水平居中对齐后 | 分布前 | 垂直顶分布后 |

图 8-71　对齐和分布效果

首先，选中想要隐藏的对象；然后执行下拉菜单栏中的【对象】→【隐藏】→【所选对象】命令，所选对象将暂时被隐藏，如图 8-72 所示。

图 8-72　隐藏对象

执行下拉菜单栏中的【对象】→【显示全部】命令，之前被隐藏的所有对象都会被显示出来。

5）锁定与解锁

平面设计作品中有多个对象，当某个对象不想轻易被移动、编辑或者选中时，可执行【锁定】命令，具体操作如下。

首先，选中想要锁定的对象；然后，执行下拉菜单栏中的【对象】→【锁定】→【所选对象】命令，所选对象将暂时被锁定，如图 8-73 所示。

执行下拉菜单栏中的【对象】→【全部解锁】命令，之前被锁定的所有对象都会被解锁，如图 8-74 所示。

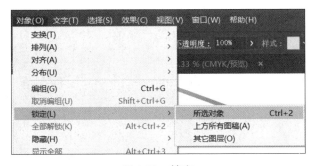

图 8-73　锁定

图 8-74　解锁

【课后实训任务】设计制作工作牌

按客户需求,设计工作牌正反面,参考作品如图 8-75 所示。

图 8-75　工作牌作品参考

项目九 插 画 设 计

知识目标

- 掌握 Illustrator 设计软件的基础操作,包括:图像描摹、填充、描边和其他上色工具等知识;
- 掌握插画设计工作的相关专业知识和典型工作任务;
- 掌握相关的美学、艺术、设计、文化、科学等知识。

能力目标

- 掌握色彩和图文搭配、创意思路沟通的能力;
- 具备追踪和应用最新计算机平面设计技术、技巧和方法的能力;
- 具备独立获取知识、举一反三、适应后续教育和转岗需求的能力。

素质目标

- 培养爱国主义情感和中华民族自豪感;
- 具有热爱劳动的工匠精神、团队合作的集体精神、严谨求实的创新精神;
- 具有良好的设计鉴赏和文化艺术修养,培养文化自信和国际视野。

(一)项目概况

1. 基本介绍

插画,西文统称 Illustration,来源于拉丁文 Illustraio,意为"照亮",即插画可以使文字的意念更加清晰、明确。在中国,插画被人们俗称为插图,《辞海》解释:"指插附在书刊中的图画。对正文内容起补充说明或艺术欣赏作用。"这是一种传统的、狭义的定义,是针对书籍插图做出的定义。

插画的演化与传统绘画艺术是相互关联、密不可分的。我国古代,插画有"图赞""图鉴""图咏"等许多称谓,形式分为卷首附图、文中插画、上图下文或下图上文、扉页画和牌记等。具有代表性的有先秦时期的帛画,如图 9-1 所示,这种帛画已经具有插画的意味了,其文字的说明作用也非常明显。19 世纪,西方的铅印、铜版、石版、照相等技术开始传入我国。在中西方美学思想、艺术流派和绘画技法的相互交融中,中国传统线描的绘画造型方法展现出了新的面貌,现代插画艺术也随之出现了新的转折。20 世纪 40 年代,受到西方插画理念及风格的影响,我国现代插画开始具有浓厚的商业化色彩。这一阶段,中国插画史上重要的代表人物杭稚英以中国传统绘画技法为基础,吸收炭精擦笔画法和水彩画技法,使作品线条更加优美,色彩鲜艳明快。他创作的"月份牌"作品细腻逼真、独树一帜,如图 9-2 所示。

在中国，插画虽然发展得较晚，但追本溯源，源远流长。新中国成立后，插画深受黑板报、版画、宣传画等发展的影响；20世纪80年代，插画借鉴了国际流行风格；90年代中后期，随着计算机技术的普及，更多新锐设计师使用计算机进行插画设计。

随着社会的飞速发展，对插画的含义也有了广义的定义。现代的插画功能已不再是对文字做补充说明和增加版面美感，而是起到了视觉信息传播的作用。日常生活中，为了起到某种特定宣传或促销作用而在书刊、包装、产品、电影、电视、网络媒体等传播介质上加插的图画，都可称为"插画"，如图9-3所示。插画是一种艺术形式，属于视觉传达设计范畴。它以直观的形象性、真实的生活感和美的感染力，在现代设计中占有特定的地位，已广泛应用于文化活动、商业活动、公益活动、影视文化等多个现代设计领域。

图9-1 《美女龙凤图》帛画　　图9-2 杭稚英设计的月份牌　　图9-3 百雀羚插画系列包装设计

互联网的产生更是改变插画设计进程的又一重要因素。首先，数码化的矢量插画因数据量较小、不易失真、易于网络传播而广受欢迎；其次，网络时代的视觉审美要求设计元素更为鲜明、生动、直观，有利于与受众进行互动，而数字插画具备这些特点。此外，互联网突破了传统意义上以杂志、书籍作为主要展示媒介的限制，为各类新锐插画艺术提供了足够大的展示空间，促进了插画的多元化创作。中国插画艺术进入商业化时代。

2. 设计要点

把握主题：确立明确的创作题材和主题，是插画设计的第一步和基本要素。

语言转换：将文字语言转化为视觉语言，这种转化需要依靠想象力和形象思维能力。

造型表现形式：插画作为一种造型艺术，主要分为具象插画、抽象插画、卡通插画等形式，有些插画作品很简练，有些又很丰富，但简练而非简单，丰富而非烦琐。

其他相关要素：主题风格、设计理念、创造力、表现能力、色彩搭配等。

3. 制作规范

插图的尺寸可以根据实际需求来设定，没有固定的大小和比例。色彩模式可以为RGB或CMYK模式，使用矢量绘图软件，"光栅效果（输出分辨率）"可以设置为300ppi。

4. 工作思路

在现有照片或图片的基础上，描摹和创作插画是平面设计工作中相对简单的任务，首先我们要掌握这项工作的概况、设计要素、制作规范及要求等，然后开始以下工作。

（1）明确客户的具体要求：比如对主题定位、表现形式、场景、色彩等造型表现的要求。

（2）进行创作：初学者可能把握不好创意，建议参考网络或书上优秀的设计作品，结合实际情况完成设计，并使用计算机设计软件制作正稿。

项目九　插画设计

（3）最后修正：修改、正稿确定。

（二）工作任务分解

作为一名插画师，请为中国的传统节日"中秋节"设计一幅插画，以图 9-4 所示方案为例，具体操作步骤如下。

1. 创建文件

（1）启动 Adobe Illustrator 软件。

（2）单击【新建】按钮，弹出【新建文档】对话框，在【预设详细信息】栏中输入"插画"，【宽度】为 200mm，【高度】为 200mm，【颜色模式】为 CMYK 颜色，【光栅效果】为 300ppi，如图 9-5 所示。

图 9-4　插画设计案例　　　　　　　　图 9-5　新建页面设置

2. 新建色板

（1）打开"配色"素材文档；全选色块，执行【复制】命令；在"插画"文档中，执行【粘贴】命令，如图 9-6 所示。

（2）选中"色块 1"；单击【矩形】控制栏中的【填色】按钮；在弹出面板中，单击【新建色板】，弹出【新建色板】，如图 9-7（a）所示，单击【确定】按钮，新建一个色板；依次选中 6 个色块，重复以上操作，为文档设置 6 个新色板，如图 9-7（b）所示。

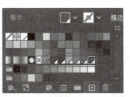

　　　　　　　　　　　　　　　　　（a）新建色板　　　（b）新色板

图 9-6　配色　　　　　　　　　图 9-7　新建色板

195

3. 绘制背景框图

（1）选择【圆角矩形工具】 ■，按住【Shift】键在画板中绘制一个圆角正方形；然后，使用【选择工具】 ▶，将圆角正方形拖至画板中央。

（2）单击【矩形】控制栏中的【边角类型】为【反向圆角】按钮，如图9-8所示；然后，使用【选择工具】拖曳"角点"，调整内圆角至合适的大小位置，如图9-9所示。

（3）选中"圆角正方形"；使用【吸管工具】取样"色块6"，为对象填色，如图9-10所示。

图9-8 边角类型

图9-9 调整"角点"

（4）单击【矩形】控制栏中的【描边】 ■按钮，在弹出面板中，选中新建的"金色"色板，如图9-11所示；然后，设置【描边粗细】为"10"pt，如图9-12所示。

图9-10 填充颜色

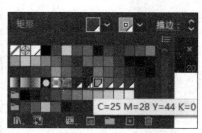

图9-11 选择新建色板

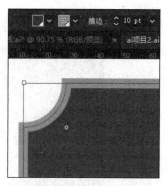

图9-12 设置描边粗细

（5）选中【星形工具】 ★；在工作区绘制一个五角星；并将【填充】设置为"无填充"，【描边】设置为"金色"，数值设置为"8"pt；使用【直接选择工具】 ▶将五角星的角变圆滑形似"花形"，如图9-13所示。

（6）执行菜单栏中的【对象】→【图案】→【建立】命令，弹出【图案选项】面板，在面板中可以设置【名称】【瓶贴类型】等选项（可预览），如图9-14所示，设置完成后，单击上方的【完成】按钮；将"花形"图案添加到"色板"面板中，如图9-15所示；然后，将画板中的"花形"对象删除。

图9-13 绘制星形

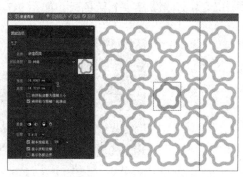

图9-14 图案选项

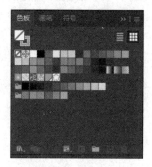

图9-15 色板添加

（7）选中"圆角正方形"对象，按【Ctrl+C】组合键复制、按【Ctrl+V】组合键粘贴，在上方叠加一个对象；然后，将对象【填充】改为【色板】中的"花形"，【描边】设为"无"，效果如图9-16所示。

（8）执行菜单栏中的【窗口】→【透明度】命令，弹出【透明度】面板；将【混合模式】选为"柔光"，【不透明度】设为"20%"，如图9-17所示。

4. 绘制月亮

（1）选择【椭圆工具】，按住【Shift】键，在画板中绘制"月亮"，如图9-18所示（填充色默认不同）。

图9-16　图案填充　　　　图9-17　不透明度设置　　　　图9-18　绘制月亮

（2）选择【渐变工具】；在【未选择对象】控制栏中，单击【渐变类型】中的【径向渐变】按钮，然后再单击对象"月亮"，产生渐变效果如图9-19所示（默认为黑白渐变）。

（3）单击"控制柄"外侧的颜色点，设置为"深金"色；同样操作，设置内侧颜色点为"浅金色"，并调整【不透明度】为"40%"，效果如图9-20所示；最后调整控制柄位置，调整渐变效果，如图9-21（a）所示。

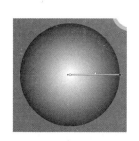　　　　　　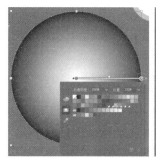

图9-19　填充径向渐变　　　　　　图9-20　调整渐变效果

(a) 调整控制柄位置　　　(b) 置入素材　　　(c) 图像描摹

图9-21　调整控制柄及素材描摹

5. 绘制月兔

（1）执行菜单栏中的【文件】→【置入】命令，将素材"兔子"置入画面；并使用【选择工具】调整"月兔"的大小和位置，如图9-21（b）所示。

（2）执行菜单栏中的【对象】→【图像描摹】→【建立】命令，将位图转换为矢量图，如图9-21（c）所示。

（3）执行【窗口】→【图像描摹】命令，弹出【图像描摹】窗口，将【阈值】数值设置为"230"，产生剪影效果，如图9-22所示。

（4）执行菜单栏中的【对象】→【扩展】命令，将描摹对象扩展为可编辑对象；然后右击，在弹出列表中选择【取消编组】。

（5）选中白色区域，按【Delate】键删除，效果如图9-23所示。

（6）使用【选择工具】选中"月兔"；并在控制栏中，将【填充】改为"深金色"；然后在【透明度】面板中，将【不透明度】设为"70%"，如图9-24所示。

图9-22　调整阈值　　　　图9-23　删除白色区域　　　　图9-24　设置【透明度】

6. 绘制桂花枝

重复任务5的操作步骤，将位图"桂花枝"描摹为矢量图形，如图9-25所示，删除多余部分并完成调整，效果如图9-26所示。

图9-25　桂花枝描摹　　　　　　　　　图9-26　描摹调整效果

7. 制作文字

复制"花好月圆"文字到画板，如图9-27所示；使用【实时上色选择工具】，选中想要填充的区域，如图9-28所示；然后再使用【吸管工具】取样填充，最终效果如图9-29所示。

8. 存储与导出

（1）执行【文件】→【存储】命令，将文档保存至相应位置。

图 9-27　复制文字　　　　　图 9-28　实时上色　　　　　图 9-29　文字上色效果

（2）执行【文件】→【导出】→【导出为】命令；选择 jpg 格式，并勾选【使用画板】，单击【导出】按钮；

（3）在弹出的【JPEG 选项】面板中，设置【颜色模型】为【RGB】，【品质】为"10"、最高，【分辨率】为"300"dpi，单击【确定】按钮，完成导出。

（三）技能点详解

1. 图像描摹

1）建立

"图像描摹"可将位图转换为矢量图。常应用于制作矢量插画、混合插画、照片转手绘效果等。转换矢量图形后，如果对效果不满意，还可以重新调整。具体操作步骤如下。

步骤一：执行下拉菜单栏中的【文件】→【置入】命令，选择置入图像。

步骤二：单击【属性】控制面板中的【快速操作】的【嵌入】命令，嵌入原始图像的副本，如图 9-30 所示。

步骤三：执行下拉菜单栏中的【对象】→【图像描摹】→【建立】命令，使用默认参数进行描摹，图像自动转换成黑白描摹效果，如图 9-31 所示。

图 9-30　嵌入图像　　　　　　　　　　图 9-31　默认描摹效果

步骤四：选中描摹对象的情况下，在【图像描摹】控制栏，如图 9-32（a）所示；或【属性】控制面板中的【图像描摹】选项，如图 9-32（b）；或执行菜单栏【窗口】→【图像描摹】，弹出【图像描摹】控制面板，如图 9-32（c）所示；然后更改【预设】【模式】【阈值】等参数，改变描摹效果，如图 9-32（d）所示。

> **注意：**
> （1）在【图像描摹】面板中，选择【视图】中的【描摹结果】可以直接预览描摹效果；
> （2）置入图像的分辨率决定着描摹的速度。

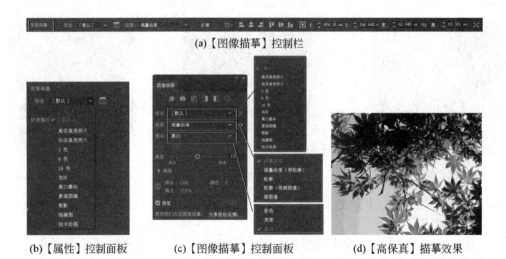

(a)【图像描摹】控制栏

(b)【属性】控制面板　　(c)【图像描摹】控制面板　　(d)【高保真】描摹效果

图 9-32　图像描摹操作

2）扩展

图像描摹后生成的矢量图形，需要在【属性】控制面板的【快速操作】中执行【扩展】命令，才能将描摹对象转换为路径编辑，如图 9-33（a）所示。随后，在【快速操作】面板中出现【取消编组】的命令，执行命令后可以解散对象，各部分作为单独对象进行编辑，如图 9-33（b）所示。

(a)【扩展】命令　　　　　　　　(b)【取消编组】命令

图 9-33　扩展

2. 填充

矢量图形由"路径"和附着在路径之上的"描边"及路径内部的"填充"构成。路径本身只能在矢量绘制软件中看到，而无法输出为实体图形，因此路径必须被赋予"填充色"和"描边色"才能显现，如图 9-34 所示。

"填充"是指在形状内部填充颜色，可以是单一的颜色，也可以是渐变色或者图案。

1）单色填充

（1）使用【控制栏】：可以在【未选择对象】 的控制栏中快速设置填充及描边颜色，这是最常用的方式。既可以在绘制图形之前设置，也可以在选中图形后设置，如图 9-35 所示（如果界面中没有显示【控制栏】，可以执行【窗口】→【控制】命令使其显示）。

（2）使用【标准颜色控件】：使用【控制栏】设置填充和描边颜色时，是通过"色板"来完成的。当色板中的颜色种类较少，无法满足需求时，可在位于工具箱下方的【标准颜色控件】中双击，在弹出的【拾色器】中进行设置，如图 9-36 所示。

（3）使用【色板】控制面板：执行菜单栏中【窗口】→【色板】命令，弹出【色板】控制面板，如图 9-37 所示，进行设置。

项目九 插画设计

图 9-34 矢量图属性

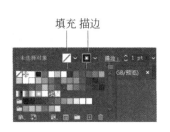

图 9-35 控制栏

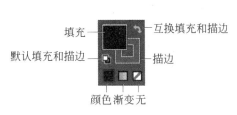

图 9-36 标准颜色控件

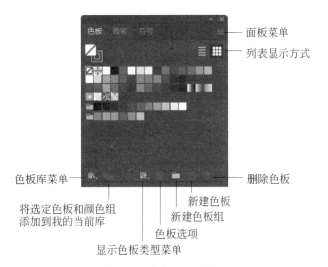

图 9-37 【色板】面板

（4）使用【颜色】控制面板：执行菜单栏中【窗口】→【颜色】命令，弹出【颜色】控制面板，如图 9-38 所示。单击面板菜单按钮 ，可在弹出的菜单中执行【显示选项】命令。

图 9-38 【颜色】面板

2）渐变色填充

"渐变色"是指由一种颜色过渡到另一种颜色的效果，具体操作方法有以下两种。

（1）使用【渐变】控制面板：执行菜单栏中的【窗口】→【渐变】命令，弹出【渐变】控制面板，如图 9-39 所示。默认状态下为黑白色系的渐变，单击控制面板中的【类型】可以改变渐变的类型，单击【色标】可以对渐变色进行改变。

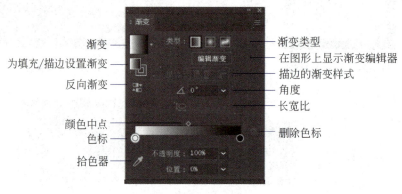

图 9-39 【渐变】面板

> **注意：**
>
> 渐变的类型主要有三种，线性渐变、径向渐变和任意形状渐变，如图 9-40 所示。
>
> - **线性渐变**
>
> 【线性渐变】可使颜色从一点到另一点进行"直线形"混合，如图 9-41 所示。

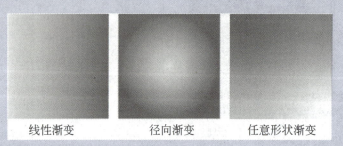

图 9-40 【渐变】类型

图 9-41 线性渐变

- **径向渐变**

【径向渐变】可使颜色从一点到另一点进行"环形"混合，如图 9-42 所示。

- **任意形状渐变**

【任意形状渐变】可在某个形状内使颜色形成"逐渐过渡"的混合效果。可以是有序混合，也可以是随意混合，混合效果平滑、自然，如图 9-43 所示。可以按【点】或【线】两种模式进行填充。

【点】：使用此模式可用"点"的形式绘制渐变效果。具体操作如下。

创建——添加一个或多个色标，可单击对象填充区域中的任意位置，在弹出窗口中设置色标，如图 9-44 所示。

修改——更改色标的位置，可直接用鼠标拖动色标，移动到所需位置。

删除——删除色标，可在选中色标点后，用鼠标将色标点拖动到对象填充区域之外；或单击【渐变】面板中的删除按钮；或者直接按【Delete】键删除；

图 9-42　径向渐变　　　　图 9-43　任意形状渐变　　　　图 9-44　添加色标

【线】：使用此模式可用"线"的形式绘制渐变效果。具体操作如下。

创建——单击对象填充区域中的任意位置，创建第 1 个色标（起点）；然后再次单击鼠标左键创建第 2 个色标，此时会添加一条连接第 1 和第 2 个色标的直线渐变，如图 9-45（a）所示。再次单击以创建更多色标，此时直线会变为曲线，如图 9-45（b）所示。另外，还可以在一个对象填充中创建多个单独的线段渐变，如图 9-45（c）所示。

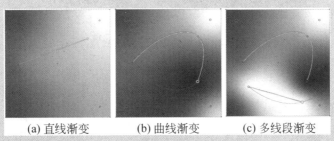

(a) 直线渐变　　　　(b) 曲线渐变　　　　(c) 多线段渐变

图 9-45　创建任意"线"渐变

修改和删除色标的操作同"点"的操作一样。

（2）使用【渐变工具】：使用【渐变工具】能调整渐变的位置、比例、颜色等设置。可拖动"渐变控制器"来进行改变，如图 9-46 所示。

3）图案填充

可将图案设置为填充对象。在【色板】和【色板库】的控制面板中有默认图案可供选择，也可以使用自定义的图案进行填充。

（1）使用【色板】控制面板：执行【窗口】→【色板】命令，打开【色板】控制面板，如图 9-47 所示；单击【"色板库"菜单】按钮，在弹出的列表中，选择【图案】选项（其中包括【基本图形】【自然】【装饰】3 个类型），根据所需进行选择，如图 2-47 所示。以选择【装饰】中的【装饰旧版】为例，填充效果如图 9-48 所示。

（2）创建自定义图案【色板】：选中想要自定义为图案的对象；执行菜单栏中的【对象】→【图案】→【建立】命令；在弹出的提示对话框中单击【确定】按钮，如图 9-49 所示。在弹出的【图案选项】面板中，可以对图案的拼贴类型、大小、位置、重叠等参数进行设置，如图 9-50 所示。

3. 描边

在绘制图形前，可在【未选择对象】的【控制栏】中进行描边属性设置；或选中对象后，再在【控制栏】中进行描边属性设置，如图 9-51 所示，可以通过参数设置粗细、端点、虚线、箭头等各种线型效果。

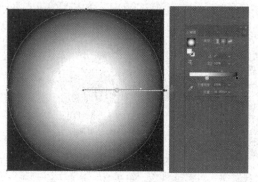

图 9-46 渐变控制器

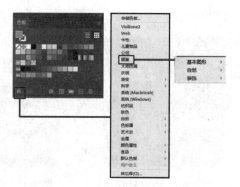

图 9-47 【色板】面板中找到图案

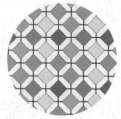

图 9-48 【装饰旧版】填充效果

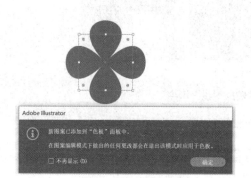

图 9-49 创建图案色板

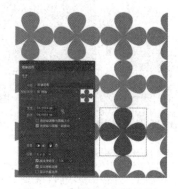

图 9-50 【图案选项】面板

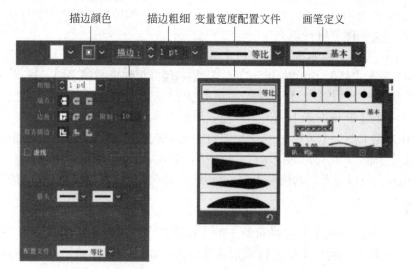

图 9-51 【控制栏】描边设置

1）描边属性

（1）粗细：在【描边】面板中，【粗细】选项用于设置描边的宽度，单位为pt，如图9-52所示。

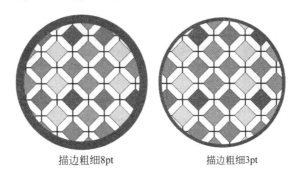

图 9-52 【粗细】设置

（2）端点：在【描边】面板中，【端点】选项组用于指定开放线段两端的端点样式。其中【平头端点】用于创建具有方形端点的描边线；【圆头端点】用于创建具有半圆形端点的描边线；【方头端点】用于创建具有方形端点且端点外延伸出线条宽度一般的描边线，如图9-53所示。

图 9-53 【端点】设置

（3）边角：在【描边】面板中，【边角】选项组用于指定路径拐角部分的样式。其中【斜接连接】可以创建具有"点式拐角"的描边线；【圆角连接】可以创建具有"圆角拐角"的描边线；【斜角连接】可以创建具有"方形拐角"的描边线；【限制】选项用于设置超过指定数值时扩展背书的描边粗细，如图9-54所示。

图 9-54 【边角】设置

（4）对齐描边：在【描边】面板中，【对齐描边】选项组用于设置描边相对于路径的位置。其中【使描边居中对齐】可以使路径两侧具有相同宽度；【使描边内侧对齐】可以在路径内部描边；【使描边外侧对齐】可以在路径外部描边，如图9-55所示。

（5）虚线：在【描边】面板中，可以设置【虚线】的间距、虚线线段的长短，如图9-56所示。

（6）箭头：在【描边】面板中，【箭头】选项组用来在路径起点或终点位置添加箭头。箭头的大小、形状都可选择和设置，如图9-57所示。

图 9-55 对齐方式设置

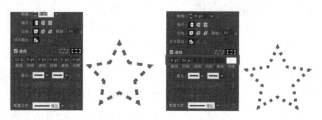

图 9-56 【虚线】设置

(7) 变量宽度配置文件: 在【描边】面板中的【配置文件】选项, 或在【控制栏】的【变量宽度配置文件】选项中, 可以设置路径的变量宽度和翻转方向, 如图 9-58 所示。

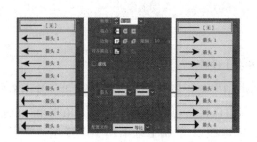

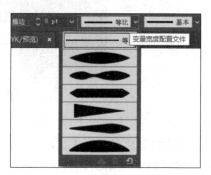

图 9-57 箭头设置　　　　　　图 9-58 【配置文件】设置

(8) 画笔定义: 在【控制栏】的【画笔定义】选项中, 可以选择不同的画笔样式为路径描边, 如图 9-59 所示。

2)描边填充

描边填色是指对路径的边缘进行填充, 和路径内部填充一样, 描边也可以赋予单色、渐变色或者图案, 如图 9-60 所示。操作方法同知识点"填充"相同, 可以通过【控制栏】【标准颜色控件】【颜色】【色板】【渐变】等途径进行设置。

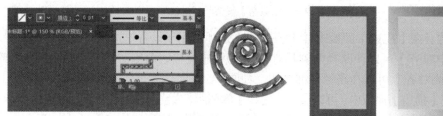

图 9-59 【画笔描边样式】设置　　　　图 9-60 单色、渐变色、图案描边填色效果

4. 其他上色工具

1）吸管工具

【吸管工具】可以吸取对象的属性（包括图形的描边样式、填充颜色，文字的字符属性、段落属性等），并快速赋予其他对象。在【吸管工具】上双击，会弹出【吸管选项】弹窗，如图 9-61（a）所示，在选项中可以选择【吸管挑选】和【吸管应用】。如图 9-61（b）所示，为吸取颜色和描边效果。

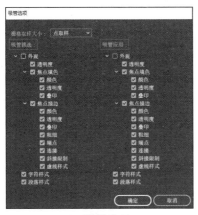

(a) 吸管选项　　　　(b) 吸取颜色、描边效果

图 9-61　【吸管工具】

2）网格工具

"网格对象"是一种多色填充对象。创建网格对象时，将会自动生成多条线（网格线），交叉穿过对象，为处理对象上的颜色过渡提供了一种简便的方法。任意 4 个"锚点"之间的区域称为"网格面片"，可以通过更改锚点的颜色来更改网格面片的颜色；通过移动和编辑锚点和手柄，更改颜色的变化强度和着色范围，如图 9-62 所示。

图 9-62　网格对象

（1）创建网格对象：选择【网格工具】，鼠标单击对象，生成网格对象，如图 9-63（a）所示。直接从【色板】控制面板中，选中颜色拖到网格面片上，或者拖到锚点上进行颜色填充，渐变效果如图 9-63（b）所示。

(a) 生成网格对象　　　　(b) 填充网格面片和锚点

图 9-63　网格工具

(2)编辑网格对象：可以使用多种方法来编辑网格对象。如添加、删除和移动锚点；更改锚点和网格面片的颜色；将网格对象恢复为常规对象等。具体操作如下。

添加锚点：选择【网格工具】，鼠标在网格线上单击，即可添加锚点；在填充区域内单击，即可添加网格线。

删除锚点：按住【Alt】键单击锚点即可删除锚点；或者选中锚点按【Delete】键，也可删除锚点。

编辑锚点：使用【网格工具】或【直接选择工具】拖动锚点或手柄，即可编辑锚点，（按住 Shift 键，然后使用【网格工具】拖动锚点，会使该锚点在网格线上移动）。

3）实时上色工具 / 实时上色选择工具

"实时上色"是一种非常智能的填充方式，传统的填充只能针对一个单独的对象进行，而实时上色则能对多个对象的交叉区域进行填充。

首先，全选需要进行实时上色的对象组，如图 9-64（a）所示；然后，选择【实时上色工具】，先单击【色板】中的颜色，再单击对象中需要填色的区域，如图 9-64（b）；多次单击上色后，建立"实时上色组"，效果如图 9-64（c）所示。

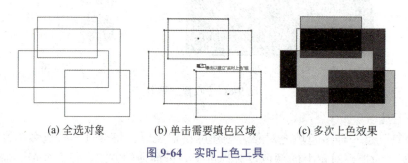

(a) 全选对象　　　　(b) 单击需要填色区域　　　　(c) 多次上色效果

图 9-64　实时上色工具

> **注意：**
>
> 双击【实时上色工具】，如图 9-65（a）所示，在弹出的【实时上色工具选项】窗口中勾选【描边上色】选项，如图 9-65（b）所示，还可以对描边进行分段上色。
>
> 【实时上色选择工具】可以选中"实时上色组"中的任意区域，然后进行颜色修改，如图 9-66 所示。
>
>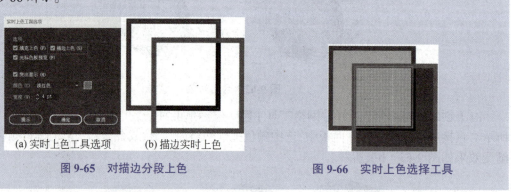
>
> (a) 实时上色工具选项　　(b) 描边实时上色
>
> 图 9-65　对描边分段上色　　　　图 9-66　实时上色选择工具

4）重新着色

在绘制多色填充对象时，可执行【重新着色】命令，更改不同的配色。

首先，选中对象；在【属性】面板中，执行【快速操作】中的【重新着色】命令，如图 9-67 所示；或执行菜单栏中【编辑】→【编辑颜色】→【重新着色图稿】命令；拖动颜色圈可以更改颜色组和单个颜色，如图 9-68 所示。

图 9-67 【重新着色】　　　图 9-68 【重新着色工具】

【课后实训任务】设计一张樱花季门票

作为一名设计者，请使用本章节的工具，设计一张樱花季门票。效果可参考图 9-69 所示。

图 9-69　门票示意图

项目十 LOGO 设计

知识目标

- 掌握 Illustrator 设计软件的基本操作，包括：钢笔工具组、画笔工具组、Shaper 工具组等知识；
- 掌握 LOGO 设计工作的相关专业知识和典型工作任务；
- 了解相关的美学、艺术、设计、文化、科学等知识。

能力目标

- 掌握创意图形的绘制与设计，色彩搭配、创意思路沟通的能力；
- 培养创新和实践的能力，运用所学知识独立完成同类型项目的工作能力；
- 具备自主获取、处理和运用知识的能力，并能举一反三。

素质目标

- 培养中华民族自豪感，重视中国传统文化的传承；
- 遵守设计行业道德准则和行为规范、诚实守信；
- 具有良好的设计鉴赏和文化艺术修养，培养文化自信和国际视野。

（一）项目概况

1. 基本介绍

LOGO 是英文 LOGOtype 的缩写，意为徽标、标志或者商标，是表明事物特征的识别符号。LOGO 是现代经济的产物，它不同于古代的印记，现代标志承载着企业的无形资产，是企业综合信息传递的媒介。通过形象的 LOGO 设计，可以让消费者记住公司和品牌文化。网络中的徽标主要是各个网站用来与其他网站链接的图形标志，代表一个网站或网站的一个板块。

标志是一种精神文化的象征，随着商业全球化的趋势日渐加强，标志的设计已经被越来越多的客户所看重，很多品牌已经意识到一个好的标志的重要性。因为，标志不仅代表品牌的内容或意义，还具有浓缩、概括品牌信息的作用，在信息传递过程中，是应用最广泛、出现频率最高，同时也是最关键的设计元素。对于设计公司来说，为客户设计精美且有意义的标志已经不是最终目的，最终目的是要设计出与众不同、能够给观者留下视觉震撼的标志。

在设计领域，标志以视觉形象为载体，以单纯、显著、特异、优美、易识别的物象、图形或者文字符号为直观语言。图像 LOGO 是指使用动物、人物、植物、几何图形组成的图像，这组图像可提示性地说明某事某物，并且这组图像在生活中是存在的。图形 LOGO 是指由点、线、面不规则的图形组成，创造出新的图形，而且这组图形在生活中是不存在的。文字 LOGO 是指中文、英文、阿拉伯数字经过艺术设计美化后形成的图形。LOGO 设计涉及心理学、美学、色彩学等领域，同时在设计过程中要有法律意识，要注意敏感的字样、形状和语言。

现代 LOGO 的概念更加完善、成熟，标志的推广与应用已建立了完善的系统。随着数字时代的到来与网络文化的迅速发展，传统的信息传播方式、阅读方式受到了前所未有的挑战。效率、时间的概念标准也被重新界定，在这种情况下，LOGO 的设计风格也向个性化、多元化发展。对于标志创作和设计者来说，要通过一个简洁的标志符号表达比以前多几十倍的信息量。经典型 LOGO 与具有前卫、探索倾向的设计并存，设计的宽容度扩大了。

LOGO 设计除了要个性化、人性化、多元化发展之外，信息化也非常重要。在信息化时代的背景下，LOGO 与以往不同，除表明品牌或企业属性外，LOGO 还要具有更丰富的视觉效果、更生动的造型、更适合消费心理的形象和色彩元素等。同时，通过整合企业多方面的综合信息进行自我独特设计语言的翻译和创造，使标志不仅能够形象贴切地表达企业理念和企业精神，还能够配合市场对消费者进行视觉刺激和吸引，协助宣传和销售。

2. 设计要点

LOGO 设计需要符合主题深刻、内涵丰富、简洁明了、科学规范、创意独特、富有美感、适应性广、持久性长、可行性强、考虑周全等要求。除此之外，还需要注意以下要点。

（1）保持视觉平衡、讲究线条的流畅，使整体形状美观。线条作为表现手段，在传递信息时需要符合品牌战略，降低负面联想或错误联想风险。

（2）用反差、对比或边框等强调主题。标志外延含义的象征性联想须与品牌核心价值精准匹配。

（3）注意留白，给人想象空间。标志整体联想具备包容性及相对清晰的边界，为品牌长远发展提供延伸空间。

（4）标志色彩作为视觉情感感受的主要手段、识别第一元素，须将品牌战略精准定位，用色彩精准表达。

（5）选择恰当的字体。

3. 制作规范

LOGO 需要适用于不同的场景，比如网络、墙体广告等，有时客户还需要在黑白色调下使用。因此，矢量 LOGO 设计对尺寸和颜色模式没有特定要求，但需要注意比例和颜色的标准化设计，以便于放大、缩小和在多种媒介上传播。

LOGO 的国际标准规范是为了便于在 Internet 上信息的传播，其中关于网站的 LOGO，目前有五种规格：88px×31px（互联网上最普遍的 LOGO 规格），120px×60px（用于一般大小的 LOGO 规格），120px×90px（用于大型的 LOGO 规格），234px×60px（用于主页广告链接 LOGO）、392px×72px（用于图片展示的广告 LOGO）。

4. 工作思路

LOGO 设计项目是平面设计工作中相对较难的任务，首先我们要掌握这项工作的概况、设计要点、制作规范及要求等，然后开始以下工作。

（1）调研分析：图形要素挖掘、明确客户的具体要求、制定 LOGO 设计方向。

（2）**进行创作**：初学者可能把握不好创意，建议参考网络或书上优秀的设计作品，结合实际情况完成设计方案，并使用计算机设计软件制作正稿。

（3）**最后修正**：提案确定、完善细节、最后修正定稿。

（二）工作任务分解

作为设计师，以我国非物质文化遗产中极具代表性的民间艺术"布老虎"为原型设计制作一个徽标，以图 10-1 所示方案为例，具体操作步骤如下。

1. 创建文件

（1）启动 Adobe Illustrator 软件。

（2）单击【新建】按钮，弹出【新建文档】对话框，在【预设详细信息】栏中输入"布老虎徽标"，【宽度】为"200"mm，【高度】为"200"mm，【画板】为"1"，【出血线】为"0" mm，【颜色模式】为【CMYK】，【光栅效果】为"300"ppi，如图 10-2 所示。

2. 设置参考线并置入底图

（1）执行【视图】→【标尺】命令，显示标尺。

（2）以 50mm 为一个单元，添加水平和垂直参考线，并执行【视图】→【参考线】→【锁定参考线】命令，如图 10-3 所示。

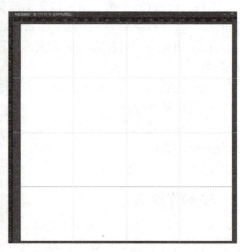

图 10-1　布老虎徽标设计　　　图 10-2　新建文档　　　图 10-3　设置参考线

（3）执行【文件】→【置入】命令，在弹出对话框中，鼠标双击选择素材"布老虎"文件；在文档画面中，单击，置入布老虎素材作为底图；按住【Shift】键，使用【选择工具】等比例调整素材的大小和位置。

（4）调整完毕后，单击右侧【属性】控制面板中【嵌入】按钮，如图 10-4 所示，也可以在属性栏中选择【嵌入】；并在上方【不透明度】 中设置为"50%"，如图 10-5 所示。

（5）执行【对象】→【锁定】→【所选对象】命令，如图 10-6 所示，锁定素材（防止在后期绘制过程中被挪动）。

  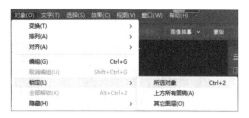

图 10-4　素材嵌入　　　　图 10-5　设置对象透明度　　　　图 10-6　锁定对象

3. 绘制图案

（1）使用【钢笔工具】 ，依照布老虎底图边缘，依次设置锚点和手柄（按住【Shift】键，可水平调整手柄），绘制一个封闭的虎头形状，如图 10-7 所示。

图 10-7　使用钢笔工具绘制虎头形状的过程

（2）使用【圆形工具】绘制布老虎左侧眼部最外围图案；用【直接选择工具】对锚点进行调整，得到眼部水滴状图案；继续用【圆形工具】绘制鼻子装饰图案和眼睛内部线条；使用【螺旋线工具】绘制眼部上方睫毛装饰图案；使用【钢笔工具】根据底图绘制左侧不规则图案，如图 10-8 所示，（注意按从底层逐渐向上的顺序绘制图形，否则后面需要调整图层顺序）。

（3）根据色卡素材，运用【吸管工具】，依次在【颜色】控制面板中将色卡中的颜色新建至面板中，以便后续使用，如图 10-9 和图 10-10 所示。

 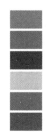 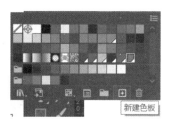

图 10-8　图形绘制　　　　图 10-9　色卡　　　　图 10-10　新建色板添加配色

（4）使用【选择工具】和【颜色】控制面板，依次对刚刚所绘制的图形进行填充和描边，效果如图 10-11 所示。

（5）使用【选择工具】，框选左侧所有图形；然后右击，在弹出列表中，执行【变换】→【镜像】命令；弹出【镜像】对话框，如图 10-12 所示，单击【复制】按钮，将左侧图形镜像复制至右侧，效果如图 10-13 所示。

（6）使用【圆角矩形工具】绘制布老虎头顶"王"字图形、嘴唇底纹；使用【圆形工具】绘制布老虎耳朵、鼻子等图形，并填色与描边，如图 10-14 所示。

（7）在属性栏中选择【描边色】为黑色、3pt，使用【钢笔工具】绘制布老虎牙齿图案；在属性栏中选择【描边色】为新色板中的蓝色、3pt，使用【直线段工具】绘制鼻子褶皱纹理，效果如图 10-15 所示。

213

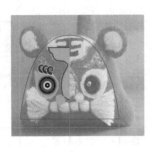  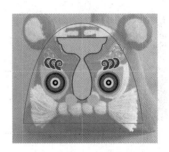

图 10-11　图形填充和描边　　　图 10-12　镜像左侧图形　　　图 10-13　镜像效果

（8）选择【直线工具】，并在【属性】面板中，设置【描边】为白色、1pt，在画面中绘制一条"胡须"；然后按住【·】键（同【~】一个键），拖曳鼠标，分别绘制4个线条组，作为布老虎的胡须和眉毛，效果如图10-16所示。

图 10-14　绘制耳朵等图形　　　图 10-15　绘制嘴巴等图形　　　图 10-16　绘制胡须和眉毛

4. 输入文字并删除底图

（1）使用【文字工具】，在画面中输入"FUFU生威"（谐音虎虎生威，适用年轻用户趣味性需求）；并在【属性】面板中，选择合适的字体和大小（案例使用的是文鼎中行书，也可在已经安装的字体库中选择）；使用【选择工具】，调整文字大小及位置。

（2）执行【对象】→【全部解锁】命令，解锁底图，并删除。

5. 存储与导出

（1）执行【文件】→【存储】命令，将设计保存至相应位置。

（2）执行【文件】→【导出】→【导出为】命令，在弹出对话框中，选择【*.jpg】格式；在【JPEG 选项】面板中，设置【颜色模型】为【CMYK】，【品质】为"最高"，【分辨率】为"300"ppi，如图10-17所示，单击【确定】按钮完成导出，最后效果如图10-18所示。

图 10-17　JPEG 选项对话框设置　　　　　　　图 10-18　最后效果

项目十 LOGO 设计

（三）技能点详解

1. 钢笔工具组

钢笔工具是 Illustrator 软件的核心工具之一。作为一款绘制矢量绘制工具，可以随心所欲地绘制各种形状的图形，而且最大限度地控制图形的精细度。工具组中包括 4 个工具，具体如下。

1）钢笔工具

选择工具栏中的【钢笔工具】 （【P】快捷键），在绘图区中单击创建锚点，连续单击可创建由多个角点连接的直线段，按【Enter】键结束绘制，如图 10-19 所示，绘制两个锚点的直线段是最简单的。

> **注意：**
> 绘制过程中，按住【Shift】键可以让下个锚点与上个锚点保持 45°、90° 等特定的角度。

通过【钢笔工具】也可以绘制曲线，只要在添加下一个锚点时，按住鼠标左键不放，然后拖动就会出现曲线和手柄，如图 10-20 所示；也可以在绘制时，在属性栏中通过【转换】选项 ，设置直线或曲线。

在绘制过程中，当最后一个锚点回到初始位置，则直接完成绘制，并得到封闭图形，如图 10-21 所示。

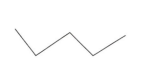  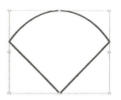

图 10-19　钢笔工具绘制直线段　　图 10-20　钢笔工具绘制曲线　　图 10-21　绘制封闭图形

> **注意：**
> 在 AI 软件中，无论线条是否封闭，都可进行描边和填充，如图 10-22 所示。

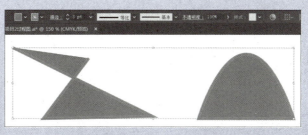

图 10-22　对钢笔工具绘制图形进行填充和描边

2）添加/删除锚点

【添加锚点工具】 和【删除锚点工具】 有利于再次编辑图形。选择要编辑的图形，选择【添加锚点工具】（快捷键为【＋】），将鼠标光标移动至图形路径处，单击，即可添加锚点；然后，通过【直接选择工具】二次更改图形，如图 10-23 所示。反之，选择【删除锚点工具】（快捷键为【－】），将鼠标光标移动至图形的锚点处，单击即可删除锚点。

215

3）锚点工具

选择工具栏中的【锚点工具】■（【Shift+C】组合键），拖曳锚点，可修改形状，如图 10-24 所示；单击一侧手柄控制点，则一侧变为直线段；单击锚点，则锚点两侧线段变为直线段；拖曳锚点，出现手柄，两侧线段变为曲线。

图 10-23　通过添加锚点编辑图形

图 10-24　运用锚点工具编辑对象

4）曲率工具

【曲率工具】可简化路径创建，使绘图变得简单、直观。使用此工具，可以创建、切换、编辑、添加或删除"平滑点"（生成曲线）或"尖角点"（生成直线）。无须在不同的工具之间来回切换，即可快速准确地处理路径。

选择【曲率工具】，在画板上创建两个锚点时，出现橡皮筋预览，会根据鼠标悬停位置显示生成路径的形状；可双击，可创建"尖角点"（绘制直线），或者在单击的同时按【Alt】键，如图 10-25 所示。

图 10-25　用曲率工具绘制曲线效果和角点效果

> **注意：**
> 默认情况下，工具中的橡皮筋功能已打开。如未开启该功能，可执行菜单栏中的【编辑】→【首选项】→【选择和锚点显示】→【启用橡皮筋】，如图 10-26 所示。

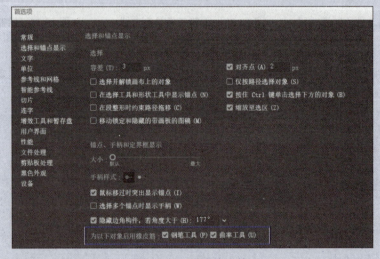
图 10-26　启用橡皮筋

2. 画笔工具组

1）画笔工具

【画笔工具】也是一款绘制矢量路径的工具，多用于绘制随意形的路径。在使用画笔工具前，需要先在【控制栏】中对【颜色】【粗细】等选项进行设置；再在画板中，使用【画笔工具】绘制出带有风格化描边效果的路径。

选择工具栏中的【画笔工具】（【B】快捷键），在绘图区绘制，可得到平滑的线条；按住【Shift】键，可绘制水平或垂直线条，如图10-27所示；也可以双击【画笔工具】，在【画笔工具选项】弹窗中设置相应参数，如图10-28所示。

2）斑点画笔工具

【斑点画笔工具】是一款有趣的工具，能够绘制出平滑的线条，但是该线条不是路径，而是一个闭合的图形。

选择工具栏中的【斑点画笔工具】（【Shift+B】组合键），然后在画板中直接绘制；也可以双击【斑点画笔工具】，在【斑点画笔工具选项】弹窗中设置相应参数、圆度，如图10-29所示。

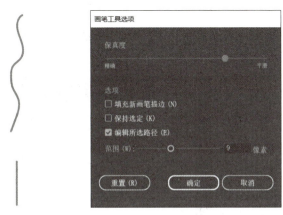

图10-27　绘制线条　　　图10-28　画笔工具选项　　　图10-29　斑点画笔工具选项

> **注意：**
>
> 【画笔工具】对应的是路径描边，如图10-30所示；【斑点画笔工具】对应的是路径填充，如图10-31所示。Illustrator会在【画笔】绘制时自行设置锚点，锚点的数目取决于路径的长度和复杂度。

图10-30　【画笔工具】对应路径描边　　　图10-31　【斑点画笔工具】对应路径填充

3）画笔设置

（1）设置方法如下。

方法一：先绘制，后设置。先选中已经用【钢笔工具】或【画笔工具】等绘制的路径；然后，执行下拉菜单栏中的【窗口】→【画笔】命令，弹出【画笔】面板，如图10-32（a）所示；单击下方的【画笔库菜单】按钮，在弹出列表中选择一款画笔，如图10-32（b）所示；最后，在弹出面板中双击想要的画笔，直接应用到路径，如图10-32（c）所示。

方法二：先设置，后绘制。先在【画笔】面板中进行画笔设置（方法同上）；再使用【画笔工具】直接在画板中绘制。

(a)【画笔】控制面板　　(b) 画笔库菜单　　(c) 画笔应用

图 10-32　画笔设置

（2）【画笔】面板。在【画笔】面板中，单击右上角的【设置】按钮 ，在弹出列表中可以设置"显示""视图"等功能，如图 10-33 所示。面板右下角的 按钮为【新建画笔】和【删除画笔】。

> 注意：
>
> 【画笔】面板的显示,除了执行菜单栏中的【窗口】→【画笔】命令;还可以在【控制栏】中设置，如图 10-34 所示。

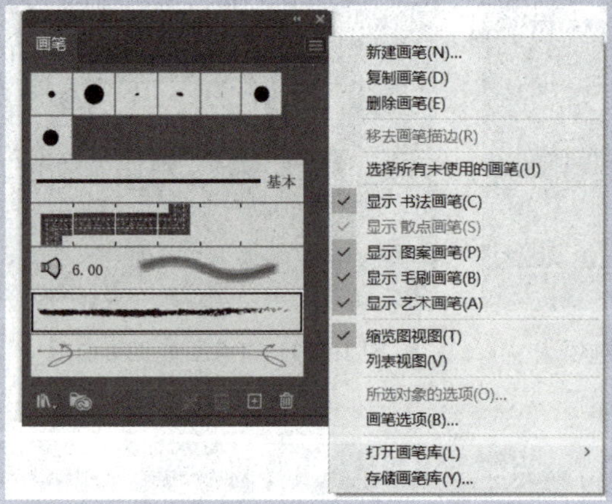

图 10-33　显示更多功能 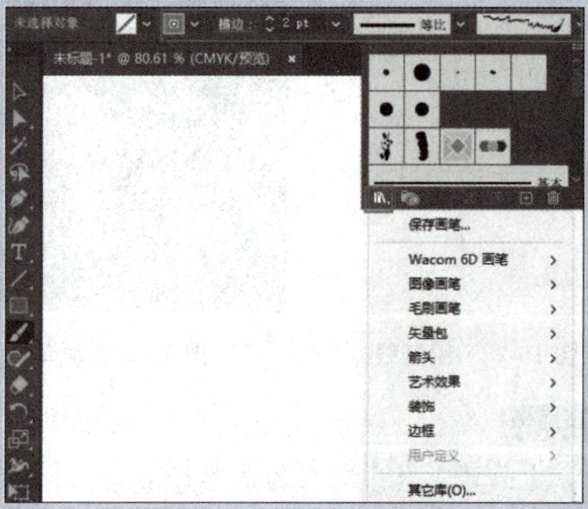　　　　　图 10-34　【控制栏】画笔设置

（3）画笔类型。Illustrator 中有书法画笔、散点画笔、图案画笔、毛刷画笔和艺术画笔五个类型。

【书法画笔】：类似于使用书法钢笔的笔尖绘制的效果，如图 10-35（a）所示。是沿路径中心绘制的描边，由椭圆形定义，可以使用这种画笔创建类似于扁平、倾斜的笔尖手绘效果。

【散点画笔】是基于"现有"的图形对象（如一朵花、一只瓢虫），将其多个副本沿着路径分布的效果，如图 10-35（b）所示。因此，需要先创建图形对象，然后才能进行相关设置。

【图案画笔】是基于软件预设的图案或文档中绘制的图案，将图案由沿路径重复的各个拼贴组成的画笔效果，如图 10-35（c）所示。

【毛刷画笔】可创建具有自然画笔外观的效果，如图 10-35（d）所示。

【艺术画笔】可以沿着路径均匀地拉伸图稿或嵌入栅格图像，如图 10-35（e）所示。

单击【控制栏】中【画笔定义】后面的小箭头 ；然后，在弹出窗口单击【设置】按钮 ，可打开【画笔库】（或执行菜单栏中的【窗口】→【画笔库】命令）。在【画笔库】中可以选择【箭头】【艺术效果】等各种类型的画笔，如图 10-36 所示。

执行【新建画笔】命令时，在弹出面板中可选择画笔类型，如图 10-37 所示。

项目十 LOGO 设计

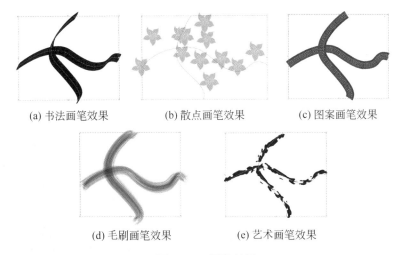

(a) 书法画笔效果　　　　(b) 散点画笔效果　　　　(c) 图案画笔效果

(d) 毛刷画笔效果　　　　(e) 艺术画笔效果

图 10-35　画笔效果

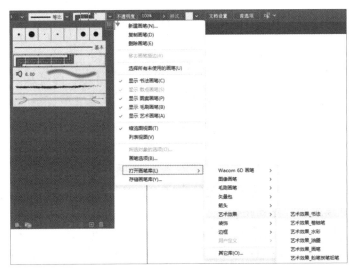

图 10-36　打开画笔库

图 10-37　【新建画笔】

3. Shaper 工具组

"Shaper 工具组"主要用于绘制、擦除、连接、平滑路径等功能，其中以下包括以下 5 个工具。

1）Shaper 工具

在手绘过程中，经常需要绘制一些比较规整的图形对象，单纯地依靠鼠标或手绘笔是很难实现的，但是可以使用【Shaper 工具】智能识别生成。具体操作方法如下。

首先，在工具栏中选择【Shaper 工具】（【Shift+N】组合键）；然后，使用鼠标或手绘笔在画板中自由绘制；完成后，软件会根据绘制图形的大体形状，自动生成有规则的形状，如图 10-38 所示。

2）铅笔工具

【铅笔工具】可自由绘制开放路径或闭合路径，就像用铅笔在纸上绘图一样，对于快速素描或创建手绘效果十分有用。

在工具栏中选择【铅笔工具】（【N】快捷键），双击弹出【铅笔工具选项】对话框，

219

可进行【保真度】等选项设置，如图 10-39 所示；设置完成后，可在画板中自由绘制。具体操作如下。

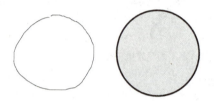

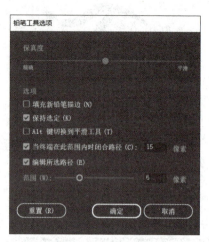

图 10-38　利用【Shaper 工具】绘制图形　　　　图 10-39　铅笔工具选项

> 注意：
> 【保真度】设置，当滑块向"平滑"一侧拖动，铅笔工具绘制的路径上的"锚点"数将减少，路径会更平滑、更简单；反之，将滑块向"精确"一侧拖动，通常会创建更多的"锚点"，更准确地反映所绘制的路径。

（1）绘制自由路径。绘制闭合路径：当绘制路径的"终点"和"起点"重叠时，会在铅笔光标右下角出现"○"，这意味着路径将被闭合。

延长路径：选择现有路径，选择【铅笔工具】将铅笔笔尖定位到路径端点，当铅笔光标右下角出现"_"时，即表示可以继续绘制，延长路径。

修改路径形状：使用【选择工具】选中要更改的路径；然后再选择【铅笔工具】，并将鼠标光标定位在要重新绘制的路径上，当铅笔光标右下角出现"*"时，按住鼠标左键并拖动以重新绘制路径。

> 注意：
> 重绘时，一定要叠加在原始路径上，否则会生成新的路径。

（2）绘制直线段。除了绘制自由的路径以外，还可以使用【铅笔工具】绘制直线段。选择【铅笔工具】，按住【Shift】键，可以创建角度为 45° 的整数倍的直线；也可以长按【Option】键（macOS）或【Alt】键（Windows），创建沿着任何方向的直线。当使用【Shift】键或【Alt】键（Windows）时，铅笔光标右下角会出现"__"符号。

3）平滑工具

工具栏中的【平滑工具】，能让尖锐或不流畅的线条变得圆润流畅。具体操作如下。

先选中需要平滑的路径，再选择【平滑工具】，鼠标指针呈现一个圆圈；移动鼠标指针至路径上，并进行涂抹，会根据路径形状增加或减少锚点，以提升路径平滑度。

4）路径橡皮擦工具

【路径橡皮擦工具】可以对路径进行切断擦除。具体操作如下。

先选中路径，再选择【路径橡皮擦工具】；贴着"路径线"或"路径锚点"进行涂抹，松开鼠标之后,可以将路径切断或缩短,如图 10-40 所示。

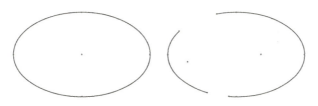

图 10-40　路径橡皮擦

5)连接工具

【连接工具】可以将路径进行连接或闭合;还可以使用"擦除手势"连接交叉、重叠或者具有开放端点的路径。具体操作如下。

先选中需要连接的一个或多个对象,再选择【连接工具】;对需要连接的锚点进行涂抹擦除,即可连接路径,如图 10-41 所示。

图 10-41　使用连接工具修剪并连接对象及扩展并连接对象

【课后实训任务】设计一个非遗元素的吉祥物

作为一名设计者,请使用本章节和已经学习的工具,设计一个非遗元素的吉祥物,效果可参考图 10-42。

图 10-42　吉祥物虎宝表情包

项目十一

 H5 页面设计

知识目标

- 掌握 Illustrator 设计软件的基础操作，包括：文本编辑、图表编辑等知识；
- 掌握 H5 页面设计工作的相关知识和典型工作任务；
- 了解相关的美学、艺术、设计、文化、科学等知识。

能力目标

- 具备对文字效果处理和不断创新、创意设计的能力；
- 善于挖掘用户的关注点，满足用户需求及对美好事物的鉴赏能力；
- 具备追踪和应用最新计算机平面设计技术、技巧和方法的能力。

素质目标

- 具有团队合作的集体精神、严谨求实的创新精神、吃苦耐劳和爱岗敬业精神；
- 遵守设计行业道德准则和行为规范、诚实守信、求真务实；
- 具有良好的设计鉴赏和文化艺术修养，培养文化自信和国际视野。

（一）项目概况

1. 基本介绍

随着时代的发展，移动端用户增加，扫描二维码付款、登录网站、关注公众号、兑奖等行为越来越多，一个新的用户界面即 H5 页面诞生。H5 页面即手机版网页，因为这种页面是通过 HTML 5 技术标准实现的，所以慢慢地被用户叫作 H5 页面。

HTML5 的设计目的是在移动设备上支持多媒体，因此 H5 页面实质上是一个多媒体页面，适配多种分辨率屏幕，包含图片、文字、音频、视频、动画效果等内容。和大家在计算机上浏览的网页并没有太大区别。手机上看到的 H5 就是把网页做成了适合手机观看的尺寸，本质就是一个移动端。

H5 页面经常用于活动邀请函、企业宣传、招聘招生宣传、电子画册等，其实只要涉及宣传展示的页面，都可以做成 H5 形式。分别有 H5 网站、H5 广告、H5 游戏等。App 是安装在手机上的一个应用程序，而 H5 页面则是可在不同浏览器和微信 App 中打开的页面。App 不都是 H5 界面，只是有些 App 为了更好地兼容性采取 H5 界面。

H5 页面具有轻量级、制作简单、有视频动态效果的特点；而且有链接形式，方便传播；参与感强，可以用来收集信息和互动，比如活动报名、调研、抽奖等特点。相较于传统平面海报，H5 增加了交互体验和数据存储。目前大概率是用于营销推广和数据信息收集等。

2. 设计要点

（1）统一风格：一个优秀的 H5 页面设计作品除了需要创意，还需要注意统一风格，包括各种元素的色彩、造型都要和谐统一，所有细节都应该与整体视觉设计相符合，并注意页面内容的连贯性设计。

（2）注重氛围：不同的氛围可以传达出不同的情感，在 H5 页面中营造氛围可以烘托某种对应的情感，更好地传达 H5 创意设计的主题，将用户带入作品中，实现情感上的共鸣。

（3）强调真实的用户体验：H5 页面的风格、色彩、版式及互动的形式等要素要让用户产生一种真实的体验感，因此设计人员在设计时要以用户为核心，让用户真实地参与到 H5 活动中。

3. 制作规范

H5 页面常见的规格有"分页布局"和"整页布局"。前者是翻页阅读模式，即创建多页；后者是普通的单页网页模式，即长图模式。

H5 页面一般的设计尺寸采用 740×1136px，颜色模式为 RGB，分别率为 72ppi。不过实际尺寸采用 720×1280px，750×1334px 尺寸也可以实现。这样用于填充不同手机屏幕边缘区域，确保不会露白。但是有时候会出现内容显示不全的情况，甚至一些重要的内容和按钮都会被遮挡。

因此，在内框区域 640×960px 中为安全区域，可以确保内容在所有手机屏幕上完整显示。内框以外的范围则不要放重要的按钮或内容，避免出现显示不全的情况。

H5 的页面尺寸随着时代的发展是逐渐变化的，尤其是现在已经有 2K 分辨率的屏幕了，因此不同的屏幕对于 H5 的尺寸都不同，单就苹果系列而言，屏幕尺寸 3.5 英寸、像素尺寸 640×960px；4 英寸对应 640×1136px；4.7 英寸对应 750×1334px；5.5 英寸对应 1242×2208px；5.8 英寸对应 1125×2436px。

此外就是正文内容的规范了，同 App 界面一样，一、二、三级内容分别是 16、14、12 或者 10px，当然自己也可以进行适当调整。导航栏上的字体也同 App 界面没什么差别，都是 17px。iPhone 的设计标准，状态栏和导航栏的独立像素高度分别为 40px 和 88px；Android 系统可以更改状态栏和导航栏的高度，这里可以取默认值为 48px 和 100px。

4. 工作思路

H5 页面设计项目是平面设计工作中相对较难的任务，首先我们要掌握这项工作的概况、设计要点、制作规范及要求等，然后开始以下工作。

（1）调研分析：明确客户的具体要求、明确设计目标。

（2）进行创作：对于初学者来说，可能把握不好创意，这时可以参考一下网上或书上优秀的设计作品，结合实际情况完成设计方案，并使用计算机设计软件制作正稿。现在针对 H5 页面设计有很多模板，可以直接套用，虽然方便但是缺乏特色和个性；也可以先用 AI 等设计软件进行美工设计，再使用 H5 编辑器进行动效制作，这样更有创意、独一无二。

（3）最后交付：提案确定、完善细节，最后交付给技术人员完成交互设计，并生成与发布 H5。

（二）工作任务分解

作为一名设计师，为"中国互联网产业高峰论坛会"设计一个翻页式 H5 邀请函，以图 11-1 所示方案为例，具体操作步骤如下。

1. 创建文件、设置参考线

（1）启动 Adobe Illustrator 软件。

（2）单击【新建】按钮，弹出【新建文档】对话框，如图 11-2 所示；在【预设详细信息】中输入"手机 H5 邀请函设计"，【宽度】为"1125"px，【高度】为"2436"px（注意单位和前面数值单位一致，方向与数值上下一致），【画板】为"2"，【出血线】为"0"mm，【颜色模式】为【RGB】，【光栅效果】为"72"ppi。

图 11-1　手机 H5 邀请函设计

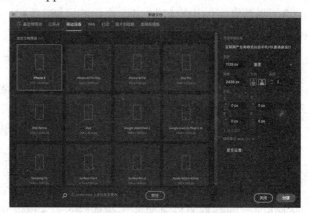

图 11-2　新建页面

（3）执行菜单栏中的【视图】→【标尺】→【打开标尺】命令，设置参考线，（参考线位置可设置上、下各距离边缘"100"pt，左、右各距离边缘"120"pt）如图 11-3 所示；并执行菜单栏中的【视图】→【参考线】→【锁定参考线】命令。

2. 绘制底色

（1）选择【矩形工具】，在画板任意位置单击，弹出【矩形】窗口，如图 11-4 所示，设置【宽度】为"1125"px，【高度】为"2436"px（与画板相同大小）；然后使用【选择工具】，移动"矩形"与画板重合。

（2）选择【渐变工具】，并双击按钮，弹出【渐变】窗口，如图 11-5 所示，选择【任意形状渐变】；然后鼠标双击矩形中的"颜色控制点"，如图 11-6（a）所示，弹出【颜色设置】面板，并选择"紫红色"，效果如图 11-6（b）；依次双击其他三个"颜色控制点"，设置颜色效果如图 11-6（c）所示。

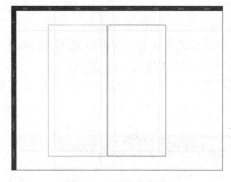

图 11-3　设置参考线

图 11-4　绘制矩形

图 11-5　选择【任意形状渐变】

（3）使用【选择工具】选中绘制好的"渐变矩形"；按【Ctrl+C】组合键和【Ctrl+V】

组合键进行复制和粘贴,复制一个"矩形 2";然后右击,在弹出列表中,执行【变换】→【旋转】命令,如图 11-7 所示;在弹出【旋转】面板中,设置【角度】为"180°",如图 11-8 所示;然后使用【旋转工具】,移动"矩形 2"与画板 2 重合,效果如图 11-9 所示。

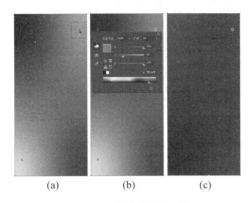

图 11-6 渐变色彩调节

图 11-7 旋转命令

图 11-8 旋转 180 度

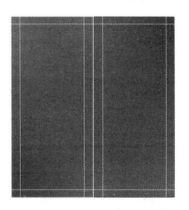

图 11-9 底图效果

3. 绘制装饰图形

(1)选择【椭圆工具】 ,绘制"椭圆 1";并设置【填充色】为"无",【描边色】为"白色""1"pt;然后旋转并调整位置,效果如图 11-10 所示。

(2)继续使用【椭圆工具】 ,绘制"椭圆 2";并设置【填充色】为"任意形状渐变",渐变颜色设置为"紫色"和"蓝色"渐变;也可设置"紫色"一侧【不透明度】为"100%","蓝色"一侧【不透明度】为"10%",效果如图 11-11 所示。

图 11-10 绘制椭圆

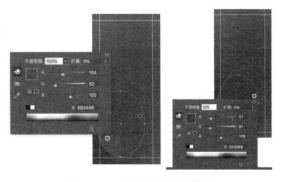

图 11-11 绘制渐变透明椭圆

（3）在画板 2 右上角位置，绘制"正圆形"；然后使用【吸管工具】吸取画板 1 中的"椭圆 2"属性，得到渐变透明的圆形；旋转 180°，并调整位置，效果如图 11-12 所示。

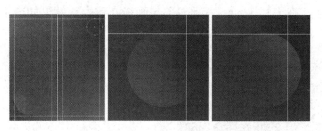

图 11-12　绘制渐变圆形

（4）使用【直线段工具】，在画板 1 中，分别绘制"水平直线段"（描边设置"10"pt）和"倾斜直线段"（描边设置"1"pt），效果如图 11-13 所示。

（5）分别选择【矩形工具】和【圆角矩形工具】，绘制如图 11-14 所示的图形，作为页面文字的底图分区。

（6）继续使用【矩形工具】绘制"水平条状矩形"，并且用【吸管工具】吸取底图属性，如图 11-15 所示，作为上下分割线。

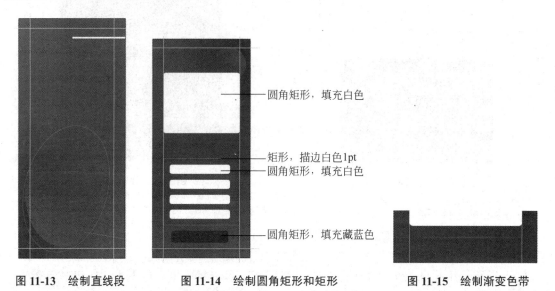

图 11-13　绘制直线段　　　图 11-14　绘制圆角矩形和矩形　　　图 11-15　绘制渐变色带

4. 编辑文字信息

（1）使用【直排文字工具】，输入标题文字"邀请函"；在【字符】面板中，设置【字体】为"黑体"，【大小】"330"pt，效果如图 11-16 所示。

（2）使用【修饰文字工具】，将文字"函"向右移动位置，使视觉产生变化，如图 11-17 所示。

（3）使用【选择工具】，选中"邀请函"文字；右击，执行【创建轮廓】命令，把文字转换为"路径曲线"（这时文字将失去文字属性），如图 11-18 所示。

（4）使用【直接选择工具】，对"请"路径进行变换，创造连笔效果，如图 11-19 所示。

（5）使用【文字工具】，输入日期"10.17"；使用【倾斜工具】适当倾斜（与斜线平行）；或右击，执行【变化】→【倾斜】命令，效果如图 11-20 所示。

图 11-16　输入标题文字　　　图 11-17　修饰文字　　　图 11-18　文字创建轮廓

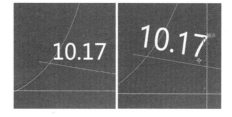

图 11-19　文字连笔效果　　　　　　图 11-20　日期输入与倾斜

（6）使用【椭圆工具】在画板 1 左下角绘制 "正圆形"，并调整位置，如图 11-21（a）所示。

（7）选择【路径文字工具】，并将光标移到 "圆形" 路径上方，如图 11-21（b）所示，然后单击输入文字 "——诚邀您参加——"；选中文字，在【属性】面板中设置【字体】为 "黑体"，【大小】为 "55"pt，【颜色】为 "白色"，效果如图 11-21（c）所示。

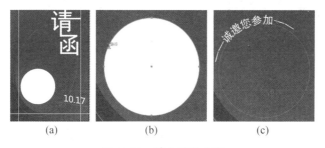

图 11-21　输入路径文字

（8）执行【文字】→【路径文字】→【路径文字选项】命令，如图 11-22（a）所示；在弹出【路径文字选项】窗口中勾选【翻转】，单击【确定】，如图 11-22（b）所示；调整文字位置，效果如图 11-22（c）所示。

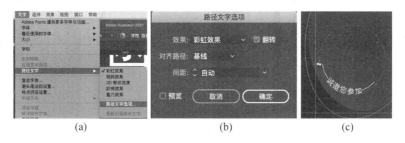

图 11-22　文字翻转

（9）选择【文字工具】，输入其他文本信息，最终效果如图 11-23 所示。

5. 编辑图表

（1）选择【柱形图工具】，在画板 2 中的"白色圆角矩形"中拖曳适当大小，生成默认"柱状图"，如图 11-24 所示；在"数据表"的单元格中输入"总人数 115""男 77""女 38"，如图 11-25 所示；单击【单元格样式】按钮，在弹出窗口中，设置【小数位数】为"0"，如图 11-26 所示，然后单击【确认】按钮，生成柱状图，如图 11-27 所示。

图 11-23 【文字工具】补全文字信息

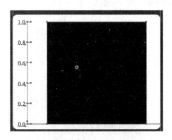

图 11-24 默认柱状图

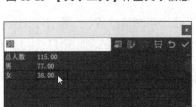

图 11-25 设置数据

图 11-26 单元格样式

（2）使用【编组选择工具】，对"图表"进行美化；并补全文字信息，如图 11-28 所示。

6. 存储与导出

（1）执行【文件】→【存储】命令，将 H5 邀请函设计保存至相应位置。

（2）执行【文件】→【导出】→【导出为】命令，【保存类型】为 *.jpg 格式，勾选【使用画板】，单击【导出】；在【JPEG 选项】窗口中，选择【颜色模式】为【RGB】，【品质】为"10"，【分辨率】为"150"ppi，单击【确定】按钮完成导出，如图 11-29 所示。

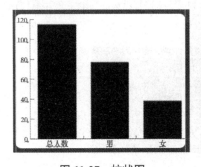

图 11-27 柱状图

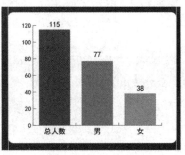

图 11-28 美化图表

图 11-29 导出效果图

（三）技能点详解

1. 文本编辑

文字是平面设计项目中常用的元素之一，在项目中经常会遇到需要在文本中添加图形对象，或在图形对象中添加文本等编辑效果。Illustrator 提供了非常强大的文本编辑和图文混排功能，很多功能和 Office、WPS 等办公软件相似。另外，还包括各种特殊文字编辑效果，如弯曲的文字效果、文本沿着任何形状路径的排列效果、精确地在封闭图形中的编排效果等。

1）文字工具组

添加文字元素的功能可以通过"文字工具组"实现，"文字工具组"中提供了 6 种输入工具和 1 种修饰工具，包括【文字工具】【区域文字工具】【路径文字工具】【直排文字工具】【直排区域文字工具】【直排路径文字工具】【修饰文字工具】，如图 11-30 所示。除了创建文字，还可以通过"置入"命令从外部置入。

可以创建 3 种类型的文本，包括："点状文字""区域文字"和"路径文字"。具体操作如下。

（1）【文字工具】 。创建"点状文字"：选择【文字工具】 ，在画板中任意位置单击即出现"滚滚长江东逝水"的占位符文本，并处于选中状态，如图 11-31 所示，然后输入文本（此时默认为"横向排列"文字）。文本不会自动换行，需要手动按【Enter】键或【Return】键换行。每行文本都是独立的，如图 11-32 所示。一般输入标题或文本内容只有少量文字的时候，会采用"点状文字"的输入方式。

图 11-30　文字工具组 　　　图 11-31　默认占位符文本 　　　图 11-32　手动换行效果

创建"区域文字"：选择【文字工具】 ；在画板中任意位置，按住鼠标按矩形拖动，即出现"是非成败转头空……"的占位符段落文本，并处于选中状态，如图 11-33 所示；然后，按需输入文本。"区域文字"的"边界框"用于控制字符的流动，当文本到达边界时，会自动换行，以适应定义区域，如图 11-34 所示。在需要创建包含大量文字的段落文本时，会使用"区域文字"的输入方式。

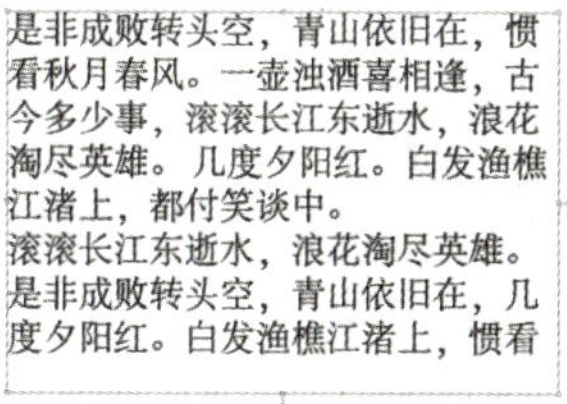

图 11-33　区域文字 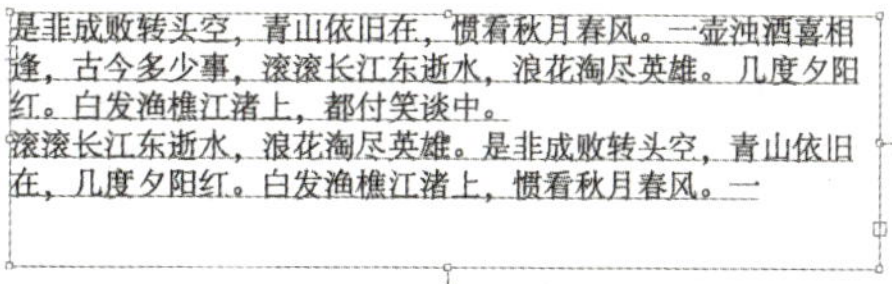　　　图 11-34　区域文字随边界变化字符流动重新换行排列

> **注意：**
> ①"区域文字"的"边界框"可以使用【选择工具】按比例拖动锚点；或使用【直接选择工具】拖动单个锚点的方式，来改变段落文本的边界形状，如图 11-35 所示。
> ②"区域文字"只显示"边界框"以内的文字，当输入的文字过多时，则会被部分隐藏。如图 11-36 所示，当右下角出现红色"○"符号时，代表文字未被完全显现，需要调大"边界框"才会完全显现。
> ③"点状文字"和"区域文字"可以相互转换。方法一：如图 11-37 所示，双击"边界框"的该点进行转换。方法二：执行菜单栏中的【文字】→【转换为点状文字】或【转换为区域文字】命令。

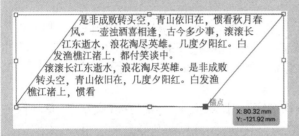

图 11-35　【直接选择工具】拖动单个锚点　　　　图 11-36　区域文字内容隐藏

④ Illustrator 软件可以导入纯文本文件。通常支持 DOC、DOCX、RTF（富文本格式）、TXT 等文件。与操作"复制"和"粘贴"文本命令相比，执行菜单栏中的【文件】→【置入】命令的优点是置入文本时，会弹出对应的【选项】对话框，如图 11-38 所示，为置入 Word 文档时弹出的【选项】对话框，可以选择保留或"移去文本格式"。

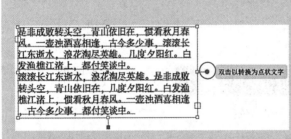
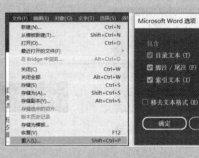

图 11-37　"点状文字"和"区域文字"相互转换　　　图 11-38　文本置入

（2）区域文字工具 。【区域文字工具】必须在路径内才可以创建文本，如矩形、圆形等（不一定封闭路径）。

创建区域文字：选择【区域文字工具】，单击图形区域的路径位置，在图形内部，即出现"是非成败转头空……"的占位符段落文本，并横向按照区域形状排列，处于选中状态，用户可按需修改输入文字。原本对象失去填充色和描边色，如图 11-39 所示。

编辑区域文字：使用【选择工具】选中"区域文字对象"；然后执行菜单栏中【文字】→【区域文字选项命令】，弹出【区域文字选择】窗口，如图 11-40 所示；在窗口中可以设置【行】【列】【位移】

图 11-39　使用区域文字工具

【文本排列】等参数。在文本排版过程中，可以通过添加行或列，或将大段落拆分为行、列或两者的组合，使文本易于阅读并具有视觉吸引力，如图 11-41 所示。

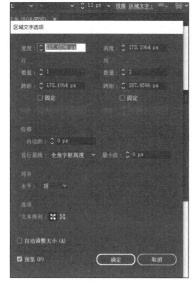

图 11-40　区域文字选项

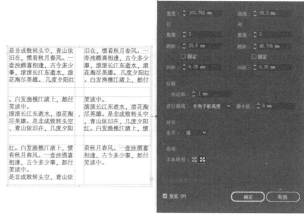

图 11-41　调整文字效果

（3）路径文字工具 。【路径文字工具】必须沿路径创建文本，如一个矩形、曲线等（不一定封闭路径）。

创建路径文本：选择【路径文字工具】，鼠标左键单击路径位置；在路径上，即出现"是非成败转头空……"的占位符段落文本，并按路径形状排列，处于选中状态；用户可按需修改输入文字。原本对象失去填充色和描边色，如图 11-42 所示。

编辑路径文本：在路径上添加文本后，可以轻松地将文本移动到不同的起点或将其翻转到路径的另一侧。具体操作如下：首先使用【选择工具】或者【直接选择工具】选中路径文本；然后拖动文本前的"｜"符号，如图 11-43 所示，可沿路径移动文本的"起点"；拖动文本中间位置的"｜"符号，可将文字翻转到路径内侧，也可以移动文本位置，如图 11-44 所示；移动文本末端的"｜"符号，可以编辑文本"终点"，显示或隐藏文本内容，如图 11-45 所示。

图 11-42　使用路径文字工具

图 11-43　路径文字起点

图 11-44　翻转路径文字

图 11-45　路径文字终点

或者选中路径文字后，执行菜单栏中的【文字】→【路径文字】→【路径文字选项】命令；在弹出【路径文字选择】窗口中，可以设置【效果】【对齐路径】【间距】等参数，如图 11-46 所示。

（4）直排文字工具。【直排文字工具】和【文字工具】操作方法相同，可用以创建"点状文字"或"区域文字"，它们的不同之处在于创建的文本按竖向、从左往右排列，如图 11-47 所示。

图 11-46　路径文字选项　　　　　图 11-47　直排"点状文字"和"直排区域文字"

（5）直排区域文字工具。【直排区域文字工具】与【区域文字工具】操作方法相同，不同之处在于创建的文本按竖向、从左往右排列，如图 11-48 所示。

（6）直排路径文字工具。【直排路径文字工具】与【路径文字工具】操作方法相同，不同之处在于创建的文本沿路径按竖向排列，如图 11-49 所示。

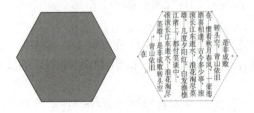
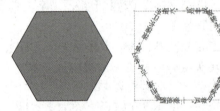

图 11-48　直排区域文字绘制　　　　　图 11-49　直排路径文字绘制

（7）修饰文字工具。使用【修饰文本工具】可以修改文本：选择【修饰文字工具】可以修改字符的属性，这是一种利用字符格式化属性（基线偏移、水平和垂直缩放、旋转以及调整字距）直观地、有趣地修饰文字的方式。具体操作如下：选择【修饰文本工具】；然后，鼠标左键单击想要修改的文字，这时文字周围会出现"编辑框"，通过"编辑框"的控制点可以修改文字大小、方向等属性，如图 11-50 所示。

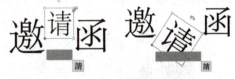

图 11-50　修饰文字效果

注意：

选中文字后，可以通过执行菜单栏中的【文字】→【文字方向】→【水平】/【垂直】来转换；可以通过【控制栏】设置文本的字体、大小、填充、描边等属性，如图 11-51 所示。

图 11-51　文字控制栏

2）字符 / 段落格式

在 Illustrator 中，除字体、字体大小和颜色外，还可以编辑很多文本格式，包括"字符"格式和"段落"格式两种。通过【字符】【段落】控制面板可以设置所选文本的各种格式参数，控制面板可以通过很多途径打开。具体操作如下。

方法一：选中文本后，单击【文字】控制栏中的【字符】【段落】按钮，弹出【字符】【段落】面板，如图 11-52 所示。

方法二：执行下拉菜单栏中的【窗口】→【文字】→【字符】【段落】命令，打开【字符】面板，如图 11-53 所示。

图 11-52 【文字】控制栏　　　　　　　　　图 11-53 【文字】菜单栏

方法三：在【属性】控制面板下方的【字符】【段落】面板中，单击【更多选项】按钮，弹出更多的"字符\段落"设置，如图 11-54 所示。

3）字符 / 段落样式

"样式"可以确保文本格式的一致性，在需要全局更新文本属性时非常有用。创建样式后，只需要编辑保存的样式，应用了该样式的文本会全部自动更新。执行菜单栏中的【窗口】→【文字】→【字符样式】\【段落样式】命令，可以打开面板，如图 11-55 所示。

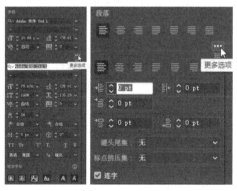

图 11-54 【字符】【段落】更多选项　　　　图 11-55 字符样式和段落样式

（1）字符样式。字符样式只能应用于"选定"的文本，并且只能包含字符格式。具体操作如下：首先，使用【选择工具】选中文字；然后，单击【字符样式】面板底部的【创建新样式】图标，弹出【新建字符样式】窗口，如图 11-56 所示，在窗口中可以对新样式的名称、基本字符格式等参数进行设置。

（2）段落样式。创建段落样式时，要在文本中"插入"光标，这样光标所在段落中的"字符格式"和"段落格式"才能被捕获，并保存在新建的"段落样式"中。具体操作如下：首先，使用【文字工具】在已经编辑好段落格式的文本中插入光标；然后，单击【段落样式】面板底部的【创建新样式】，这时在面板中出现新的段落样式，默认名称为"段落样式1"（双击样式名称可以重命名样式），如图 11-57 所示。

图 11-56　新建字符样式

图 11-57　新建段落样式

> **注意：**
>
> （1）应用"字符/段落"样式：只需要选中要应用该样式的文本，然后单击【字符样式】/【段落样式】面板中的样式，即可将新样式应用于文本。
>
> （2）二次编辑"字符/段落"样式：单击【字符样式】/【段落样式】面板中的设置 ≡ 按钮，在列表中执行【字符/段落样式选项】命令，如图 11-58 所示。然后在弹出的【字符样式选项】/【段落样式选项】面板中进行设置即可。

图 11-58　打开更多样式选项

4）串联文本

串接文本就是将多个文本框串接在一起，如果第一个文本框缩小，那么里面的文字就会溢出显示到第二个文本框中，如果第二个文本框显示不全，就会溢出到第三个文本框，以此类推。具体操作如下。

首先，使用【选择工具】单击文本框右下角的红色小方框，这时鼠标显示如图 11-59 所示；然后，在画板中需要续接上文的位置单击鼠标，即可生成串接文本框，如图 11-60 所示。

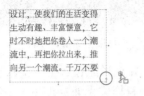

图 11-59　串联鼠标图标　　　　　图 11-60　串联文本

如果在单击文本框右下角的红色小方框后，再单击一个矢量图形，则串接文本会以该对象形状嵌入文字内容，如图 11-61 所示。

如果需要将两段独立的文本串接到一起，可以同时选中两段文字，执行菜单栏中的【文字】→【串接文本】→【创建】命令即可，如图 11-62 所示。

图 11-61　矢量图形串联文本

图 11-62　创建串联文本

> **注意：**
>
> 在 Illustrator 软件中，"页码"制作就是利用了串联文本的原理。以制作一个 6 个画板页面的册子为例：首先，在第一个画板上通过【文字工具】拖曳编辑一个文本框，并输入 "010203040506" 文本；然后缩小文本框，到只能容纳 "01" 文本，放置页面中合适的位置；选中文本框，按【Ctrl+C】组合键执行"复制"命令；按【Ctrl+Alt+Shift+V】组合键执行在所有画板上"粘贴"命令；因第一个画板已有一个文本，选择其中一个删除；最后，选中 6 个画板上的全部文本，执行【文字】→【串接文本】→【创建】命令，页码效果如图 11-63 所示。

图 11-63　页码制作

5）文本绕排

在平面设计项目中，很多是图文并茂的设计，经常需要用到"文本绕排"的功能。具体操作如下。

首先，使用【选择工具】把图形放在文字段落的上面；然后，执行菜单栏中的【对象】→【文本绕排】→【建立】命令，即可产生绕排，如图 11-64 所示。反之，执行【对象】→【文本绕排】→【释放】命令，则取消文字绕排，如图 11-65 所示。

图 11-64　文本绕排效果　　　　　　　　　　图 11-65　释放文本绕排

执行菜单栏中的【对象】→【文本环绕】→【文本环绕选项】命令，可以设置文本的【位移】大小，从而改变对象与文字之间的距离；勾选【反向绕排】复选框，则文字与对象的绕排方式会产生变化。

> **注意：**
>
> 若要将文本环绕在对象周围，则该对象必须与环绕文本位于同一图层，且在图层层次结构中，该对象还必须位于文本之上。
>
> 另外，绕排的对象不仅可以是矢量图形，也可以是一条开放的路径，还可以是一张图

片,甚至可以先对图片制作蒙版,再执行绕排命令。例如,对曲线进行绕排,并将其"描边色"设置为无,则产生如图 11-66 所示效果。

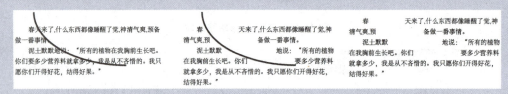

图 11-66　开发路径无描边色文本绕排

6）创建轮廓

将"文本"转换为"轮廓",意味着将"文本属性"转换为"矢量图形",这样可以像对普通矢量图形一样进行编辑,在平面设计项目中常用于创意字体的设计。将"文本"转换为"轮廓"后,在不同计算机打开或将文件交给输出中心时,就不会因为未安装字体,产生"跳字"现象。但是,"轮廓化"的弊病是文本内容不能再进行修改。具体操作如下。

首先,使用【选择工具】选中要轮廓化的文本;右击,在弹出列表中执行【创建轮廓】命令,如图 11-67 所示。再使用【直接选择工具】,对图形锚点按需求进行编辑,示意效果如图 11-68 所示。

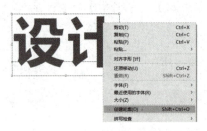

图 11-67　创建轮廓效果　　　　　　　图 11-68　锚点编辑

> **注意:**
> "位图字体"和"受轮廓保护"的字体不能转换为轮廓;且不建议将小于 10pt 的文本轮廓化;另外,必须将所选文本中的全部文字转换为轮廓,不能仅转换文本中的部分字母。

2. 图表编辑

图表是一种非常直观和明确的数据展示方式,常用于企业画册、行业杂志等平面设计项目。Illustrator 软件不仅提供了强大的绘图功能、文本编辑功能,还具有强大的图表处理功能,可以创建各种不同类型的图表,以更好地表现复杂的数据。还可以自定义图表各部分颜色,以及将创建的图案应用到图表中,更生动地表现数据内容。

1）图表工具组

在 Illustrator 软件中,可以创建不同类型的图表,包括【柱形图工具】【堆积柱形图工具】等 9 个工具,如图 11-69 所示。

虽然各种图表的展示方式不同,但是其创建和操作基本相似。以创建"柱形图"为例,具体操作如下。

（1）创建图表。具体有以下两种方法。

方法一:选择【柱形图工具】后,按住鼠标左键以"对角"方式框选范围,以此来定义图表的位置和大小，如图 11-70 所示；随后即出现默认"图表"和"图表数据窗口"，如图 11-71 所示。

图 11-69　图表工具组

图 11-70　定义图表大小

图 11-71　图表创建图

注意：

按住【Alt】键（Windows）或【Option】键（macOS）的同时执行框选操作，可以从"中心"位置绘制图表；按住【Shift】键可以绘制"正方形"的图表。

方法二：选择【柱形图工具】后，在画板中的任意位置单击鼠标左键，随后弹出【图表】窗口，如图 11-72 所示；在窗口中输入图表的【宽度】和【高度】，然后单击【确定】；随后出现默认"图表"和"图表数据窗口"，同上所示。

（2）输入数据。创建默认"图表"后，在"图表数据"窗口中输入相应的数据，然后单击■按钮；对应"数值"变化，"图表"也会相应产生变化，如图 11-73 所示。

图 11-72　图表窗口

图 11-73　输入数据

注意：

除非将"图表数据"窗口关闭，否则窗口将保持打开状态，方便在编辑图表数据和画板工作之间转换。"图表数据"窗口的具体设置和效果如图 11-74 所示。

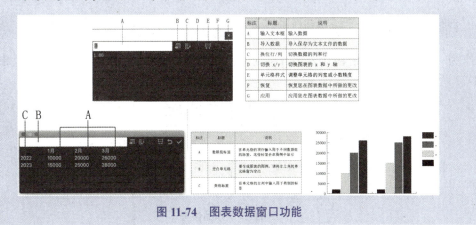
图 11-74　图表数据窗口功能

2）更改图表

（1）更改图表类型。首先，使用【选择工具】选中需要更改类型的图表；然后双击工具箱中的【图表工具】按钮，或单击【属性】面板下方【快速操作】中的【图表类型】按钮；弹出【图表类型】窗口，在窗口中可再次修改图表的类型、数据轴位置，还可以为图表设置样式等选项，如图 11-75 所示。

图 11-75　图表类型

（2）更改图表数据。可以直接在【图表数据】窗口中更改图表数据，同时图表展示效果也会相应产生变化。

（3）更改图表格式。Illustrator 还可以更改"图表"的底纹颜色、字体、文字样式；移动、对称、倾斜、旋转或缩放"图表"的任意部分或所有部分；对"图表"应用"透明度、渐变、混合、画笔描边、图表样式"等其他效果；并可以自定义和标记设计等。

> **注意：**
>
> "图表"是一个"图例"与"数据"的编组对象，两个元素彼此间互相关联。因此，在操作过程中，请不要轻易地将"图表"内的对象"取消编组"或"重新编组"，否则可能会导致被禁止更改。
>
> 同时，因为"图表"是一个编组，所以在编辑"图表"的时候请使用【编组选择工具】进行选择，然后再对"图表"的图形色彩、字体、描边等属性进行修改，如图 11-76 所示。

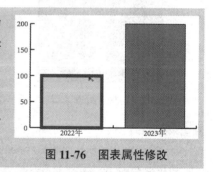

图 11-76　图表属性修改

【课后实训任务】设计制作一本企业画册

作为一名设计者，请使用本章节和已经学习的工具设计一本企业画册，效果可参考图 11-77 所示。

图 11-77　作品参考

项目十二

 POP 广告设计

知识目标

- 掌握 Illustrator 设计软件的基础操作，包括：变形工具组、对象封套扭曲等知识；
- 掌握 POP 设计工作的相关知识和典型工作任务；
- 了解相关的美学、艺术、设计、文化、科学等知识。

能力目标

- 掌握创意图形的绘制与设计、色彩搭配、创意思路沟通的能力；
- 具备独立获取、处理和运用知识的能力，并能举一反三完成同类型项目；
- 具备创新创业、个性发展、自我管理的能力。

素质目标

- 具有热爱劳动的工匠精神、团队合作的集体精神、严谨求实的创新精神；
- 具有社会责任感和使命感、职业认同感和自豪感、工作获得感和荣誉感；
- 具有绿色环保的设计意识、知识产权的法律意识、为他人办实事的服务意识。

（一）项目概况

1. 基本介绍

POP 广告是众多广告形式中的一种，它是英文 point of purchase advertising 的缩写，意为"购买点广告"，简称 POP 广告。POP 广告的概念有广义的和狭义的两种，广义的 POP 广告是指在商业空间、购买场所、零售商店的周围、内部以及在商品陈设的地方所设置的广告物，都属于 POP 广告，其形式不拘，但以摆设在店头的展示物为主，如商店的牌匾，店面的装潢和橱窗，店外悬挂的充气广告、条幅，商店内部的装饰、陈设、招贴广告、服务指示，店内发放的广告刊物，广告表演，以及广播、录像电子广告牌，甚至是夸张幽默和色彩强烈的立体卡通模型等。狭义的 POP 广告概念，仅指在购买场所和零售店内部设置的展销专柜以及在商品周围悬挂、摆放与陈设的可以促进商品销售的广告媒体。

POP 广告的叫法起源于美国的超级市场和自助商店里的店头广告。20 世纪 60 年代以后，超级市场这种自助式销售方式由美国逐渐扩展到世界各地，POP 广告也随之走向世界各地。但是，POP 广告只是一个称谓，就其形式来看，在我国古代，酒店外面挂的酒葫芦、酒旗，饭店外面挂的幌子，客栈外面悬挂的幡帜，或者药店门口挂的膏药等，以及逢年过节和遇有喜庆之事的张灯结彩等，都是 POP 广告最早的形态。

POP 广告的主要商业用途是刺激引导消费和活跃卖场气氛，一般为短期的促销使用。利用 POP 广告强烈的色彩、美丽的图案、突出的造型、幽默的动作、准确而生动的广告语言，能有效地吸引顾客的视点，创造强烈的销售气氛，促成其购买冲动。POP 广告作为一种低价、高效的广告方式被广泛应用。

POP 广告的制作形式有彩色打印、印刷、手绘等方式。随着计算机软件技术的发展，在平面设计应用上更显其美观、高效的优势，甚至可将手绘艺术字形的涂鸦效果模仿得淋漓尽致，并可以接驳来自数码相机、扫描仪的 LOGO 图片等素材。各大卖场在制作 POP 广告时，大多印刷成统一模板后由美工根据要求填写文字内容，以满足琳琅满目的货品柜面不同的使用要求，机动性和时效性都很强，一般单纯的手绘 POP 是难以胜任的，必须以模块化的方式批量制作，达到快速、高效、低成本的目的。

但是，好的设计师应该对不同年龄、不同对象的喜好都了解得非常清楚，使设计出的促销宣传单更加受人欢迎。

2. 设计要点

（1）主标题：是 POP 广告的中心思想，是灵魂部分。一般放在整个 POP 页面的视觉中心点，而且主标题文字提炼要简洁、高效、单刀直入，颜色和字体装饰也应该最多，让消费者一看就能知道核心的表达内容。

（2）副标题：是对主标题进行解释或补充说明，字体大小和颜色等都应与主标题分开，特别是在对字体采用的装饰方法上，一定要少于主标题，反之就会喧宾夺主，主次不分。

（3）正文：是 POP 广告设计的主要文字部分，字数不宜过多，要求文字简洁明了，不用过多装饰，有时可在每行文字的下方画一条下划线。如果有重要内容需要突出，可以采用变换字体的大小和颜色等方法，例如一些商品的价钱等。

（4）插画：是 POP 广告中最能吸引消费者注意力的部分，它不但能稳定画面重心，调节 POP 气氛，还能起到说明的作用，同时还要处理好不同物体之间的对比关系。

（5）装饰图案：装饰图案大致分为三种，几何图形、图案底纹和边框等。有时候要维持版面的平衡，凝聚视觉的重心，增加画面的活泼性，装饰图案的地位非常重要。装饰图案也不能太抢眼，避免喧宾夺主。装饰图案绘制以简单为宜，不需要花费过多的时间便能完成。

3. 制作规范

POP 广告没有标准尺寸，但是在制作方面要提高 POP 广告的适用性。因此，设计师在设计时必须深入实地考察，并征求客户对 POP 广告制作的要求，尽量从客户立场出发，制作出适合客户使用的尺寸和规格，比如可以制作几种大小和颜色，以分别配合不同特性和空间的使用。

但是，如果 POP 制作采用的是印刷工艺，和海报一样需要对应国内对开纸大小的标准，如全开、对开、四开、八开等尺寸。同时，其制作文档输出分辨率要求达到 300ppi，颜色模式为 CMYK，以满足后期印刷工艺要求。

4. 工作思路

POP 广告设计项目是平面设计工作中相对较难的任务，首先我们要掌握这项工作的概况、设计要素、制作规范及要求等，然后开始以下工作。

（1）明确客户的具体要求：如图文内容、颜色、风格、尺寸等。

（2）进行创作：初学者可能把握不好创意，建议参考网络或书上优秀的设计作品，结合实际情况完成设计方案，并使用计算机设计软件制作正稿。

（3）最后修正：与客户讨论、修改、定稿，如果后期需要印刷，还需完成印前修正后才能交付印刷。

（二）工作任务分解

作为一名设计师，为中国传统食物"青团"设计一个超市POP广告，参考如图12-1所示，具体操作步骤如下。

1. 创建文件

（1）启动Adobe Illustrator软件。

（2）单击【新建】按钮，弹出【新建文档】对话框；设置【预设详细信息】为"POP广告"，【宽度】为"540"mm，【高度】为"390"mm（正度四开），【颜色模式】为【CMYK】，【光栅效果】为"300"ppi，如图12-2所示。

图12-1　POP广告参考

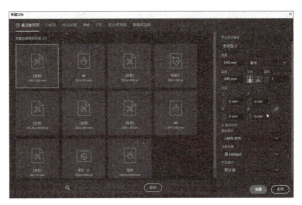

图12-2　新建页面

2. 绘制背景

（1）使用【矩形工具】绘制与画板尺寸相同的"矩形"；并设置【填充色】为"浅褐色"，【描边色】为"无"；然后单击【控制栏】中的【水平居中对齐】和【垂直居中对齐】按钮，使"矩形"对齐画板，作为背景，如图12-3所示。

（2）执行【视图】→【标尺】→【显示标尺】命令；并设置一条X轴为"270"mm的参考线。

（3）在选中"矩形"的状态下，执行下拉菜单栏中的【对象】→【锁定】→【所选对象】命令，如图12-4所示，锁定"矩形"背景，以防在后面的操作过程中被选中或编辑。

图12-3　制作背景

图12-4　锁定图层

3. 设计POP标题文字

（1）使用【文字工具】，输入点文本"艾草青团"标题文字；然后在【控制栏】中设置【字体】为"文鼎POP-4"（本项目配套素材提供了字体，可自行安装）、【大小】为"190"pt、【颜色】为"C: 50, M: 70, Y: 80, K: 70（深褐色）"。

（2）使用【修饰文字工具】调整文字的位置、大小和方向，效果如图 12-5 所示。

（3）使用【椭圆工具】绘制一个【填充色】为白色的"椭圆"，如图 12-6 所示。

（4）执行【对象】→【封套扭曲】→【用变形建立】命令，在弹出的【变形选项】窗口中选择"弧形"，并调整相应参数，将"椭圆"变形，如图 12-7 所示。

（5）复制并调整"扭曲椭圆"的大小和位置，放在文字相应部位，形成高光点，如图 12-8 所示。

（6）使用【选择工具】，框选"文字"和"高光点"；并右击，在弹出列表中执行【编组】命令，如图 12-9 所示。

4. 输入其他文字

使用【文字工具组】，在适当位置输入其他文字（点文本）；并依据设计方案，初步设置文字的字体、大小、颜色，如图 12-10 所示。

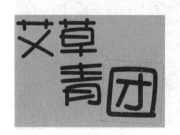

图 12-5　文字设置图

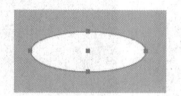

图 12-6　绘制椭圆

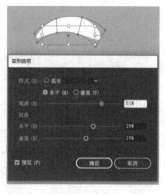

图 12-7　封套扭曲设计高光点

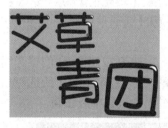

图 12-8　放置高光点

图 12-9　编组

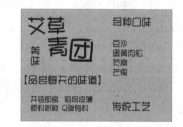

图 12-10　其他文字设计

5. 绘制树叶装饰物

（1）使用【椭圆工具】绘制一个"椭圆"；并使用【渐变工具】填充为"渐变绿色"，如图 12-11 所示。

（2）执行【对象】→【封套扭曲】→【用网格建立】命令，在弹出的【封套网格】中设置【行数】为"2"、【列数】为"2"，如图 12-12 所示。

（3）使用【直接选择工具】，对网格控制点进行调整，使"椭圆"扭曲为"树叶"形状，如图 12-13 所示。

（4）复制"树叶"，并调整大小和方向；单击【属性】面板中的【编辑内容】按钮，再单击【渐变】栏下方的【打开渐变弹出菜单】按钮，然后重新设置渐变颜色，如图 12-14 所示。

图 12-11　绘制树叶的原始图形

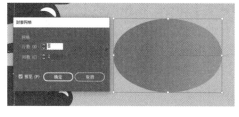
图 12-12　使用封套网格

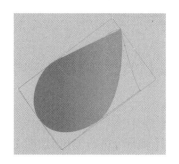
图 12-13　椭圆变形

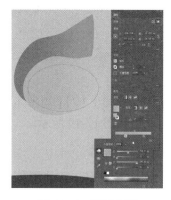
图 12-14　编辑内容

6. 绘制其他装饰物

（1）使用【矩形工具】■、【封套扭曲】命令，使用上述类似方法，绘制"蒸笼底座"，如图 12-15 所示。

（2）复制一个"底座"；单击【属性】面板中【封套】栏的【编辑内容】■按钮；然后单击【填色】■色块，在随后弹出的【色板库】中，单击【"色板库"菜单】■按钮→【图案】→【基本图形】→【基本图形-纹理】中选择【菱形】，如图 12-16 所示。

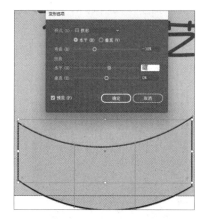
图 12-15　绘制蒸笼底座

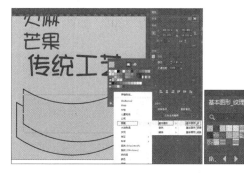
图 12-16　绘制蒸笼

（3）去除"菱形填充"对象的【描边】■ 描边，移动对象与"底座"位置完成重叠；然后使用【椭圆工具】●，绘制完整"蒸笼"，如图 12-17 所示。

（4）使用【椭圆工具】●绘制一个绿色"椭圆"；执行下拉菜单中【对象】→【封套扭曲】→【用

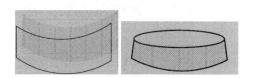
图 12-17　绘制完整"蒸笼"

变形建立】命令,在弹出的【变形选项】窗口中选择"拱形",并对参数进行调整,使"椭圆"扭曲为青团形状;复制一个青团形状后,调整大小和渐变颜色,使之成为馅料,效果如图 12-18 所示。

(5)根据青团和馅料的不同,绘制多个青团;并按照设计方案,与 POP 右侧文字进行排版和设计。

图 12-18　绘制青团

(6)使用【椭圆工具】【矩形工具】【螺旋线工具】及【钢笔工具】绘制一些装饰线条和装饰图案,效果如图 12-19 所示。

7. 装饰其他字体

(1)将文字"传统工艺"使用【用变形建立】命令中的【弧形】进行变形,如图 12-20 所示。

图 12-19　绘制装饰对象

图 12-20　变形建立

(2)使用【椭圆工具】绘制椭圆,并将【描边】设置为"深棕色"、"2"pt,对【变量宽度】进行设置,如图 12-21 所示。

(3)鼠标左键双击【晶格化工具】 ；在弹出的【晶格化工具选项】中,设置【画笔尺寸】的【宽度】和【高度】为"30",如图 12-22 所示,单击"确定"。

图 12-21　绘制椭圆

图 12-22　画笔设置

（4）在选中"椭圆"的状态下，使用【晶格化工具】分别在椭圆内部、外部靠近边缘的地方，按鼠标左键，使椭圆变形，如图 12-23 所示。（注意：按住鼠标时间越长，晶格化幅度越大。）

（5）使用【直接选择工具】，删除椭圆上多余的部分，如图 12-24 所示。

（6）将文字"品尝春天的味道"使用【用网格建立】命令进行扭曲，效果如图 12-25 所示。

图 12-23　晶格化效果

图 12-24　文字效果

图 12-25　用网格建立封套扭曲

8. 最终效果调整

（1）使用【钢笔工具】绘制一个"不规则图案"，并设置【填充】为"咖啡色"、【不透明度】为 30%，如图 12-26 所示。

（2）右击，在弹出列表中执行【排列】→【置于底层】命令，如图 12-27 所示（这时"不规则图案"被背景"矩形"遮住）；再次右击，在弹出列表中执行【解锁】→【矩形】命令，如图 12-28 所示；在选中"矩形"的状态下，再次右击，在弹出列表中执行【排列】→【置于底层】命令，将"矩形"置于最底层，效果如图 12-29 所示，为整体设计增加层次感。

图 12-26　绘制不规则图案

图 12-27　排列对象

图 12-28　解锁对象

图 12-29　增加层次感

（3）对画面中的文字和图形进行最后的调整，使设计方案视觉更和谐。

9. 存储与导出

（1）执行下拉菜单栏中的【文件】→【存储】命令，将文档保存至相应位置。

（2）执行下拉菜单栏中的【文件】→【导出】→【导出为】命令，在【导出】对话框中，【保存类型】为"*.jpg"，勾选【使用画板】，单击确定。

（3）在【JPEG 选项】对话框中，【颜色模式】可设置为【CMYK】，【品质】为"10"，【分辨率】为"300"ppi，单击【确定】按钮完成导出。

（三）技能点详解

1. 变形工具组

在平面设计项目中，经常需要对基本图形进行变形，以满足设计师的创意。在 Illustrator 软件的工具箱中的【变形工具组】包括 8 个工具，如图 12-30 所示。

1）宽度工具

【宽度工具】可以调整路径上的"描边宽度"，常用于制作"描边"粗细不同的图形，如制作欧式花纹、不规则图形等，具体操作如下。

首先，使用【选择工具】选中路径图形；然后选择【宽度工具】，将光标移至图形路径，可这时光标变为带＋号的箭头，如图 12-31（a）；按住鼠标左键拖动（拖动的距离越远，描边宽度越宽），如图 12-31（b）所示。

图 12-30 【变形工具组】

若要"精确"指定某段"描边"的宽度，可以在选择【宽度工具】后，在"描边"路径上双击鼠标左键，随后弹出【宽度点数编辑】窗口，如图 12-32 所示，在窗口中设置【边线】【总宽度】等参数，精确调整"描边"宽度。

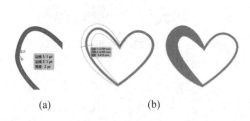

(a)　　　　　(b)

图 12-31 【宽度工具】　　　　　图 12-32 【宽度工具】数值设置

2）变形工具

首先，使用【选择工具】选中要变形的对象；然后选择【变形工具】，并双击鼠标左键，弹出【变形工具选择】面板，如图 12-33 所示，在面板中可以设置【全局画笔尺寸】【变形选项】等参数，设置完成后单击【确定】按钮。然后，在对象上按住鼠标左键拖动，即可使对象按照鼠标移动的方向产生自然变形效果，如图 12-34 所示。

> 注意：
>
> 该工具不仅可以对矢量图形进行操作，还可以对嵌入的位图进行操作。

3）旋转扭曲工具

【旋转扭曲工具】可以产生旋转扭曲的变形效果，该工具同样不仅可以对矢量图形进行操作，还可以对嵌入的位图进行操作。具体操作如下。

首先，使用【选择工具】选中要变形的对象；然后选择【旋转扭曲工具】，在对象上按住鼠标左键，对象即会随机产生扭曲变化，如图 12-35 所示。

图 12-33　变形工具选项

图 12-34　变形工具效果

注意：

按住鼠标左键时间越长，扭曲的程度越强。

若要改变旋转的方向，可双击【旋转扭曲工具】按钮，在弹出的【旋转扭曲工具选项】面板中，将【旋转扭曲速率】设置为负值，如图 12-36 所示。

图 12-35　旋转扭曲工具

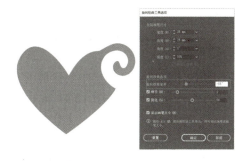

图 12-36　旋转扭曲工具选项

4）缩拢工具

【缩拢工具】可以使对象产生向内收缩的变形效果。该工具同样不仅可以对矢量图形进行操作，还可以对嵌入的位图进行操作。具体操作如下。

首先，使用【选择工具】选中要变形的对象；然后选择【缩拢工具】，在对象上按住鼠标左键，对象即会产生收拢变化（按住鼠标左键时间越长，收缩程度越强），如图 12-37 所示。

5）膨胀工具

【膨胀工具】与【缩拢工具】的功能相反，它可以使对象产生向外膨胀的效果，如图 12-38 所示。

图 12-37　缩拢工具

图 12-38　膨胀工具

6）扇贝工具

【扇贝工具】可以使对象产生锯齿变形的效果。该工具同样不仅可以对矢量图形进行操作，还可以对嵌入的位图进行操作。具体操作如下。

首先，使用【选择工具】选中要变形的对象；然后选择【扇贝工具】，在对象上按住鼠标左键，对象即会产生变形，如图 12-39 所示，按住鼠标左键时间越长，变形效果越明显。

7）晶格化工具

【晶格化工具】可以使对象产生由内向外的推拉延伸的变形效果。该工具同样不仅可以对矢量图形进行操作，还可以对嵌入的位图进行操作。具体操作如下。

首先，使用【选择工具】选中要变形的对象；然后选择【晶格化工具】，在对象上按住鼠标左键，对象即会产生变形，如图 12-40 所示，按住鼠标左键时间越长，变形效果越明显。

图 12-39　扇贝工具

图 12-40　晶格化工具

8）褶皱工具

【褶皱工具】可以使对象产生褶皱感变形的效果。该工具同样不仅可以对矢量图形进行操作，还可以对嵌入的位图进行操作。具体操作如下。

首先，使用【选择工具】选中要变形的对象；然后选择【褶皱工具】，在对象上按住鼠标左键，对象即会产生变形，如图 12-41 所示。

2. 封套扭曲

所谓"封套"功能，就像月饼"模具"，对象就像"面团"，把面团放到模具中，那么就有了模具的形状。在 Illustrator 软件中，可以将"对象"（图形或文字都可以）放在特定的"封套"中，并对"封套"进行变形，"对象"的外观就会发生变化。而一旦除去了"封套"，"对象"还会恢复到之前的形状。

执行菜单栏中的【对象】→【封套扭曲】命令，共有 3 种建立方式，包括【用变形建立】【用网格建立】【用顶层对象建立】；共有 4 种编辑方式，包括【释放】【封套选项】【扩展】【编辑内容】，如图 12-42 所示。

1）建立

（1）用变形建立：【用变形建立】命令，可以将选中的"对象"（文字或图形都可以）按照特定的变形方式进行变形。共有 15 种样式，如"拱形""凹壳""鱼形""膨胀"等，设置不同的参数，对象会相应产生变化，如图 12-43 所示。

图 12-41 褶皱工具

图 12-42 封套扭曲

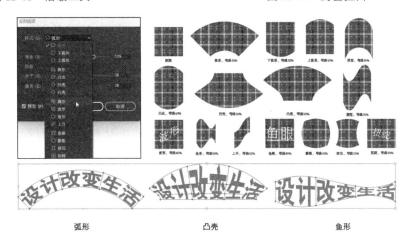
图 12-43 变形"图形"和"文字"选项部分效果

（2）用网格建立：【用网格建立】命令，可以在"对象"表面添加一层"网格"，通过调整"网格锚点"的位置来改变"网格"形态，即可改变"对象"形态。

以"图形"对象为例。首先，执行菜单栏中的【对象】→【用网格建立】命令，如图 12-44（a）所示；然后，使用【直接选择工具】对"网格锚点"进行修改，最后产生效果如图 12-44（b）所示。

"文字"对象的操作同样，如图 12-45 所示。

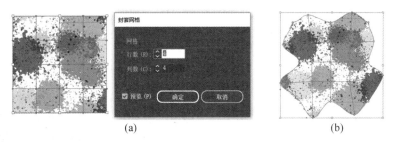
图 12-44 用网格建立（图形）

图 12-45 用网格建立（文字）

在【封套】的【控制栏】中，可以重新定义"网格"的【行数】与【列数】；单击【重设封套形状】按钮，即可复位网格，如图 12-46 所示。

（3）用顶层对象建立：【用顶层对象建立】命令，可以利用"顶层对象"的外形调整"底层对象"的形态，使之产生变化。因此，【用顶层对象建立】命令需要至少两个对象，具体操作如下。

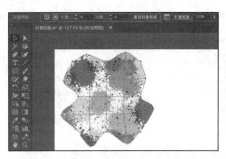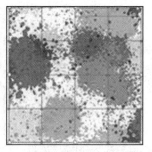

图 12-46 复位网格

步骤一：绘制一个需要进行变形的"对象"，如图 12-47（a）所示。

步骤二：绘制一个外形对象，可以是一个图形或是一条路径，如图 12-47（a）所示。

步骤三：使用【选择工具】，同时选中 2 个对象；再执行【对象】→【封套扭曲】→【用顶层对象建立】命令，效果如图 12-47（b）所示。

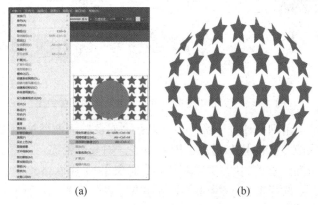

图 12-47 顶层对象建立

2）编辑

（1）释放：【释放】命令，可以取消封套效果，使对象恢复到原始状态，如图 12-48 所示。

（2）封套选项：执行此命令后，弹出【封套选项】面板，如图 12-49 所示，可以对封套的效果进行进一步设置。

图 12-48 释放封套　　　　　　　　图 12-49 封套选项

（3）扩展：执行此命令后，会将"文字"或"图形"进行"曲线化"，失去文字或图形"属性"，便于二次编辑。

（4）编辑内容：执行此命令后，可显示封套内扭曲的"对象"（图形或文字），然后对该"对象"（图形或文字）进行编辑，比如图形的填充，文字的内容等，如图12-50所示。

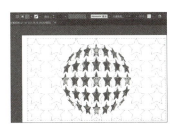

图 12-50　编辑封套内容

> **注意：**
> 一个"封套"对象包含两个部分：用于控制变形效果的"封套部分"，以及受变形影响的"内容部分"。"封套"建立完成后，可以通过对"封套"形状的调整，编辑"内部对象"的形状。

【课后实训任务】设计一款传统色搭配的书签

按客户需求，设计一张传统色搭配的书签，参考作品如图12-51所示。

图 12-51　书签参考图

（图片来源：图行天下）

项目十三

网页 Banner 设计

知识目标

- 掌握 Illustrator 设计软件的基础操作，包括橡皮擦工具组、路径编辑、对象混合、图层和蒙版、切片和网页输出等知识；
- 掌握 Banner 设计工作的相关知识和典型工作任务；
- 了解相关的美学、艺术、设计、文化、科学等知识。

能力目标

- 善于挖掘用户的关注点，满足用户需求及对美好事物的鉴赏能力；
- 具备追踪和应用最新计算机平面设计技术、技巧和方法的能力；
- 培养创新和实践的能力，运用所学知识独立完成同类型项目的工作能力。

素质目标

- 培养爱国主义情感和中华民族自豪感，重视非遗传播；
- 遵守设计行业道德准则和行为规范、诚实守信、求真务实；
- 具有良好的设计鉴赏和文化艺术修养，培养文化自信和国际视野。

（一）项目概况

1. 基本介绍

Banner 一般指横幅广告又称旗帜广告。打开手机 App 或者网页，会发现它们的首页被划分为了几个板块，其中处于顶部位置的，往往是几张轮播的图片，这些图片就是我们所说的 Banner 图。Banner 是网络广告最早采用的形式，也是最常见的形式，是一张表现商家广告内容的图片，当用户单击这些横幅的时候，通常可以链接到广告主的网页。

从表现形式上，Banner 广告可以分成三种类型，静态横幅、动画横幅、互动式横幅。一般较多使用 GIF 格式的图像文件或 SWF 动画图像。除普通 GIF 格式外，新兴的 Rich Media Banner（丰富媒体 Banner）能赋予横幅更强的表现力和交互内容。

Banner 设计作为表达网站价值或者传达广告信息的视觉主体，一直在根据网络环境的变化而变化着，从表现形式到尺寸大小，再到创意的多元化，也一直是平面设计师重点培养的技能之一，特别是对于 UI 设计师来说。在 UI 设计中，Banner 设计通常伴随着轮播的形式展示，所以也经常称之为轮播图。对于 web 产品来说，Banner 是一种导航形式，属于功能性的轮播导航。大部分产品都是通过 Banner 向用户宣传平台正在重点传播的内容，比如活动信息和官

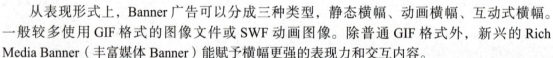

宣资讯等。所以，在 Banner 设计时，就需要通过视觉冲击来引起用户更高的关注度。

在 Banner 设计时，除了设计创意外，构图、配色甚至 Banner 样式等，都需要设计师结合产品特性、用户体验、交互设计等方面进行精心设计。

2. 设计要点

一般 Banner 是由文案、商品、背景、点缀元素四个要素组成的。在页面中占据最直观的展现位置，其投放环境对设计也存在极大的影响，因此在设计过程中要注意以下问题。

（1）选取合适的图片和文案：Banner 的图片和文案是吸引用户的关键。图片应该选取与产品或活动相关的高质量图片，并注意颜色和构图的搭配，使其视觉效果更佳。文案应该简洁、清晰、有吸引力，能够准确传达产品或活动的信息。

（2）创意风格的统一：所有元素都要服务于页面的整体视觉风格，配色和字体也要遵守视觉识别规范，一定要避免出现不同类型的视觉元素。

（3）注重设计的简洁性：Banner 的设计应该简洁明了，不要过于复杂或烦琐，否则会分散用户的注意力。简单的设计能够让用户更容易理解 Banner 的信息，并促使用户更快地单击。

（4）选取合适的配色方案：配色方案是 Banner 设计的重要组成部分，应该选取与产品或活动相关的配色方案。同时，还要注意色彩的互补和搭配，以及背景和前景色彩的反差度，使 Banner 的视觉效果更佳。

3. 制作规范

不同的平台和设备对 Banner 的尺寸和位置要求不同，文件大小也有一定的限制，这就给设计增加了许多障碍。例如，banner 图形尽量颜色数量少，尽量不要使用彩虹色、晕边等复杂的特技图形效果，这样会增加图形所占据的颜色数，增大文档体积。因此，设计师需要根据具体客户需求和平台要求来完成设计。

目前主流网站的 Banner 的尺寸主要分为三种：一是显示位置是固定尺寸的，比如 1200×560px、1200×360px；二是显示位置是居中的，比如 1920×560px，其实主题显示的内容是 1200×560px，用这种尺寸只要是正对大屏的显示器，两边就不会显得很尴尬，也是现在常用的尺寸；三是显示位置是整个屏幕，比如 1920×1000px。

各大应用平台的 Banner 尺寸也不同，如在 pc 端设计尺寸建议宽度为 950px（淘宝）、990px（天猫），高度均为 600px；在移动端设计尺寸建议宽度为 750px，高度为 200~950px（淘宝）。

按照互动广告局（Interactive Advertising Bureau）的规范，468×60 像素的称为全横幅广告（Full Banner），234×60 像素的称为半横幅广告（Half Banner），120×240 像素的称为垂直旗帜广告（Vertical Banner）。

4. 工作思路

Banner 设计项目是平面设计工作中相对较难的任务，首先我们要掌握这项工作的概况、设计要素、制作规范及要求等，然后开始以下工作。

（1）明确客户需求和平台要求：比如客户对图文内容、颜色、风格等设计需求；平台对上传 Banner 文件大小和设计尺寸等。

（2）进行创作：初学者可能把握不好创意，建议参考网络或书上优秀的设计作品，结合实际情况完成设计方案，并使用计算机设计软件制作正稿。

（3）最后交付：与客户讨论、修改、定稿，最后交给技术人员完成交互设计，上传平台。

（二）工作任务分解

作为一名 UI 设计师，结合中秋佳节与西湖赏月非遗元素，为新一届杭州中秋游园会网站设计更新一张首页 Banner，以图 13-1 所示方案为例，具体操作步骤如下。

图 13-1　杭州中秋游园会网页 banner 设计

1. 打开页面

启动 Illustrator 软件；打开已经完成的网站布局设计图"杭州中秋游园会网页"AI 文档，如图 13-2 所示。文档宽度"1200"px，高度"1035"px，画板"1"，出血线"0"mm，颜色模式【RGB】，光栅效果"72"ppi。

2. 编辑图层

执行【窗口】→【图层】命令，打开【图层】控制面板，并锁定【底图】图层；然后单击【新建图层】按钮，新建一个图层，并重新命名为"banner"，如图 13-3 所示。

图 13-2　网页布局设计图　　　　　　　图 13-3　锁定底图并新建图层

3. 添加色板并绘制底色

（1）根据配色卡（素材），在【色板】中【选择添加色板】，如图 13-4 所示。

（2）使用【矩形工具】■，在网页 Banner 区绘制矩形；然后使用【渐变工具】■中的【任意形状渐变】对"矩形"进行渐变填充，也可采用网格工具填充色彩，效果如图 13-5 所示。

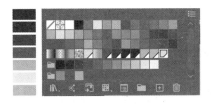

图 13-4　添加色板

图 13-5　底图渐变填充

4. 装饰图形绘制

（1）使用【钢笔工具】■绘制"断桥"基本造型，设置【描边】粗细"7"pt，效果如图 13-6 所示；使用【椭圆工具】■在"断桥"下方绘制椭圆，如图 13-7 所示。

（2）同时选中"断桥"与"椭圆"，执行【窗口】→【路径查找器】命令，弹出面板；然后在【形状模式】中单击【减去顶层】按钮■，形成"桥洞"，如图 13-8 和图 13-9 所示。

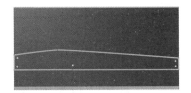

图 13-6　绘制断桥形状

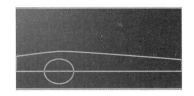

图 13-7　绘制椭圆

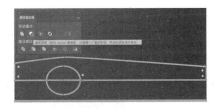

图 13-8　路径查找器

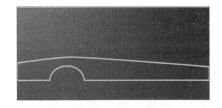

图 13-9　桥洞效果

（3）选中"断桥"，使用【剪刀工具】■，在"断桥"两侧转角依次单击，如图 13-10 所示，分割路径；然后删除两侧多余竖线，效果如图 13-11 所示。

图 13-10　剪刀工具分割

图 13-11　分割效果

（4）选择"断桥"线条，在【属性栏】中的【变量宽度配置文件】选项中选择"宽度配置文件2"，使线条产生粗细渐变效果，如图 13-12 所示。

（5）使用【椭圆工具】绘制两个同心圆，填充如图 13-13 所示。

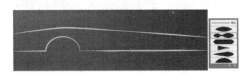

图 13-12　宽度配置文件

图 13-13　同心圆绘制

（6）双击【混合工具】，在弹出的【混合选项】中选择【平滑颜色】，如图13-14所示，单击【确认】；依次单击两个同心圆，建立混合图形，得到渐变的月亮光晕效果，如图13-15所示。

（7）将"素材"依次置入画面中的适当位置，增强中秋氛围；并使用【橡皮擦工具】擦除多余部分，如图13-16所示。

图13-14 混合选项　　　图13-15 混合绘制渐变光晕效果　　　图13-16 添加素材并擦除多余部分

5. 输入文字

使用【文字工具】，输入标题文字、时间、地点信息，如图13-17所示。

6. 绘制文字混合

（1）选择时间"8.15"，按【Ctrl+C】和【Ctrl+Shift+V】组合键进行复制和粘贴；然后选择其中一个"8.15"移动至其他位置备用，如图13-18所示。

（2）再次按【Ctrl+V】组合键粘贴，并移动到适当位置，如图13-19所示；同时选中两个"8.15"，并设置"无填充色"，描边"白色"，"1"pt，如图13-20所示。

图13-17 文字输入　　　图13-18 复制备用文字　　　图13-19 复制并移动

（3）双击【混合工具】，在弹出的【混合选项】面板中，选择【指定的步数】，并设置步数为3，如图13-21所示，单击【确定】；依次选择两个描边数字"8.15"，建立混合效果，如图13-22所示。

图13-20 设置描边　　　图13-21 混合选项　　　图13-22 混合效果

（4）双击混合图形，进入隔离的混合中，将后方的"8.15"【透明度】设置为0，并适当调整位置，如图13-23所示；返回主页面，将备用的"8.15"移至混合图形上方，如

项目十三　网页 Banner 设计

图 13-24 所示。

7. 创建切片

拉参考线；然后执行【对象】→【切片】→【从参考线创建】命令，创建切片，如图 13-25 所示。

图 13-23　设置透明度　　　　图 13-24　移动文字　　　　图 13-25　创建切片

8. Web 图形输出

执行【文件】→【导出】→【存储为 Web 所用格式（旧版）】命令；在弹出的【存储为 Web 所用格式】面板中，完成名称、格式等参数设置，然后单击【存储】按钮，如图 13-26 所示；将文件保存至相应位置，完成导出，最后文件构成如图 13-27 所示。

图 13-26　切片设置

图 13-27　输出文件

（三）技能点详解

1. 橡皮擦工具组

【橡皮擦工具组】主要用于擦除、切断、断开路径等操作，包括 3 个工具：【橡皮擦工具】【剪刀工具】【美工刀】，如图 13-28 所示。

1）橡皮擦工具

【橡皮擦工具】模拟现实中橡皮擦的擦除功能，可以擦除矢量图形中的任意区域，包括一般路径、复合路径、实时上色组内的路径或剪切内容等。具体操作如下。

选择【橡皮擦工具】后，将鼠标放到图形上，按住鼠标左键滑动即可擦除，如图 13-29 所示。双击工具按钮，可打开【橡皮擦工具选项】对话框，可设置【角度】【圆度】【大小】等参数，如图 13-30 所示。

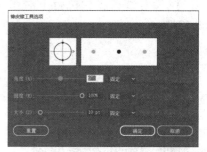

图 13-28　橡皮擦工具组　　　　图 13-29　橡皮擦执行效果　　　　图 13-30　橡皮擦工具选项

2）剪刀工具

【剪刀工具】主要用于断开路径或将图形变为断开的路径，同时也可以将图形切断为多个部分，并且每部分都具有独立的填充和描边属性。具体操作如下。

选择【剪刀工具】，当鼠标指针移动到图形上，并出现"路径"两字时，单击即可切断路径（此时系统会自动创建两个端点）；如果需要切断图形，可以在路径上的任意位置多次单击，如图 13-31 所示，生成多个"未封闭"的图形。

3）美工刀工具

【美工刀】可以将一个完整的图形进行任意切割，而且每个切分的对象都是独立的，可进行删除、更改颜色、调整大小等操作。具体操作如下。

选择【美工刀】，按住鼠标左键，拖动光标贯穿整个图形进行切割，此时系统会自动生成两个闭合路径的图形，如图 13-32 所示。

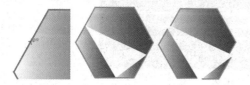

图 13-31　剪刀执行效果　　　　　　　　　　图 13-32　美工刀执行效果

> **注意：**
> （1）如果在选中某个对象的状态下，则该对象是唯一可擦除、剪切、分割的对象；如果未选中对象，则会擦除、剪切、分割光标触及的所有图层内的任何对象；
> （2）按住【Shift】键可以直线擦除、剪切、分割；按住【Option+Shift】（macOS）组合键或【Alt+Shift】（Windows）组合键可以将操作角度限制为 45°的倍数；
> （3）不能擦除、剪切、分割栅格图像（位图）、文本、符号或渐变网格对象。

2. 路径编辑

路径是指使用绘图工具创建的直线、曲线或几何图形，是组成所有线条和图形的基本元素。Illustrator 提供了多种绘制路径的工具，比如钢笔工具、画笔工具、铅笔工具、矩形工具等。路径可以由一个或多个路径组成，即由锚点连接起来的一条或多条线段。路径本身没有宽度和颜色，当对路径设置了描边后，才跟随描边的宽度和颜色具有了相应的属性。

路径由锚点和线段组成，有 3 种类型：开放路径、闭合路径和复合路径。同样，Illustrator 提供了多种路径修改的命令。

1）路径命令

下拉菜单栏的【对象】→【路径】中共有 11 个命令，如图 13-33 所示。

（1）连接。【连接】命令可以链接一个开放路径的两个端点，或者多个开放路径的端点。

操作方法如下：首先，使用【直接选择】工具，选中需要连接的端点；然后执行下拉菜单栏中的【对象】→【路径】→【连接】命令，如图 13-34 所示。或者选中端点后，右击，在弹出列表中执行【连接】命令，如图 13-35 所示，即可连接路径，效果如图 13-36 所示。

图 13-33　路径命令

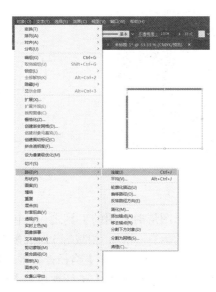

图 13-34　连接 1　　　　　图 13-35　连接 2

（2）平均。【平均】命令可将锚点按【轴】进行对齐。

操作方法如下：首先，使用【直接选择工具】选中所有要对齐的锚点；然后执行菜单中的【对象】→【路径】→【平均】命令，或右击在弹出列表中执行【平均】命令，或使用【Ctrl＋Alt＋J】组合键；在弹出的【平均】对话框中，如图 13-37 所示，选择对齐方式，然后单击【确定】即可使锚点对齐，效果如图 13-38 所示。

图 13-36　连接效果

图 13-37　平均对话框

图 13-38　锚点垂直对齐效果

（3）轮廓化描边。【轮廓化描边】命令可以将路径线条转化为填充。

具体操作如下：首先，使用【直接选择工具】选中路径；然后执行菜单中的【对象】→

【路径】→【轮廓化描边】即可，效果如图13-39所示。

（4）简化。【简化】命令可以删除多余的锚点而不改变路径形状，从而可以减小文件量，使显示和打印的速度更快。

图13-39 轮廓化描边效果

具体操作如下：首先，使用【直接选择工具】选中路径；然后执行菜单中的【对象】→【路径】→【简化】命令，或右击，在弹出列表中执行【简化】命令；然后在弹出的【简化】对话框中，通过设置参数进行锚点的简化，如图13-40所示。单击【更多选项】按钮，可进一步进行参数设置，效果如图13-41所示。

图13-40 【简化】对话框

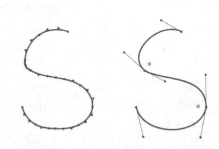

图13-41 简化效果

2）路径查找器

【路径查找器】控制面板是编辑图形时常用的工具之一，包含了一组功能强大的路径编辑命令，可以将重叠的对象通过指定的运算（相加、相减等）形成复杂的路径，得到新的图形对象。执行【窗口】→【路径查找器】命令，即可打开【路径查找器】控制面板，如图13-42所示。

只要同时选中要编辑的多个图形，然后单击【路径查找器】中对应的按钮，即可完成编辑。

> **注意：**
> 执行命令时，按住【Alt】键可以创建"复合路径"，如图13-43所示。【路径查找器】会对形状进行永久性更改，而"复合路径"创建的是复合形状而不是路径，原始底层形状会保留，用户仍然可以选择复合形状中的任意原始对象。

图13-42 路径查找器　　　　　图13-43 建立复合路径

3）形状生成器工具

【形状生成器工具】可以在多个重叠的图形中快速得到新的图形。具体操作如下。

首先，使用【选择工具】选中全部需要合并的对象；然后，选择【形状生成器工具】，按住鼠标左键，并拖动指针穿越需要合并的区域，如图13-44所示；松开鼠标后，穿越的区域合并成为一个新的形状，如图13-45所示。

图 13-44　生成形状前　　　　　　　　　　图 13-45　生成形状后

注意：

可以使用【形状生成器工具】的抹除模式，按下【Alt】键（Windows）或【Option】键（macOS）；然后选择要删除的闭合区域。在抹除模式下，可以在所选形状中删除选区，如果要删除的某个选区由多个对象共享，则分离形状的方式是将选框所选中的那些选区从各形状中删除，如图13-46所示。

图 13-46　形状生成器工具创建效果

3. 对象混合

"对象混合功能"从某种程度来说是"渐变效果"的进一步延伸。用于混合的对象形状可以相同也可以不同，可以是封闭图形也可以是开放路径，可以是图形也可以是字体。混合时，混合的对象将被视为一个整体对象，称为"混合对象"。如果移动其中一个原始对象或编辑原始对象的锚点，混合对象也将自动改变。

1）混合工具

【混合工具】可以在多个图形中生产一系列中间对象，从而实现从一种颜色过渡到另一种颜色、从一种形状过渡到另一种形状的效果。具体操作为，选择【混合工具】，依次单击需要混合的图形即可完成混合。

注意：

若要不带旋转地按顺序混合，可单击对象的任意位置，但要避开锚点；若要混合对象上的特定锚点，请使用【混合工具】单击锚点，如图13-47所示。图13-48所示为多个图形进行混合的效果。

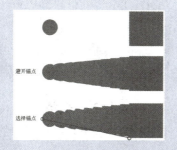

图 13-47　避开锚点和选择锚点进行混合　　　图 13-48　多个图形混合效果

双击【混合工具】，在弹出的【混合选项】对话框中可以设置【间距】【取向】等参数改变混合效果，如图13-49和图13-50所示；也可以执行【对象】→【混合】→【混合选项】命令，弹出对话框。

2）混合轴

"混合轴"是混合对象中各步骤对齐的路径。默认情况下，混合轴是一条直线。想要调整混合轴的形状，可以通过【增加锚点工具】 、【锚点工具】 等改变混合轴的锚点和手柄，如图13-51所示为通过添加锚点、移动锚点、编辑手柄后的混合效果。

图13-49　混合选项

图13-50　更改混合效果

图13-51　混合轴增加锚点和编辑手柄

3）混合命令

下拉菜单栏的【对象】→【混合】中共有7个命令，如图13-52所示。

（1）替换混合轴：除了编辑原有的混合轴，还可以用绘制的路径替换。具体操作如下。

首先，绘制一条路径以用作新的混合轴；然后，使用【选择工具】同时选中新混合轴和混合对象；执行【对象】→【混合】→【替换混合轴】命令，替换效果如图13-53所示，

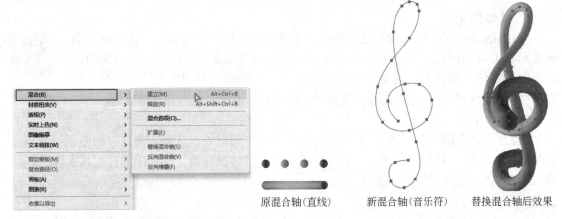

图13-52　混合命令　　　　　　　　　　　图13-53　替换混合轴

（2）反向混合轴：可以颠倒混合轴上的混合顺序，如图13-54所示。

（3）反向堆叠：可以颠倒混合轴上的混合对象，如图13-55所示。

图13-54　替换混合轴　　　　　　　　　　图13-55　反向堆叠

（4）扩展：可以将混合对象分割为一系列不同的对象，然后就可以编辑其中的任意一个

项目十三 网页 Banner 设计

对象。

4. 图层、蒙版和不透明度

1）图层

创建复杂图稿时，要跟踪文档窗口中的所有对象很难。有些较小的对象隐藏于较大的对象之下，增加了选择对象的难度。而"图层"提供了一种有效的方式来管理组成图稿的所有对象。可以将"图层"视为结构清晰的文件夹，可以在文件夹间移动对象，也可以在文件夹中创建子文件夹。虽然 Illustrator 的图层特征和 Photoshop 的略有不同，但操作基本相似。

执行菜单栏中的【窗口】→【图层】命令，可打开【图层】控制面板。默认情况下，每个新建的文档都包含一个图层，而每个创建的对象都在该图层之下列出，面板功能如图 13-56 所示。

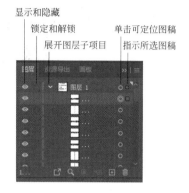

图 13-56 图层面板命令

> **注意：**
> 如果想要将对象移动到另一个图层，首先需要选中对象，然后单击【图层】控制面板，激活【图层】面板中需要移动到的图层，最后执行【对象】→【排列】→【发送至当前图层】命令，如图 13-57 所示。双击图层的图标，在弹出的【图层选项】窗口中，可以对名称、图层定界框颜色等参数进行设置，如图 13-58 所示。

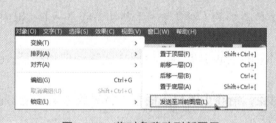

图 13-57 将对象移动到新图层

图 13-58 图层面板

2）蒙版

（1）剪切蒙版："剪切蒙版"以一个矢量图形作为"容器"，限定另一些元素显示的范围。因此，使用"剪切蒙版"，只能看到蒙版形状内的区域，从效果上来说，就是将图稿裁剪为蒙版的形状。"剪切蒙版"和"遮盖的对象"称为剪切组合。可以通过选择两个或多个对象，或一个组，或图层中的所有对象来建立剪切组合。

方法一：使用【图层】控制面板：确保蒙版对象位于组或图层的上方，然后选中图层，单击位于【图层】面板底部的【建立/释放剪切蒙版】按钮，如图 13-59 所示；或者从【图层】面板菜单中执行【建立剪切蒙版】命令，即可创建剪切蒙版。

方法二：使用快捷或菜单栏命令：只有矢量对象可以作为剪切蒙版，但任何图稿都可以被蒙版。无论对象先前的属性如何，剪切蒙版都会变成一个不带填色也不带描边属性的对象。同时选择该矢量图形和需要被蒙版的对象，右击，在弹出的列表中执行【创建剪切蒙版】命令；或者执行下拉菜单栏中的【对象】→【剪切蒙版】→【建立】命令，如图 13-60 所示。建立剪切蒙版后效果如图 13-61 所示。

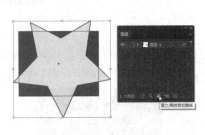 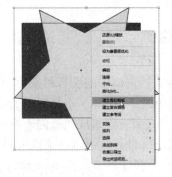 

图 13-59 使用【图层】面板建立　　图 13-60 使用快捷命令建立　　图 13-61 剪切蒙版效果

方法三：使用【透明度】面板：通过【透明度】面板的【制作蒙版】按钮，创建独特的透明蒙版，如图 13-62 所示。

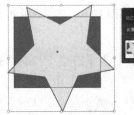  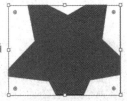 

图 13-62　透明蒙版

（2）编辑剪切蒙版。具体有以下 3 种方法。

方法一：首先选中剪切组合，然后执行菜单栏中的【对象】→【剪切蒙版】→【编辑内容】命令，即可编辑。

方法二：使用【直接选择工具】拖动对象的中心参考点，以此方式移动剪切路径；也可以使用【直接选择工具】改变剪切路径形状。

方法三：要从蒙版插图中添加或移除对象，请在【图层】面板中将对象拖入或拖出包含剪切路径的 < 剪切组 > 或图层，如图 13-63 所示。

（3）从剪切蒙版中释放对象。具体有以下两种方法。

方法一：选择包含剪切蒙版的组，然后执行【对象】→【剪切蒙版】→【释放】命令，如图 13-64 所示。

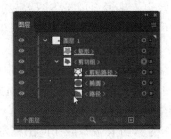 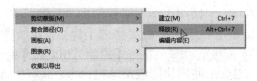

图 13-63　进入剪切组　　　　　　图 13-64　释放剪切蒙版

方法二：在【图层】面板中，单击包含剪切蒙版的组或图层的名称，然后单击面板底部的【建立 / 释放剪切蒙版】按钮；或者执行面板菜单中的【释放到图层】命令。

项目十三　网页 Banner 设计

> **注意：**
> 由于剪切蒙版的填充或笔触值都为【无】，因此它是不可见的，除非选择剪切蒙版或为其指定新的填充和描边属性。

3）透明度

"透明度"的设置是数字化绘图中常用的功能，主要用于多个对象融合效果的制作。对顶层对象设置半透明的效果，就会显示出下一层对象的内容。具体操作如下。

执行菜单栏中【窗口】→【透明度】命令，打开【透明度】控制面板；单击面板中的设置按钮，在弹出菜单中执行【显示选项】命令，如图 13-65 所示，可显示【透明度】面板的全部功能，如图 13-66 所示。

　　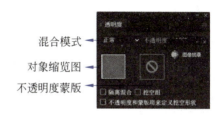

图 13-65　【透明度】面板　　　　　图 13-66　【透明度】面板全部选项

【混合模式】：设置所选对象与下层对象的颜色混合模式。
【不透明度】：通过调整数值控制对象的透明效果。
【对象缩览图】：所选对象缩览图。
【制作蒙版】：单击此按钮，则会为所选对象创建蒙版。
【剪切】：将对象建立为当前对象的剪切蒙版。
【反相蒙版】：将当前对象的蒙版效果反相。
【隔离混合】：勾选该复选框，可以防止混合模式的应用范围超出组的底部。
【挖空组】：勾选该复选框，在透明挖空组中，元素不能透过彼此而显示。
【不透明度和蒙版用来定义挖空形状】：勾选该复选框，可以创建与对象不透明度成比例的挖空效果。在接近 100% 不透明度的蒙版区域中，挖空效果较强；在具有较低不透明度的区域中，挖空效果较弱。

5. 切片与网页输出

1）切片

网页可以包含许多元素 HTML 文本、位图图像和矢量图等。在 Illustrator 中，可以使用切片来定义图稿中不同 Web 元素的边界。例如，如果图稿包含需要以 JPEG 格式进行优化的位图图像，而图像其他部分更适合作为 GIF 文件进行优化，则可以使用切片隔离位图图像。使用【文件】→【导出】→【存储为 Web 所用格式】命令，将图稿存储为网页时，可以选择将每个切片存储为自身具有格式、设置以及颜色表的独立文件。

可以在画板上和【存储为 Web 所用格式】对话框中查看切片。Illustrator 会从图稿的左上角开始，对切片从左到右、从上到下编号。如果更改切片的排列或切片总数，切片编号则会更新，以反映新的顺序。

（1）创建切片。具体方法如下。

方法一：在画板上选择一个或多个对象，然后执行【对象】→【切片】→【建立】命令；

265

选择【切片工具】 ，并在要创建切片的区域上进行切分。

> **注意：**
> 按住【Shift】键并拖移可将切片限制为正方形。按住【Alt】键（Windows）或【Option】键（Mac OS）拖移可从中心进行绘制。

方法二：在画板上选择一个或多个对象，然后执行【对象】→【切片】→【从所选对象创建】命令，如图 13-67 所示。

方法三：将参考线放在图稿中要创建切片的位置，然后执行【对象】→【切片】→【从参考线创建】命令，如图 13-68 所示。

图 13-67　从所选对象创建切片

图 13-68　从参考线建立切片

> **注意：**
> 如果希望切片尺寸与图稿中某个元素的边界匹配，请使用【对象】→【切片】→【建立】命令。如果移动或修改图素，则切片区域会自动调整以包含新图稿。还可以使用此命令创建切片，该切片可从文本对象捕捉文本和基本格式特征。
> 如果希望切片尺寸独立于底层图稿，请使用【切片工具】【从所选对象创建】或【从参考线创建】命令。以其中任一方式创建的切片将显示为【图层】面板中的项，可以使用与其他矢量对象相同的方式移动和删除它们以及调整其大小。

（2）选择切片。可以使用【切片选择工具】 在画板窗口或【存储为 Web 所用格式】对话框中选择切片。要选择一个切片，请单击该切片；要选择多个切片，请按住【Shift】键并逐个单击。

（3）设置切片属性。使用【切片选择工具】 ，在画板窗口中选择一个切片；然后执行【对象】→【切片】→【切片选项】命令设置属性，如图 13-69 所示。或者执行【文件】→【导出】→【存储为 Web 所用格式】命令，在弹出的对话框中，使用【切片选择工具】双击某个切片，然后设置属性，如图 13-70 所示。

【切片类型】有 3 种，其主要含义如下。

【图像】：如果希望切片区域在生成的网页中为图像文件，请选择此类型。如果希望图像是 HTML 链接，请输入 URL 和目标框架。还可以指定当鼠标位于图像上时浏览器的状态区域中所显示的信息，未显示图像时所显示的替代文本，以及表单元格的背景颜色。

项目十三 网页 Banner 设计

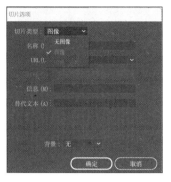

图 13-69 切片选项

图 13-70 输出设置

【无图像】：如果希望切片区域在生成的网页中包含 HTML 文本和背景颜色，请选择此类型。在【显示在单元格中的文本】文本框中输入所需文本，并使用标准 HTML 标记设置文本格式。（注意输入的文本不要超过切片区域可以显示的长度。如果输入了太多的文本，它将扩展到邻近切片并影响网页的布局。然而，因为无法在画板上看到文本，所以只有用 Web 浏览器查看网页时，才会变得一目了然。）设置【水平】和【垂直】选项，更改表格单元格中文本的对齐方式。

【HTML 文本】：仅当选择文本对象并选择【对象】→【切片】→【建立】来创建切片时，才能使用这种类型。可以通过生成的网页中基本的格式属性将 Illustrator 文本转换为 HTML 文本。若要编辑文本，请更新图稿中的文本。设置【水平】和【垂直】选项，更改表格单元格中文本的对齐方式。还可以选择表格单元格的背景颜色。

2）Web 图形输出

执行下拉菜单栏中的【文件】→【导出】→【存储为 web 所用格式（旧版）】命令，出现对话框，完成名称、格式等参数设置，然后单击【存储】按钮，完成导出。

注意：

颜色是图稿的重要因素。然而，在画板上看到的颜色未必就是在其他系统上 Web 浏览器中所显示的颜色。创建 Web 图形时，可以通过采取两个预防措施来防止仿色（模拟不可用颜色的方法）和其他颜色问题。

第一，始终在 RGB 颜色模式下工作；第二，使用 Web 安全颜色。如果选择的颜色不是 Web 安全颜色，则在【颜色】面板、拾色器或【编辑颜色/重新着色图稿】对话框中会出现一个警告方块。单击方块以转换为最接近的 Web 安全颜色。如图 13-71 所示。

图 13-71 Web 安全色

【课后实训任务】设计制作手机 App 静态 Banner 图

作为一名设计师，为自己家乡的代表性节庆活动设计一张手机 App 静态 banner 图，参考作品如图 13-72 所示。尺寸按照实际情况设定。

图 13-72 参考图

项目十四　包装盒设计

知识目标

- 掌握 Illustrator 设计软件的基本操作,包括符号、效果、图形样式等知识;
- 掌握包装设计工作的相关专业知识和典型工作任务;
- 了解相关的美学、艺术、设计、文化、科学等知识。

能力目标

- 掌握计算机平面设计与制作、色彩搭配、创意思路沟通的能力;
- 具备独立获取知识、并能举一反三,适应后续教育和转岗需求的能力;
- 培养创新和实践的能力,运用所学知识独立完成同类型项目的工作能力。

素质目标

- 具有热爱劳动的工匠精神、尊重创作规律的科学精神;
- 遵守设计行业道德准则和行为规范,遵循低碳生活、绿色环保理念;
- 具有良好的设计鉴赏和文化艺术修养,培养文化自信和国际视野。

(一)项目概况

1. 基本介绍

包装设计即指选用合适的包装材料,运用巧妙的工艺手段,为包装商品进行的容器结构造型和包装的美化装饰设计。经济全球化的今天,包装与商品已融为一体,是品牌理念、产品特性、消费心理的综合反映,直接影响到消费者的购买欲。包装设计是建立产品与消费者亲和力的有力手段,是实现商品价值和使用价值的有效手段,在生产、流通、销售和消费领域中,发挥着极其重要的作用。包装设计作为一门综合性学科,具有商品和艺术相结合的双重性。

我国在不同的时期有不同的包装方式。旧石器时期,原始人类用植物的果壳、叶子、兽皮、贝壳等成型的物品作为容器;彩陶时期,逐渐有了简单的设计和陶壶、陶罐;到了商代,铜和铁制容器种类繁多,而且有了简单的装饰图案和花纹;春秋战国时期,诞生了我国最早的商品包装设计;唐代,开始广泛使用纸张作为商品包装材料,同时雕版印刷技术日趋成熟;汉代,中国商品已经销往波斯、印度、罗马帝国等城市,中西文化得以交流,包装设计开始被人们注意,开始广泛运用以及创新,成了商品流通和交易中一个不可或缺的重要环节。

我国包装设计行业的快速发展归因于新中国的成立,以及工业化时代的开启,一批批具有中国特色、民族文化、艺术气息的现代包装设计作品得到国内外的好评。因此,包装设计不仅能满足保护、储蓄商品的功能,也成了一种文化、艺术创造的行为。在设计过程中要注意实用性、精美性和环保性。同时,包装形态结构的新颖性对消费者的视觉引导起着十分重要的作用,奇特的视觉形态能给消费者留下深刻的印象。包装设计者必须熟悉形态要素本身的特性及其表情,并以此作为表现形式美的素材。

在整个印刷包装行业中,彩色纸盒包装是相对比较复杂的品类,因为设计、结构、形状、工艺不同,很多东西也没有标准化,常见的有管式包装盒和盘式包装盒,展开如图14-1所示。

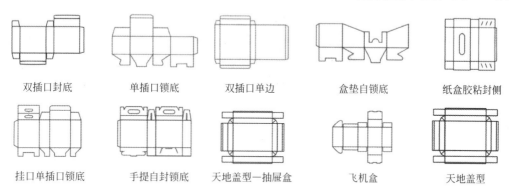

图14-1 常见盒型展开图

管式包装盒在日常包装形态中最为常见,大多数彩盒包装都采用这种结构,如食品、药品、日常用品等。其特点是在成型过程中,盒盖和盒底都需要摇翼折叠组装(或粘接)固定或封口,而且大都为单体结构(展开为一整体),在盒体的侧面有粘口,纸盒基本形态为四边形,也可以此基础上扩展为多边形。

盘式包装盒结构是由纸板四周进行折叠咬合、插接或黏合而成型的纸盒结构,这种包装盒在盒底上通常没有什么变化,主要结构变化体现在盒体部分。盘式包装盒一般高度较小,开启后商品的展示面较大,这种纸盒包装结构多用于包装纺织品、服装、鞋帽等商品。其中以天地盖和飞机盒结构形式最为普遍。

2. 设计要点

(1)外形设计:指包装展示面的外形,包括展示面的大小、尺寸和形状。

(2)构图设计:指包装展示面的商标、图形、文字和组合排列,整体设计应和谐。

(3)风格设计:包装设计风格各异,形式多样,从原始淳朴的民俗民族包装到先锋前卫的现代创意包装,从风格朴素的传统包装到风格华丽、豪华包装等。

(4)图形设计:就其表现形式可分为实物图形和装饰图形。实物图形通过用绘画手法、摄影写真等来表现。装饰图形分为具象和抽象两种表现手法。具象的如人物、植物、风景等纹样作为包装的象征性图形来表现包装的内容物及属性。抽象可采用点、线、面等几何形纹样、色块或肌理效果构成画面,简练、醒目,具有形式感。

(5)色彩设计:是美化和突出商品的重要因素,要求醒目、对比强烈、有较强的吸引力和竞争力,以唤起消费者的购买欲望、促进销售。设计者要研究消费者的习惯和爱好以及国际、国内流行色等。同时,包装色彩还受到工艺、材料、用途和销售地区等因素制约。

(6)文字设计:包装上的牌号、品名、说明文字、广告文字、生产厂家、公司或经销单位等,反映了包装的本质内容。要求内容简明、真实、生动、易读、易记;字体设计应反映商品的特点、性质、有独特性,并具备良好的识别性和审美功能。

3. 制作规范

不同的商品，考虑到它的运输过程与展示效果等不同，使用材料和制作工艺也不尽相同，如纸包装、金属包装、布包装等。同时，由于其商品本身大小的不同，包装外观尺寸也没有统一规格。

但是，常规彩色纸质印刷类包装盒制作，以国际标准中小型反相合盖纸盒为例，尺寸包括盒长、盒宽、盒深、糊头（10~16mm）、插舌（按盒宽 10~22mm）、肩（按盒长 3~7mm）、母锁扣（比肩大 2mm）、防尘翼（1/2 宽 +1/2 插舌），如图 14-2 所示；分辨率要求 300dpi 以上，颜色模式一般为 CMYK。

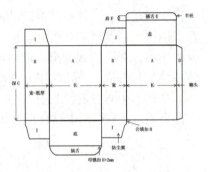

图 14-2 国际标准中小型反相合盖纸盒展开图

4. 工作思路

包装设计项目是平面设计工作中相对较难的任务，首先我们要掌握这项工作的概况、设计要素、制作规范及要求等，然后开始以下工作。

（1）明确客户需求和制作工艺要求：比如客户对包装外形结构、图文、色彩、风格等设计需求；后期制作工艺对包装设计的限制和要求等。

（2）进行创作：初学者可能把握不好创意，建议参考网络或书上优秀的设计作品，结合实际情况完成设计方案，并使用计算机设计软件制作正稿。

（3）最后交付：与客户讨论、修改、定稿，最后交给印刷厂等后期包装制作公司。

（二）工作任务分解

作为一名设计师，在乡村振兴的背景下，为文化赋能乡村进行一组乡村旅游商品纸盒包装设计，以图 14-3 所示方案为例，具体操作步骤如下。

1. 创建文件

（1）启动 Illustrator 软件。

（2）单击【打开】按钮，打开前期已经完成的"包装盒展开刀版图"AI 文档，（成品盒型为 200×290×70mm 的长方形包装盒），如图 14-4 所示。

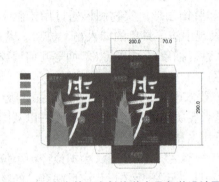

图 14-3 安吉笋干乡村旅游商品包装设计图

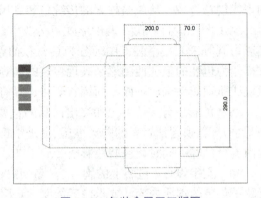

图 14-4 包装盒展开刀版图

2. 设置参考线和图层

（1）执行【视图】→【标尺】→【打开标尺】命令；然后设置参考线，参考线位置可设置为正面、侧面和顶盖的中心线 3 位置，如图 14-5 所示；并执行【视图】→【参考线】→【锁定参考线】命令，锁定参考线。

（2）执行【窗口】→【图层】命令，打开【图层】面板；锁定"配色"和"刀版底图"图层；并新建图层，重命名为"包装设计"，如图 14-6 所示。

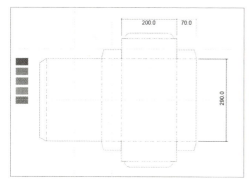

图 14-5　设置参考线

图 14-6　锁定并新建图层

3. 绘制背面和正面

（1）激活"包装设计"图层；然后双击【矩形工具】，在弹出的【矩形】面板中，设置宽 200mm、高 290mm 的"矩形"，如图 14-7 所示，并移动到左侧刀版内。

（2）使用【吸管工具】吸取参考色"绿色"，如图 14-8 所示。

图 14-7　绘制矩形

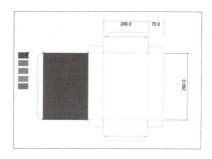

图 14-8　填充颜色

（3）执行【文件】→【置入】命令，将素材"竹子"置入画板中；然后执行【图像描摹】命令，并勾选【忽略白色】选项，如图 14-9 所示；单击【属性】面板中的【扩展】按钮，或者执行【对象】→【扩展】命令，效果如图 14-10 所示。

（4）将描摹的黑色"竹子"更改【填充色】为白色，并设置【不透明度】为 15%，移动至适合位置，如图 14-11 所示。

（5）使用【椭圆工具】绘制一个圆形，并设置【填充色】为无，【描边色】为白色、0.5pt，如图 14-12 所示；然后使用【变形工具】，将圆形适当变形，如图 14-13 所示。

（6）使用【选择工具】选中"变形圆形"，并按【Ctrl+C】和【Ctrl+Shift+V】组合键，进行复制和粘贴；然后放大、移动至适宜的位置，并将"外围图形"设置【填充】无、【描边】无，如图 14-14 所示。

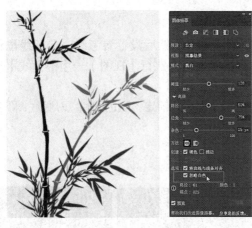

图 14-9　图像描摹参数

图 14-10　描摹效果

图 14-11　设置填充色和透明度

图 14-12　圆形绘制

图 14-13　圆形变形

（7）双击【混合工具】，弹出【混合选项】面板，选择【指定的步数】，并设置【20】步，如图 14-15 所示，单击【确定】；然后依次单击两个"变形图形"，将两个图形进行混合，形成等高线效果，用以展现安吉乡村多山的地域特色，如图 14-16 所示。

图 14-14　复制外围图形

图 14-15　【混合选项】面板

图 14-16　混合效果

（8）将"竹笋"素材图置入画板中，如图 14-17 所示；并运用【钢笔工具】【铅笔工具】等对"竹笋"进行符号化提取；然后使用【CTRL＋G】组合键，或右击在弹出的快捷列表中执行【编组】命令，如图 14-18 所示。

（9）将"竹笋"图形移动至合适位置，并缩放到适合大小，如图 14-19 所示。

图 14-17 竹笋素材

图 14-18 竹笋符号提取

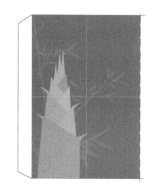
图 14-19 图形位置移动

（10）使用【画笔工具】或【铅笔工具】等绘图工具，绘制"笋"字基本型，并使用【Ctrl+G】组合键编成组，如图 14-20 所示。

（11）执行【窗口】→【画笔】命令，打开【画笔库】，并选择合适的笔刷效果，如图 14-21 和图 14-22 所示。

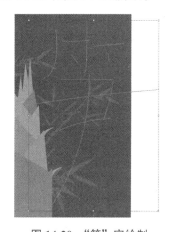
图 14-20 "笋"字绘制

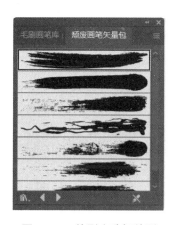
图 14-21 笔刷库选择笔刷

图 14-22 笔刷效果

（12）执行【窗口】→【符号库】→【污点矢量包】命令，弹出【污点矢量包】面板；选择符号并拖动到画板中，如图 14-23 所示；右击，在弹出列表中执行【断开符号链接】命令，如图 14-24 所示；然后对符号进行更改颜色，如图 14-25 所示。

图 14-23 选择符号

图 14-24 断开符号链接

图 14-25 更改颜色

(13) 使用【文字工具】，在"污点符号"图形上输入文字"尖"，如图 14-26 所示。

(14) 使用【椭圆工具】绘制四个圆形，如图 14-27 所示；并执行【窗口】→【路径查找器】命令，在面板中单击【联集】按钮，如图 14-28 所示，效果如图 14-29 所示。

(15) 使用【文字工具】，输入"安吉特产""舌尖上的乡愁"等标语广告文案，如图 14-30 所示。

(16) 选中最下方绿色"矩形"；并使用【Ctrl＋C】和【Ctrl＋Shift＋V】组合键进行复制和粘贴；然后框选背面所有绘制好的图形，并右击，执行【建立剪切蒙版】命令，以隐藏边框以外的所有图形，如图 14-31 和图 14-32 所示。

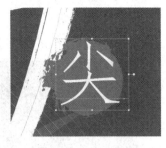

图 14-26　输入文字

图 14-27　绘制圆形

图 14-28　执行联集

图 14-29　联集效果

图 14-30　文字添加效果

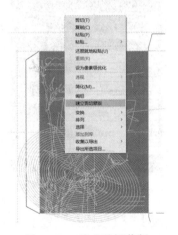

图 14-31　建立剪切蒙版

图 14-32　剪切蒙版效果

(17) 复制包装盒背面的图形至正面，如图 14-33 所示。

4. 绘制侧面

(1) 使用【矩形工具】绘制一个 70mm×290mm 的"矩形"作为包装侧面，并填充"绿色"。

(2) 使用【直排文字工具】在侧面输入"不食春笋　不知春之味"的文字，并复制至另一侧面，如图 14-34 所示。

5. 绘制顶盖和底面

使用【矩形工具】绘制一个 200mm×70mm 的"矩形"作为顶盖；并复制"安吉特产"等文字至顶盖；同时复制顶盖图形至底面。包装盒展开图完成效果如图 14-35 所示。

6. 绘制包装盒立体展示效果

(1) 新建"画板 2"；在画板中绘制一个 200mm×290mm 的矩形，填充为绿色，如图 14-36 所示。

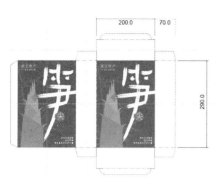
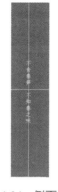
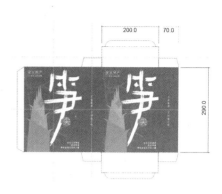

图 14-33　复制　　　　　　　图 14-34　侧面效果　　　　　　图 14-35　完成效果

（2）框选包装盒正面图的部分，然后拖入【符号】面板中，在随后弹出的【符号选项】中输入【名称】"正面"，其他默认设置如图 14-37 所示。

（3）为了避免影响软件运行速度，可将侧面、顶面分别截屏为图片；然后同上一步操作分别将顶面、侧面拖入【符号】面板中，生成符号如图 14-38 所示。

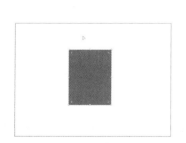
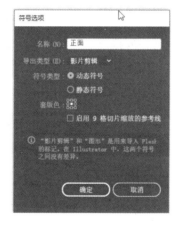

图 14-36　绘制矩形　　　　　　图 14-37　符号选项　　　　　图 14-38　添加三视图符号

（4）选中"矩形"，执行【效果】→【3D 和材质】→【3D（经典）】→【凸出和斜角（经典）】命令，如图 14-39 所示；在弹出【3D 凸出和斜角选项（经典）】面板中，设置【凸出厚度】200px，如图 14-40 所示。

（5）然后，单击面板下方的【贴图】按钮，在弹出的【贴图】面板中，一一对应【符号】和【表面】，对可视面进行贴图，并调节大小、方向和位置，最后单击【确定】，如图 14-41 所示。

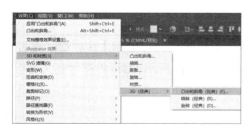
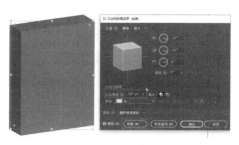

图 14-39　效果选择　　　　　　　　　　图 14-40　凸出厚度

图 14-41　为三面添加贴图

7. 存储与导出

（1）执行【文件】→【存储】命令，将文件保存至相应位置。

（2）执行【文件】→【导出】→【导出为】命令，选择 jpg 格式，勾选【使用画板】，导出；【颜色模式】为【RGB】，【品质】为"最大"，【分辨率】为"300"ppi，单击【确定】按钮，完成导出。最后效果如图 14-42 所示。

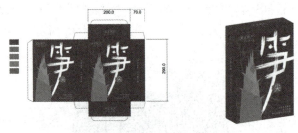

图 14-42　文件保存与图片导出

（三）技能点详解

1. 符号

符号是在文档中可重复使用的图稿对象。例如，如果根据鲜花创建符号，可将该符号的实例多次添加到图稿，而无须多次添加复杂图稿。每个符号实例都可链接到"符号"面板中的符号或符号库。使用符号可节省绘制时间，并显著减少文件大小。

1）符号/符号库面板

执行【窗口】→【符号库】命令，可打开一个自带的【符号库】，如图 14-43 所示。【符号库】是预设符号的集合。可以在【符号库】中选择、排序和查看项目，其操作与【符号】面板中的操作一样。但是，不能在【符号库】中添加、删除或编辑项目。

执行【窗口】→【符号】命令，可以打开【符号】面板，如图 14-44 所示。单击【符号库】中的符号，可以将它添加到【符号】面板中。

2）置入符号

在【符号】面板中选择某一符号，单击面板下方的【置入符号实例】按钮；或者单击面板中的菜单按钮，执行【放置符号实例】命令，如图 14-45 所示，都可将符号置入画板中；或者直接将符号拖到画板中。

> **注意：**
> 在画板中的任何位置置入的单个符号（相对于仅存在于面板中的符号）被称为实例。

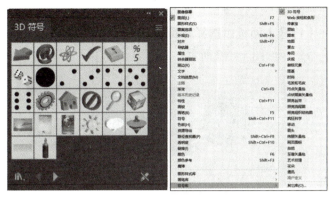
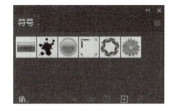

图 14-43 符号库　　　　　　　　　　　　图 14-44 符号面板

3）创建符号

选择要创建符号的图稿，单击【符号】面板中的【新建符号】按钮；或者将图稿直接拖动到【符号】面板；在随后弹出的【符号选项】对话框中输入新符号的名称,并选择作为【影片剪辑】或【图形】的【导出类型】。选择要创建的【符号类型】动态或静态，默认设置为动态，如图 14-46 和图 14-47 所示。

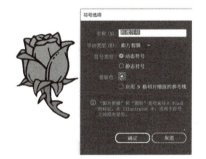

图 14-45　放置符号实例　　　图 14-46　符号选项　　　图 14-47　符号面板中添加符号效果

注意：

在【符号】面板中，动态符号在图标的右下角会显示一个小"+"号。可以用大部分 Illustrator 对象创建符号，包括路径、复合路径、文本对象、栅格图像、网格对象和对象组，不过无法用链接的图稿或一些组（如图表组）创建符号。

4）扩展符号实例

选择一个或多个符号，单击【符号】面板中的【断开符号链接】按钮，或从面板菜单按钮中执行【断开符号链接】命令,如图 14-48 所示。也可以执行【对象】→【扩展】命令，在随后弹出的【扩展】对话框中单击【确定】,扩展符号实例后，即可编辑相应的图稿。

5）替换符号实例

先选择画板上的符号实例，再在【符号】面板中选择新符号，然后单击【符号】面板中的菜单 按钮，并执行【替换符号】命令，如图 14-49 所示。

图 14-48 断开符号链接

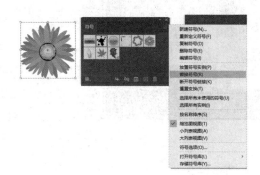

图 14-49 替换符号

6）符号工具组

在【符号】面板中选择任意一个符号，然后单击【工具箱】中的【符号工具组】，可快速创建符号实例混合集和更改符号样式。如图 14-50 所示，【符号工具组】中包含【符号喷枪工具】【符号移位器工具】【符号紧缩器工具】等 8 个工具。如图 14-51 所示，为运用【符号工具组】创建的符号集。

【符号喷枪工具】 ：在画面中单击可以喷射一个符号，长按可以喷射多个符号，如图 14-52 所示。

图 14-50 符号工具组

图 14-51 符号集

图 14-52 绘制符号集

【符号移位器工具】 ：单击符号并拖动鼠标，可以对符号进行移位操作，如图 14-53 所示。并可更改符号组中的符号实例的堆叠顺序，向前移动符号实例，可按住【Shift】键并单击符号实例；若要向后发送符号实例，可同时按住【Alt】键（Windows）或【Option 键】（Mac OS）和 Shift 键并单击符号实例，如图 14-54 所示。

图 14-53 更改符号位置

图 14-54 更改符号堆叠顺序

【符号紧缩器工具】 ：单击或拖动鼠标可集中符号实例；按住【Alt】键（Windows）或

项目十四　包装盒设计

【Option】键（Mac OS）并单击或拖动鼠标可分散符号实例，如图14-55所示。

【符号缩放器工具】：单击或拖动鼠标可增大符号实例大小；按住【Alt】键（Windows）或【Option】键（Mac OS），并单击或拖动可减小符号实例大小。按住【Shift】键单击或拖动以在缩放时保留符号实例的密度，如图14-56所示。

图14-55　集中或分散符号　　　　　　　　图14-56　符号缩放

【符号旋转器工具】：单击符号并拖动鼠标，可以对符号实例进行旋转操作，如图14-57所示。

【符号着色器工具】：单击可以对符号实例进行着色。首先，在【颜色】面板中选择要上色的颜色，然后使用【符号着色器工具】，单击或拖动需要上色的符号实例，上色量逐渐增加，符号实例的颜色逐渐更改为上色颜色；按住【Alt】键（Windows）或【Option】键（Mac OS）并单击或拖动以减少着色量并显示更多原始符号颜色；按住【Shift】键单击或拖动，以保持上色量为常量，同时逐渐将符号实例颜色更改为上色颜色，如图14-58所示。

图14-57　符号旋转　　　　　　　　　　　图14-58　符号着色效果

> **注意：**
> 对符号实例着色将趋于淡色更改色调，同时保留原始明度。此方法使用原始颜色的明度和上色颜色的色相生成颜色。因此，具有极高或极低明度的颜色改变很少；黑色或白色对象完全无变化。

【符号滤色器工具】：单击符号实例，可以把符号的颜色变得透明；按住【Alt】键（Windows）或【Option】键（Mac OS），单击可减少符号透明度，如图14-59所示。

【符号样式器工具】：在【图形样式】面板中选择一个样式，然后单击或拖动符号实例，可将新样式应用于符号实例；按住【Alt】键（Windows）或【Option】键（Mac OS）并单击或拖动可减少样式数量，并显示更多原始的、无样式的符号实例，如图14-60所示。

  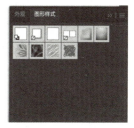

图14-59　符号滤色效果　　　　　　　　　图14-60　更改符号样式

2. 效果

1）Illustrator 效果

Illustrator 包含各种效果，可以对某个对象、组或图层应用这些效果，以更改其特征，如图 14-61 所示。对象应用一个效果后，该效果会显示在【外观】面板中，可以进一步编辑、移动、复制、删除效果，或将其保存为图形样式的一部分。当使用一种效果时，必须先扩展对象。

（1）3D 和材质：通过凸出和斜角、绕转、膨胀等 3D 效果与光照、材质等结合，创建 3D 图形，如图 14-62~图 14-64 所示。

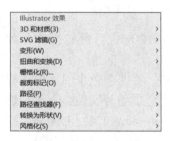  

图 14-61　Illustrator 效果　　　图 14-62　3D 和材质　　　图 14-63　凸出与斜角

（2）SVG 滤镜：可以使用 SVG 滤镜效果添加图形属性，如添加斜角阴影、模糊等效果，如图 14-65 所示。如图 14-66 所示为图形分别添加"AI－播放像素 －2"和"AI－高斯模糊 －4"的效果。

 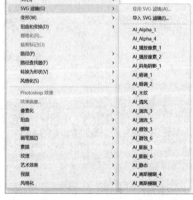 

图 14-64　旋转　　　图 14-65　SVG 滤镜包含效果　　　图 14-66　SVG 滤镜效果

（3）变形效果：变形对象，包括路径、文本、网格、混合以及位图图像，可变形为弧形、下弧形、上弧形、拱形等效果，如图 14-67 所示。如图 14-68 所示为字体变形"旗形"效果。

图 14-67　变形效果　　　　　　　　　　图 14-68　旗形变形效果

（4）扭曲与变换：扭曲与变换是一组能快速制作各种变化的效果组，将其灵活应用后能做出丰富多彩的图形。包含变换、扭拧、扭转等 7 种效果，如图 14-69 所示。

【变换】：包括缩放、移动、旋转、副本等效果。选项分为 2 组，左边这一列（变换对象、变换图案、缩放描边和效果）是针对对象本身，右边这一列（镜像 X、镜像 Y、随机）是针对变化，如图 14-70 所示。

图 14-69　扭曲与变换效果

图 14-70　变换效果

【扭拧】：有在水平和垂直方向上的数量变化，一般多应用在随机变化上。如线条之间的随机化效果，数量一般不宜过大，数值大了会出现尖化效果。如图 14-71 和图 14-72 所示。

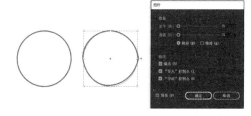

图 14-71　扭拧效果

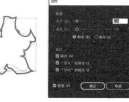

图 14-72　扭拧尖化

【扭转】：通过改变角度来进行变化，与螺旋化相似，应用于圆没有效果。（圆组成的图形如果没有连接在一起用扭转效果也不会产生变化。）如图 14-73 所示。

图 14-73　扭转效果

【收缩和膨胀】：在收缩和膨胀两个方向进行调节变化，如图 14-74 所示，图 14-75 为不同图形收缩和膨胀效果。

【波纹效果】：可调节"大小"和每段的隆起数，"大小"可以理解为波峰和波谷的高度，"每段的隆起数"理解为两个锚点"中间"会产生新的锚点数。如图 14-76 所示。锚点有平滑和尖锐两个选择，如图 14-77 和图 14-78 所示。

【粗糙化】：跟波纹效果有点类似，不同的两个锚点之间会产生更多不规则的锚点，形成锯齿状。锚点有平滑和尖锐两个选择。如图 14-79 所示。

【自由扭曲】：只能移动锚点，且有区域限制，应用较少，类似自由变换，如图 14-80 所示。

（5）风格化：风格化中包含内发光、圆角、外发光、投影等 6 种效果，如图 14-81 和图 14-82 所示。

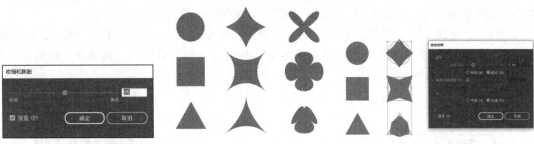

图 14-74　收缩和膨胀面板　　图 14-75　收缩和膨胀效果　　图 14-76　波纹效果

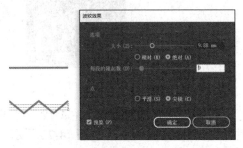
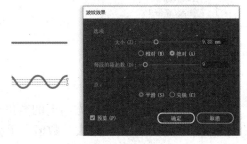

图 14-77　直线段变换尖锐效果　　　　　图 14-78　直线段变换平滑效果

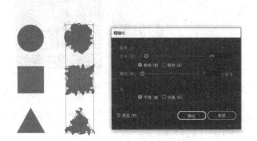
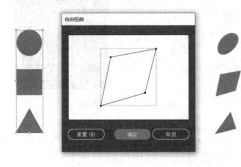

图 14-79　粗糙化效果　　　　　　图 14-80　自由扭曲效果

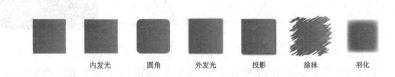

图 14-81　风格化效果　　　　图 14-82　不同风格化效果

2）Photoshop 效果

Photoshop 效果可以应用于矢量对象或位图对象，如图 14-83 所示。无论何时对矢量对象应用这些效果，都将使用文档的栅格效果设置。

（1）效果画廊：AI 中的【效果画廊】对话框和 PS 中的【滤镜库】对话框有点类似。甚至大部分效果都是一样的，如图 14-84 所示。

（2）像素化："像素化"效果是基于栅格的效果，无论何时对矢量对象应用这些效果，都将使用文档的栅格效果设置，如图 14-85 所示。

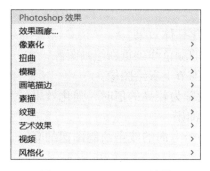

图 14-83　Photoshop 效果

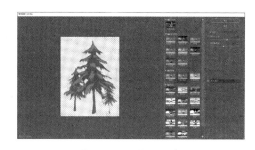

图 14-84　效果画廊

彩色半调　　晶格化　　点状化　　铜版雕刻

图 14-85　像素化效果

【彩色半调】：模拟在图像的每个通道上使用放大的半调网屏的效果。
【晶格化】：将颜色集结成块，形成多边形。
【点状化】：将图像中的颜色分解为随机分布的网点，如同点状绘画一样，并使用背景色作为网点之间的画布区域。
【铜版雕刻】：将图像转换为黑白区域的随机图案或彩色图像中完全饱和颜色的随机图案。
（3）扭曲："扭曲"命令可能会占用大量内存，如图 14-86 所示。

扩散亮光　　海洋波纹　　玻璃

图 14-86　扭曲效果

【扩散亮光】：将图像渲染成好像透过一个柔和的扩散滤镜来观看的效果。此效果将透明的白杂色添加到图像，并从选区的中心向外渐隐亮光。
【海洋波纹】：将随机分隔的波纹添加到图稿，使图稿看上去像是在水中。
【玻璃】：使图像显得像是透过不同类型的玻璃来观看的。
（4）模糊：包括径向模糊、特殊模糊和高斯模糊。
【径向模糊】：模拟相机缩放或旋转而产生的柔和模糊。
【特殊模糊】：精确地模糊图像。可以指定半径、阈值和模糊品质。
【高斯模糊】：以可调的量快速模糊选区，此效果将移去高频出现的细节，并产生一种朦胧的效果，如图 14-87 所示。

径向模糊　　特殊模糊　　高斯模糊

图 14-87　模糊效果

（5）画笔描边。主要选项如下。

【喷溅】：模拟喷溅喷枪的效果，增加选项值可以简化整体效果。

【喷色描边】：使用图像的主导色，用成角的、喷溅的颜色线条重新绘画图像。

【墨水轮廓】：以钢笔画的风格，用纤细的线条在原细节上重绘图像。

【强化的边缘】：强化图像边缘。当"边缘亮度"设置为较高的值时，强化效果看上去像白色粉笔，设置为较低的值时，强化效果看上去像黑色油墨。

【成角的线条】：使用对角描边重新绘制图像。用一个方向的线条绘制图像的亮区，用相反方向的线条绘制暗区。

【深色线条】：用短线条绘制图像中接近黑色的暗区；用长的白色线条绘制图像中的亮区。

【烟灰墨】：看起来像是用蘸满黑色油墨的湿画笔在宣纸上绘画，其效果是非常黑的柔化模糊边缘。

【阴影线】：保留原稿图像的细节和特征，同时使用模拟铅笔的阴影线添加纹理，并使图像中彩色区域的边缘变粗糙，如图 14-88 所示。

图 14-88　画笔描边效果

（6）素描：许多"素描"效果都使用黑白颜色来重绘图像，如图 14-89 所示。

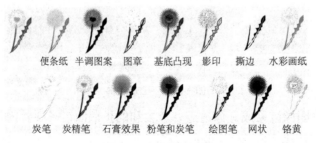

图 14-89　素描效果

【便条纸】：创建像是用手工制作的纸张构建的图像。此效果可以简化图像并将"颗粒"命令的效果与浮雕外观进行合并。

【半调图案】：在保持连续的色调范围的同时，模拟半调网屏的效果。

【图章】：此滤镜可简化图像，使之呈现用橡皮或木制图章盖印的样子，用于黑白图像时效果最佳。

【基底凸现】：变换图像，使之呈现浮雕的雕刻状和突出光照下变化各异的表面。图像中的深色区域将被处理为黑色；而较亮的颜色则被处理为白色。

【影印】：模拟影印图像的效果。大的暗区趋向于只复制边缘四周，而中间色调要么为纯黑色，要么为纯白色。

【撕边】：将图像重新组织为粗糙的碎纸片的效果，然后使用黑色和白色为图像上色。此命令对于由文本或对比度高的对象所组成的图像很有用。

【水彩画纸】：利用有污渍的、像画在湿润而有纹的纸上的涂抹方式，使颜色渗出并混合。

【炭笔】：重绘图像，产生色调分离的、涂抹的效果。边缘主要以粗线条绘制，而中间色调用对角描边进行素描。炭笔被处理为黑色；纸张被处理为白色。

【炭精笔】：在图像上模拟浓黑和纯白的炭精笔纹理。

【石膏效果】：对图像进行类似石膏的成像效果，然后使用黑色和白色为图像上色。暗区凸起，亮区凹陷。

【粉笔和炭笔】：重绘图像的高光和中间调，其背景为粗糙粉笔绘制的纯中间调。阴影区域用对角炭笔线条替换。

【绘图笔】：使用纤细的线性油墨线条捕获原始图像的细节。通过用黑色代表油墨，用白色代表纸张来替换原始图像中的颜色。此命令在处理扫描图像时的效果十分出色。

【网状】：模拟胶片乳胶的可控收缩和扭曲来创建图像，使之在暗调区域呈结块状，在高光区域呈轻微颗粒化。

【铬黄】：将图像处理成好像是擦亮的铬黄表面。高光在反射表面上是高点，暗调是低点。

（7）纹理。纹理包括以下几种效果。

【拼缀图】：将图像分解为由若干方形图块组成的效果，图块的颜色由该区域的主色决定。

【染色玻璃】：将图像重新绘制成许多相邻的单色单元格效果。

【纹理化】：将所选择或创建的纹理应用于图像。

【颗粒】：通过模拟不同种类的颗粒（常规、柔和、喷洒、结块、强反差、扩大、点刻、水平、垂直或斑点）对图像添加纹理。

【马赛克拼贴】：使绘制图像看起来像是由小的碎片或拼贴组成，并在拼贴之间添加缝隙。

【龟裂缝】：将图像绘制在一个高处凸现的模型表面上，生成精细的网状裂缝。使用此效果可以对包含多种颜色值或灰度值的图像创建浮雕效果，如图 14-90 所示。

图 14-90　纹理效果

（8）艺术效果。艺术效果主要有以下几种。

【塑料包装】：使图像犹如罩了一层光亮塑料，以强调表面细节。

【壁画】：以一种粗糙的方式，使用短而圆的描边绘制图像，使图像看上去像是草草绘制的。

【干画笔】：使用干画笔技巧（介于油彩和水彩之间）绘制图像边缘，通过减小其颜色范围来简化图像。

【底纹效果】：在带纹理的背景上绘制图像，然后将最终图像绘制在该图像上。

【彩色铅笔】：使用彩色铅笔在纯色背景上绘制图像。保留重要边缘，外观呈粗糙阴影线。

【木刻】：高对比度的图像看起来呈剪影状，而彩色图像看上去是由几层彩纸组成的。

【水彩】：以水彩风格绘制图像，简化图像细节，并使用蘸了水和颜色的中号画笔绘制。当边缘有显著的色调变化时，此效果会使颜色更饱满。

【海报边缘】：根据设置的海报化选项值减少图像中的颜色数，然后找到图像的边缘，并在边缘上绘制黑色线条。

【海绵】：使用颜色对比强烈、纹理较重的区域创建图像，使图像看上去好像是用海绵绘制的。

【涂抹棒】：使用短的对角描边涂抹图像的暗区以柔化图像。亮区变得更亮，并失去细节。

【粗糙蜡笔】：使图像看上去好像是用彩色蜡笔在带纹理的背景上描出的。在亮色区域，蜡笔看上去很厚，几乎看不见纹理；在深色区域，蜡笔似乎被擦去了，使纹理显露出来。

【绘画涂抹】：画笔类型包括简单、未处理光照、暗光、宽锐化、宽模糊和火花。

【胶片颗粒】：将平滑图案应用于图像的暗调色调和中间色调，将一种更平滑、饱和度更高的图案添加到图像的较亮区域。在消除混合的条纹和将各种来源的图素在视觉上进行统一时，此效果非常有用。

【调色刀】：减少图像中的细节以生成描绘得很淡的画布效果，可以显示出其下面的纹理。

【霓虹灯光】：为图像中的对象添加各种不同类型的灯光效果。在为图像着色并柔化其外观时，此效果非常有用。如图 14-91 所示。

图 14-91 艺术效果

（9）视频。视频效果可通过以下两项调节。

【NTSC 颜色】：将色域限制在用于电视机重现时的可接受范围内，以防止过饱和颜色渗到电视扫描中。

【逐行】：通过移去视频图像中的奇数或偶数行，使在视频上捕捉的运动图像变得更平滑。

（10）风格化。风格化调整如下。

【照亮边缘】：标识颜色的边缘，并向其添加类似霓虹灯的光亮，如图 14-92 所示。

3. 图形样式

"图形样式"是一组可反复使用的外观属性。图形样式可以快速更改对象的外观。例如，可以更改对象的填色和描边颜色、更改透明度，还可以在一个步骤中应用多种效果。应用图形样式所进行的所有更改都是完全可逆的。

执行【窗口】→【图形样式】命令，即可打开【图像样式】面板，如图 14-93 所示。单击面板下方的【图形样式库菜单】按钮，可选择更多图形样式；单击【断开图形样式链接】按钮，可将图形转换为可编辑图形；单击【新建图形样式】按钮，可自定义图形样式；单击【删除图形样式】按钮，可删除样式；单击【菜单】按钮，可选择更多命令。

图 14-92 照亮边缘效果　　　　图 14-93 图形样式面板

1）创建图形样式

可以通过向对象应用外观属性来创建图形，也可以基于其他图形样式来创建图形样式，还可以复制现有图形样式。具体操作如下。

首先,选择一个对象并对其应用任意外观属性组合,包括填色和描边、效果和透明度设置;然后,单击【图形样式】面板中的【新建图形样式】■按钮即可创建。

2)应用图形样式

选择一个对象或组(或在"图层"面板中定位一个图层)。从工具【属性栏】中的【样式】选项,或【图形样式】面板,或【图形样式库】面板中选择一种样式;或将图形样式直接拖移到文档窗口中的对象上(无须提前选中对象)。

要将某个样式与对象的现有样式属性合并,或者要向某个对象应用多个样式,可以按住【Alt】键(Windows)或按住【Option】键(Mac OS)将样式从【图形样式】面板直接拖动到对象上即可;或者选择此对象,然后在【图形样式】面板中按住【Alt】键(Windows)或【Option】键(Mac OS)单击此样式。

【课后实训任务】设计制作一款手提袋及效果图

作为一名设计师,设计制作一款手提袋展开图和效果图,参考作品如图14-94所示。

图14-94 手提袋效果

参 考 文 献

[1] 唯美世界，瞿颖健. 中文版 Photoshop 2022 从入门到精通 [M]. 北京：中国水利水电出版社，2022.

[2] 秋叶，朱超. 和秋叶一起学——秒懂 Photoshop 图像处理 [M]. 北京：人民邮电出版社，2022.

[3] 敬伟 .Photoshop 2022 从入门到精通 [M]. 北京：清华大学出版社，2022.

[4] 张修 .Photoshop 海报设计技巧与实战 [M]. 北京：电子工业出版社，2021.

[5] Andrew Faulkner, Conrad Chavez. Adobe Photoshop CC 2017 经典教程 [M]. 王士喜，译. 北京：人民邮电出版社，2020.

[6] 唯美世界，瞿颖健. 中文版 Illustrator 2022 完全案例教程 [M]. 北京：中国水利水电出版社，2022.

[7] 周建国，张一名 .IllustratorCC 实例教程 [M]. 北京：人民邮电出版社，2022.

[8] 李金蓉 .Illustrator 2023 从新手到高手 [M]. 北京：清华大学出版社，2023.

[9] 布莱恩·伍德. Adobe Illustrator 2021 经典教程 [M]. 张敏，译. 北京：人民邮电出版社，2022.

[10] 凤凰高新教育. 中文版 Illustrator 2022 基础教程 [M]. 北京：北京大学出版社，2023.